JN199498

セーフティ・ネットの栄養学

微量元素科学の誕生から
生体制御科学の時代へ

川又淳司 Kawamata Junshi

文理閣

はじめに

セーフティ・ネットの語源は、サーカスで演じられる「高所綱渡り」の際に張られる救命網に由来する。そこから出発して広く一般的状況のなかでも、同種の役割を意味する保護手段の比喩として用いられてきた。さらに用途の範囲が広がるにつれて、日常生活中に存在するこまごまとした生活行動に対する危険予防対策あるいは病弱者・障害者への福祉対策の一部をも、そのように呼ぶ場合を含めるようになった。

都市居住論の早川和男は、その種の援助策を日常生活上のセーフティ・ネットとみなし、社会に広く開放することが都市生活に必要な安全強化策であると考えて、その実態を分かりやすく絵解きをしてみせた。それが下の図である。福祉領域で働く専門家はもちろんのこと、それ以外に、広く一般の人々にとっても誤りなく作者の意図が理解されることを願って描いたものであろう。図から受ける印象は、福祉の立場からみても可能な限り取りこぼしのないように社会的援助の手を広げることが望ましいとする考え方が明白に表現されている。言い替えれば、人間の生涯にわたって関係するであろうと思われるセーフティ・ネットが、極めて多種類に及ぶという点を強調していることが明らかである。そのためもあって、この図は何かを学ぶためにではなく、ただ漠然とみても楽しむことができて、読者の心を温かい想いで満たしてくれる。

図：住居は生活と福祉の基礎
(出典：早川和男『早川式「居住学」の方法』三五館)

話を本題に戻すことにして、現代に顕著なセーフティ・ネット論には2つの段階が存在することを明らかにしたい。

第1段階の特徴をみると、栄養学がセーフティ・ネット論の重要な位置を占めていることがわかる。この事実は万人にとって極めて明白なことである。何といっても食糧不足の下では生命維持が不可能である。特に近代ヨーロッパ諸国にとって、食糧不足問題の解決がセーフティ・ネット論の最重要テーマの1つを占めた。この認識の上に立って、ヨーロッパ諸国は農業に対して当時の最先端の位置を占める科学力を十二分に投入した。そのような状況の下で、当時のセーフティ・ネット論の最大目標は農業と栄養学に国力の全てを注ぐことであった。西欧の歴史のなかではセーフティ・ネット論という用語の代わりに、「農業振興」「食糧増産」が社会の至る所で叫ばれた。筆者がここで言いたいことは、栄養学が当時のセーフティ・ネット論を代表したという事実である。この認識の下に、本書の課題を植物栄養学から動物栄養学へと拡張させていき、四大栄養素研究・微量栄養素研究つまりビタミン栄養学・微量元素栄養研究へと新領域開拓の跡を追うことで、セーフティ・ネットが社会の上を広くカバーしていく様子を確かめた。

第2段階の栄養学は従来の領域にとどまることなく、生理学や病理学へも手を延ばすほどに成長した。その実態は、過剰栄養現象・過剰症病理学から中毒症研究の領域を独立させて、栄養性と中毒性の両面の探究とそれらの相互関係と動的平衡の生理学を開拓する方向を目指した。こうして健康障害をもたらす要因の排除がセーフティ・ネット論の主な対象の位置をも占めるに至った。その2領域を統合することで、生命力の基礎に存在する危険防御的諸力活用機構の実態解明という高度の水準に到達するまでの栄養学発展のプロセスを追跡することができたと考える。

目　　次

第2章　動物体中の元素発見

第3章　欠乏症栄養学

第4章　ビタミン栄養学

第5章　微量元素科学
―“必須性と毒性”相互作用の科学―

第3部　必須・毒の制御統合機構栄養学
―連続するパラダイム転換―

第1章　生理機能説時代（ヘモグロビン研究 ―必須性の証明―）
―19世紀 Liebig から20世紀 Warburg まで―

第1部

植物栄養学

第1章

栽培実験

1.1　栽培実験への長い歩み

1.1.1　湿った種子の生育実験

植物栄養研究の初期段階にみられる特徴的傾向を、Liebigが簡潔な表現でまとめている。以下に要約風の引用をしておこう。「すでに知られた多数の古典的自然研究実験では、カラスノエンドウ・インゲン・エンドウ・セルデレの種子を湿った砂や湿気を含んだ馬の毛の中で発芽させ、ある程度まで生育させたりしている。しかし、種子に含まれた無機物質がその後の発育に不十分になると、植物は弱り始める。時には開花するが多くの場合は種子をつけない」(『化学の農業および生理学への応用』1840)。

ここに述べられた古典的実験とは17世紀あるいはそれ以前のものを指すのであろう。また用いられた実験方法から推察して、給水だけに頼る古い型の栽培に属するものであったことも明らかである。湿気をもたらす水の含有成分を強く意識することも恐らくなかったであろう。それは“芽切り”または“芽出し”の技術から出発した水準のものであったと考えられる。従ってそれを初期的段階の研究方法と呼んでおく。その意味は栄養の全てを水に帰する一元論的認識の性格が顕著であることによる。こうみると、その事実を指摘したLiebigの脳中には無機栄養への関心の有無によって研究水準を区分する思想が在ったものと推定できる。またそれが実在しなかったことから、真正の初期的栽培実験とみたのであろう。

1.1.2　無機栄養実験

無機栄養の歴史を概観するところから始めて、20世紀における植物栄養の先端部分に微量元素研究を位置づけたイギリスの植物栄養学者 Hewitt は、世界的に微量元素栄養研究のメッカの1つとして知られた Long Ashton 研究所で活動した。彼は無機栄養をはっきり自覚した段階の証拠となる代表的研究として以下の発見の重要性を指摘した。懐疑的化学者を自称した Boyle（1661）は、カボチャとキュウリを実験条件の下で栽培した。それに使用した土が実験後に重量を減らしていることを発見して、この事実に疑いとともに興味の目を向けた。また、植物を乾留した後の少ない残物が土由来の無機塩からなると考え、植物成分が水のみに由来するとする見方に疑問の一石を投じた。ここで Boyle は土耕法以外に水耕法も成功させている。

グラウバー塩で有名なドイツの Glauber（1656）とイギリスの生理学者 Mayow（1674）は植物灰について研究し、灰を構成する無機物質は土壌からもたらされたものと推理した。またその観点から硝石（硝酸カリ）が植物栄養にとって重要な役割を果たすことを見出した。

以上の記述からも明瞭なように、ここには土壌－植物－灰の3つの状態をつなぐ無機栄養の観点がしっかりと捉えられていることが分かる。先の段階区分によると、この水準を二元論的認識の段階とみることができる。水と無機物質とがそれぞれ独立した要素として見分けられていると考える。

1.1.3　水耕栽培実験の始まり

近代的水耕栽培法を意識した実験として Woodward（1699）の例を高く評価した Stiles は、その本格的段階の到来より150年余も早い先駆的試みであったと述べた（『植物中の微量元素』1946）。後年 Hewitt がその研究内容の詳細を次のように解説した（『植物の無機栄養』1975）。

ハッカ・ヤハズエンドウ・ジャガイモを77日間、いろいろな種類の水の中で栽培した。水には川の水・泉の水・雨水・蒸溜水を用いた。それに庭の土を加えると、生育の増進がみられた。この結果から実験者は、植物栄養に重要な役割を果たすものが土壌成分であって、水は単なる運び手に過ぎないとの結論にたどりついた。その考えは以下のように述べられている。水は大変澄んで透明なので、その中に土壌成分が隠されているとは誰も想像しないだろう。しかし肉眼的にはそうみえても、水の中は土壌成分で満たされていると。

17世紀末という早い時期に、このような優れた着眼点に基づく研究が行われたことには驚かされる。ここには、後年盛んとなる水耕栽培法の源泉が確かな形をとって存在するといってよいであろうというのが筆者の率直な感想である。Stilesがこの実験に興味を抱いた主な点として各種の培養液の化学的性質の違いを見究めようとしたことにあったと推定される。その関心に筆者も同調する。こうみることによって培養液に含まれる多種類の「土壌成分」(＝無機物質)の違いの意味が浮き彫りにされると考えるからに外ならない。極めて先進的な問題の捉え方であることが分かる。実際的効果もそこに想定できる。またその根底には農場における水質と作物生育との関係を明らかにするという意図も容易に推察できるだけに、さらに一段高い水準の始まりとみて、水耕栽培の系統に区分した。

Hewittは同様の発想によるもう1つの事例にも目を向けている。それはdu Moncean (1758) の水耕栽培実験で、用水にセーヌ川から汲んだ水を濾過して使い、クルミ・カシ・アーモンドの若木やマメ類を育てたという記録の存在を指摘した。

同じ方法論をもつ研究領域に現れたもう1つの工夫を挙げておこう。Senebier (1971) は「水耕栽培実験を成功させるためには、さらに細部の条件を制御するための工夫が必要だ」と述べて、具体的に培養液に淀んだ水の使用を避けよと提案した。根からの養分吸収力が衰えて枯死する場合があることを経験したためである。この問題は水耕栽培法の本格的開発期に再び登場してその意義が再認識された。

1.1.4　土耕栽培実験

17世紀と19世紀の中間に位置する代表的研究としてHome (1762) の実験を取り上げる。その内容は次の4点の主題から成り立っている。

第1：ポット式土耕栽培によるオオムギの生育実験を試みた。目的は吸収される栄養成分が何かを確かめることにあった。それで、成長したオオムギ本体の成分分析を行った。灰の化学分析によったものと思われる。

第2：土壌中の栄養成分の動向を究明した結果、土壌中の腐植が分解してそこから生成する窒素分が硝酸塩に変化した後に吸収されると推定し、特に途中の硝酸塩の重要性に注目した。記述の上では、硝酸塩を硝石、つまり硝酸カリとみなした。この推定からは、有機性腐植→分解生成アンモニア→土壌中酸化による硝酸塩→吸収のプロセス認識に到達したものと考えられる。

第3：硝酸塩以外にもかなりの量の無機栄養成分が雨水・雪のなかに存在することを化学分析を通して確かめることができた（註：傍点筆者）。当時の化学分析技術水準にあっても十分に確かめられる程度の含有量であったことが分かる。

第4：無機栄養成分としてのカリウムおよびマグネシウムを、上記の窒素とともに必須元素であると断定し、その人為的供給が必要であることを主張した。灰に含まれる“かなりの量”の成分中にそれが含まれていたものと推定できる。その見解が無機肥料説の有力な根拠を提示するものと受け取られたことは間違いない。当時の高い評価を得て、懸賞金がこの研究に贈られていることが1つの証拠となる。

実際に窒素・カリウム・マグネシウムを無機塩の形態で土壌に施すという栽培法の研究が Liebig・Lawes・Gilbert らの手によって19世紀に活発に展開された。その事実と関連づけてみたとき、Home の先進性は明らかといえよう。ただし、19世紀に広がった栄養成分除去法の思想からみて、必須性確認実験の条件としてはなお不十分な水準にあったことも明白である。それらを総合すると、オオムギに吸収された無機栄養成分を確認できたという事実から当面導き出された結論であったことは間違いない。ちなみに、19世紀の Liebig の時代に至れば、灰の分析以外にも成分排除実験による必須性確認が可能になった。この点からみて Home の研究方法がなお発展途上に位置する中間段階のものであったことが分かる。

1.1.5　成分排除式水耕栽培実験

19世紀はじめに、Boussingault が砂耕栽培法を開拓しつつあったのに対して、de Saussure は水耕栽培法に新しい可能性を見出しつつあった。その本質は無機塩を欠いた培養液を基礎に種々の無機塩の栄養効果を検討するという明確な計画をこの分野に導入したところにあった。その内容は次の4点に集約できる。

1. 基本とする培養液に蒸溜水を設定し、次に種々の無機塩類をそれに加えて液の調整を行うという方式を試みて成功を収めた。蒸留水の使用は不純物の混入を極力抑える上で少なくない効果をもたらした。また後年に実現する高純度水使用に決定的な道をひらいたとの評価も下された。
2. 添加する無機塩のなかでは、硝酸塩が植物の生育にとって不可欠とみられる程の効果を示した。
3. 無機塩は生育に好ましいものも、有害なものも区別なく吸収され、また各塩ごとに吸収量が異なること、および植物の生育期によっても吸収量が変わること、塩濃度が極めて低くても吸収量に変化がないことなど、根の吸収作用の多様な働きを解明した。以上の実験にはキク科のセンダングサとハルタデが用いられた。
4. なお、培養液の水質に関して根圏環境の変化が重要な意味をもつという知見を得た。それはクリの若木を用いた実験で、根の周囲の二酸化炭素濃度が高くなると、若木自体が枯死するに至った。そのような事態を防ぐためには十分な通気が必要であることも分かった。このように水耕栽培実験に関する基礎知識のいくつかが獲得された。

後に Sachs（1887）はこれらの点を水耕栽培法の必要条件に組み入れた。そして理由の1つに以下の点を挙げた。「無機塩類によって植物本体の構成成分が作られる本当の意味をはじめて明確に示した実験であった」と。さらに20世紀に入ってからも高い評価は変わらなかった。Hewitt が先の Woodward と後の de Saussure を、水耕栽培実験の**手法開発の祖**と見立てたのはその1例である。この功績によって、de Saussure は、1840年代に開始された Liebig・Boussingault らによる植物栄養研究の本格化を導いた先人とみなされた。

1.1.6　栽培実験の本格化
―砂耕法の成功：Wiegmann・Polstorf の貢献―

砂耕栽培の前身が19世紀はじめの Boussingault（1815）の試みであったと Hewitt はみた。植物に正常な根を張らせるのに適した、反応性のない根圏培地を探して、砂耕栽培法を開発したという。砂を用いる栽培法はそれよりも古い時代に様々な試みが現れたことをLiebigがすでに指摘している。そうであれば上記の試験がここに取りあげられる真の理由あるいは歴史的意義は、被験養分と植物生育との関係を合理的に説明できる水準の高さの確立にあったであろう。

その水準をさらに飛躍させたことによってWiegmann・Polstorf（1840）の砂耕栽培は植物栄養学の土台となり得た。「灰分成分が植物の生活に必要であることを完璧な方法で証明した最初の実験」という讃辞が同時代のLiebigによって贈られた。ゲッチンゲン大学が募集した学術懸賞論文に見事当選を果たして広く世に知られた成果であった。

石英砂を予め灼熱して可燃成分を除いた上で、王水と加熱してさらに可溶成分を分解し、十二分に蒸留水洗浄を行い、残る酸を除いて準備した。この操作によって極めて純度の高い石英砂が調製できた。この予備操作が実験成功の一因となったことは疑いない。これで灰分成分をほとんど含まない培地が得られた。それに各種の被験無機栄養分すなわち灰分成分から成る培養液を施して理想的な完全培養液が出来上がった。

培養液は表1の組成によって調製された。成分中の「泥炭酸」とは泥炭を稀苛性カリ液と煮沸後、稀硫酸を加えて中和沈でんさせた部分をいう。それをそれぞれのアルカリ飽和溶液で処理してアルカリ化して泥炭酸アルカリを調製した。一方、泥炭酸を水と煮沸して得た不溶物が不溶性泥炭酸である。被験植物には、ソラマメ・オオムギ・エンバク・ソバ・タバコ・クローバを用いた。

成果の要点をLiebigは以下の3点にまとめた。

1. 全ての種子は石英砂を培地としてそれに蒸留水を施すだけでは発芽後に極めて異常な発育、たとえば貧弱な成長と未結実に終わった。その状態は植物の種類によって大きく異なった。
2. 培養液を施した培地では、全種が完全に繁茂して結実した。これによって上記の培養液は栄養条件を完全に満たしていることが明白となった。
3. 上記の1. については十分に洗浄した純粋な砂を培地とした場合も同様であった。これは古い時代の実験の追試を目的として行ったものである。

表１　培養液成分（Wiegmann・Polstorf）

成分	重量（g）	成分	重量（g）
石英砂	861.26	泥炭酸カリウム	3.41
硫酸カリウム	0.34	〃　ナトリウム	2.22
食塩	0.13	〃　アンモニウム	10.29
無水石膏	1.25	〃　カルシウム	3.07
炭酸マグネシウム	5.00	〃　マグネシウム	1.97
酸化マンガン	2.50	〃　酸化鉄	3.32
酸化鉄	10.00	〃　アルミニウム	4.64
水酸化アルミニウム	15.00	不溶性泥炭酸	50.00
リン酸カルシウム	15.60		

Liebig：pp.165－166.

表２　高純度砂培地の残存成分

成分元素	Si	K	Al	Fe	Ca	Mg	計
%	97.90	0.30	0.80	0.30	0.50	0.01	99.81

Liebig：p.165.

ちなみにその砂の化学分析からは表２の結果が得られたことにより、微量ではあるが栄養成分の残存が確かめられた。

Wiegmann・Polstorf の試みには特殊なものもある。たとえば、白金線網を培地にして蒸留水を加え、カラシナの種子を発芽・生育させてみた。その到達段階の栄養状態を知るために全体を灰化して重量を測り、元の種子の灰分との差を求めたところ極めて微量との結果を得た。この事実によって種子以外からの栄養分供給がなかったものと判断した。筆者はこれを汚染物質排除実験モデルと理解する。

もう１つ、タバコ植物について砂－蒸留水の組と石英砂－培養液の組についても結果の違いを確かめた。栽培後の植物体灰分の比較からは前者に対して後者が 13 倍の大きさに達した。元の種子の灰分は両者の千分の一程度の重量に過ぎず種子灰を無視し得るものであった。以上の実験に対して Liebig が加えた考察はおよそ次のようなものであった。「不毛の砂」に塩類を施した結果、肥沃な土壌と変わらない栄養効果を発揮したことは明らかである。また生育後の植物灰の分析からは、先に施した塩類の元素を、茎・葉・種子のなかに確認できた。この2つの結果をみれば、施した塩類が植物にとって必要栄養成分を意味することは確実といえると。

その後 Boussingault は同様に処理した石英砂－純水－ヒマワリ植物の灰－硝酸カリウムによってヒマワリの種子を育て、使用した種子に対して108倍の量の種子を収穫することに成功した。先の Wiegmann・Polstorf らと異なるところは、泥炭処理物に代わって硝酸カリを窒素源として用いた点で、無機肥料説に一歩近付いたとみなされる。

同時期に Salm-Horstmar・Magnus・Henneberg らが同じ方法で植物灰の栄養性を証明し、さらに灰成分の全てが必要かという問題の解明に向かった。しかし得られた結果は相互に矛盾し合って一定しないという困難に直面した。これらの砂耕法に対して Liebig は植物栄養実験法の初期的段階のものとみなし、新たに開発された水耕栽培法をより進んだ段階と評価した。そして理由には、施用する塩類個々の管理水準の高低差を挙げた（Liebig：p.147）。

1.1.7　水耕法の成功と意義 — Sachs・Knop・Stohmann・Liebig —

1. Sachs（1860）および Knop（1860）はそれぞれ独立に、種々の塩類の希釈溶液により数種の植物を生育させて水耕栽培の方法を発展させた。その方法を用いれば、生育する植物の根によって吸収利用される物質を意のごとくすることができた。Sachs と Knop はその実験から、培養液が窒素・硫黄・リン・カリウム・カルシウム・マグネシウムおよび鉄を含んでいさえすれば、植物は完全にかつ健全に生育するとの結論を得た。

以上は Stiles 著『植物栄養学史』*Trace Elements in Plants*（1961）冒頭の一部である（p.1）。またこうも述べている。植物の無機栄養実験は後の研究者によって繰り返し行われ、そのために多くの水耕栽培液が開発され、かつ推奨されてきた。しかし実際の植物栄養研究に広く用いられてきたものはそれ程数が多くはなかった。その主なものの代表に Sachs 液と Knop 液とがあった（Stiles・Hewitt）。それ程に両者の成功例は際立っていた。初期の両液の成分組成を表3にまとめておく。

Sachs は先に Tharandt 林業学校時代に水耕栽培法の基礎を確立した。それは養分要求量を求める栽培に使う砂からの不純物混入を避けるための方法

表3　初期培養液の代表例

Sachs液（1860）＊1		Knop液（1860）＊2	
KNO_3	1.0（g）	KNO_3	0.2（g）
$NaCl$	0.5	$Ca(No_3)_2$	0.8
$CaSO_4$	0.5	$MgSO_4 \cdot 7H_2O$	0.2
$MgSO_4$	0.5	KH_2PO_4	0.2
$Ca_3(PO_4)_2$	0.5	$FePo_4$	0.1
水	1ℓ		（一部不溶）
数滴の$FeSo_4$液		水	1ℓ

註＊1　Stiles：p.1.　＊2　Hewitt：p.31.

で、砂に代わって塩溶液だけでも立派に植物を生育させられることを証明した。その成功の上に立って標準培養液組成を表3のように整えた。その後、硝酸塩についでアンモニウム化合物を使用する方向に改良した。処方には**多量元素**および**中量元素**が中心的培養液成分として設定されているが、同時に**微量元素**の鉄が必須性元素として加えられている点に注目しておく。鉄については先にLiebigの時代のところで触れたように、1840年代にGris（1844）が葉緑体形成に必要であることを明らかにしたことで、**微量元素発見第1号**といわれた。ついでSalm-Horstmar（1849）がその必須性を実験によって証明したという歴史的経緯をもつ（Hewitt）。さらに、同じく微量元素と呼ばれるマンガンについては、はじめのSachs液に記載はないものの初期成功事例（表1）のなかに含まれ、Sachs自身も必須性を認めていたという記述もある（Hewitt）。この説を採用すると、標準液は微量元素栄養説の先駆例でもあったことになる。この点が従来の文献のなかで触れられていない最も重要なことの1つである。

2. その問題はひとまず措くとして、ここで水耕栽培の実態をみておく。実験に使った植物はアブラナ・インゲン・ソラマメ・トウモロコシ・ソバなどの作物である。はじめの第1段階は種子をよく洗って汚れを落とした上で、十分に湿らせたおがくずの上に置いて、幼根が数センチになるまで発芽させる。次に芽生えを注意深く取り出しておがくずを洗い落とし遮光した容器の口にコルク栓によって芽の部分を保持し、根だけが容器中の液に漬かるようにする。その状態で種子は液とコルク栓との中間に位置する。容器を自然状態の室内に据えて実験準備を完了する。

実験開始時の液には純粋な蒸留水のみを使う。インゲン・トウモロコシなどの大きな種子の場合には、容器の外に3、4枚の正常で大きな葉が育ち、水中には数十本の側根が伸びてくる。この状態には養分を含まない純粋な蒸留水中で到達するが、やがて生長は停滞を見せ始め、最後には枯れる。これを第1段階とする。ここまでは種子自体の自然生長力によって進行する。

実験の第2段階は上の生長の緩みかけた状態のときから始める。具体的には容器中の蒸留水を栄養塩溶液に取り替えることによって開始する。数日以内に植物は活力を取り戻して、再び生長し始める。健全な生長を持続させるためには細かく変化する操作を必要とする。

全ての塩を同時に与えないことが肝要である。すなわち栄養塩の2種類または3種類を組み合わせた溶液を準備して数日ごとに取り替えるとか、その中間に純水または飽和石膏液を組み込むとかを試みる。組み合わせの適否は発育の状況をみて判断する。生長が順調に進めば新しい葉と根が次々に出てきて、6～8週間後には花も付き、さらに数週間を経て種子の入った果実が稔る。その種子は十分に発芽能力を蓄えている。このようにして種子1個から300倍以上の有機物を育てることに成功した。

第2段階の実験の成否を決める液の交換は、土壌栽培と異なる水耕栽培の特徴である。その必要性は根の養分選択吸収作用に起因するもので、はじめに設定した液濃度が日を経るにつれて変化して行き、計画された栄養効果が実現しない。さらに根から分泌されるアルカリ分によって液のアルカリ化が進むことによる吸収障害が起こる。このような問題を次々に解決してはじめて水耕栽培法を安定的に確立することができた。それは同時に従来の土壌栽培に際して果たす土壌の極めて複雑で重要な役割に対する開眼をもたらし、後年の土壌研究に大きな貢献を果たした。それをLiebigは早くも察知したことを先に述べた。

次にKnopの実験を取り上げる。その優れた成果の1つに培養液の開発がある。表4にその内容をみることができる。後年Knop法と呼ばれたものである。Knopはその液を使ってトウモロコシを3カ月余の長期間栽培し、140粒の発芽能力のある種子を稔らせることに成功した。はじめ浅い皿の上

表4　Knop液の構成（3成分混合使用）

第1液成分	(g)	第2液成分	(g)
硝酸	2.160	リン酸カリウム	10
硫酸	0.495	水	1ℓ
カルシウム	0.689		
マグネシウム	0.233		
カリウム	0.940	第3液成分	
水	1ℓ	リン酸酸化鉄小量	

Liebig：pp.166－167.

にモスリンの布を敷き、水で湿らせて発芽させた後、培養液によって本格的に栽培した。栽培実験に関してKnopは実に細かい工夫を論文の註釈で述べている。たとえば次のような手順を踏む。まず上記3種類の混合液を正確に測って使用する。毎日、根についた鉄分を水で洗い落とし、混合液に蒸留水を補給する。これを繰り返して総計1ℓの水分が蒸散したところで止める。これを1周期とする。次に新しい混合液に変える。この方式で4周期まで進める。5周期目は第1･第2のみの混合液を使う。6～7周期では蒸留水のみを使い、蒸散量を2ℓ、次に3.5ℓと大幅に増やす。これが7周期で完了する実験工程である。現実の経験から生み出された実に細かい仕組みから成り立っていることが分かる。さらに表中の重量表示を後にモル量に換算して考察を行った。

Knopと同年に水耕実験を成功させたStohmannは以下に述べる工夫を強調した。上記以外にも液濃度をできるだけ低く抑える。頻繁に新液と取り替える。液を中性または弱酸性に保つ。そのためにリン酸を加えることもあるなどである（Liebig：p.150）。Stohmann（1860）が成功した栽培実験もトウモロコシを使った。培養液は植物全体の灰分に含まれる成分と同比率に設定した量から成っていた。液濃度を実験開始時には全量を1ℓ中3g以下に抑えるなど、常に低濃度維持に留意した。蒸発する水は毎日補充し、液が常にはじめの弱酸性を保つようにリン酸を適宜加えて調節した。植物を時々新たな養分液に移して生育を活発にさせた。実験は成功して種子の成熟をみることができた。実験に使った2個の種子から育った植物はそれぞれ1m余から2m余の高さに達した。十分な乾物重量と灰分量とを示した。種子重量に対して収穫物重量は約500倍の大きさであった。それははじめの種子の500倍余であった。通常の肥沃な栽培地の場合は10倍前後であることと比べても、さらに50倍に達したことになると報告した。

ここで上記3者の培養液の内容を検討すると成分の種類には大きな共通性が認められる一方で違いもみられる。たとえばSachsに対してKnopは食塩に欠ける。窒素成分がKnopでは硝酸塩のところをStohmannでは硝酸アンモニアとし、さらにリン酸分と窒素分との間に1対2の比率を設定している。他方、3者ともに実験操作を極めて複雑に組立てるまでに工夫してようやく成功に漕ぎつけたという印象が強い。

3. Liebigの考察

LiebigはKnopおよびStohmannの水耕栽培実験から2つの基本問題を学んだと述べている。1つはそれが確立途上の性格を強く帯びているという認識である。もう1つは方法が完成する以前においても、植物栄養と土壌との重要な関係を解明する方向へと接近しつつあるという理解である。少し長いが以下に証拠として引用しておく。

「土壌を完全に排除して、陸上植物を発芽から結実まで、乾物の顕著な増大を伴いながら育つように水耕栽培法を完成させるのは、決して生易しい課題ではなかった。溶解した植物養分を活性に保つような形態の探究と正しい溶液濃度の確立は特に困難ではなかったが、新たに解決すべき問題に出会ったため、はじめはゆっくりとしか進まなかった。養分の水溶液で育てた場合、陸上植物は水生植物のように単純には養分を吸収せずに希薄溶液として取り込む性質をもつ。それで多くの場合に溶液濃度と異なる比率で吸収した。その結果、短時間のうちに根の周辺の溶液濃度が植物のその後の生育に役立たないものになってしまう。それに加えてたいていの場合に、植物は周囲の溶液中に根を通じて自分に有害な物質を不断に分泌した。たとえば中性および弱酸性の養分溶液は、時間が経つとアルカリ性を示すようになった。溶液が極く弱いアルカリ性になっても植物は間違いなく枯死する。これらの現象がKnopやStohmannの初期の実験のなかで観察された」(註：一部筆者により文章を改訂)。これが第1の問題である。

「水耕栽培の成否は、まず実験者がこれらの障害を知って除去すること。

そして溶液に欠けている“肥沃な土壌の特性”を技術の改良によって補う方法を習得することにかかっている。事実、その後の研究のなかからは次の改良方法が見出された。第1に養分溶液は0.5％を著しく超えた養分を含んではならないこと。第2に常に極く微酸性の反応を保つ必要があること。第3に小容量の条件で行うときには、液自体を時々交換しなければならないこと。第4に根を光の影響から遮断すべきこと。第5に適当な温度および照明の条件下で行うべきこと。第6に根の周囲の養分溶液中の酸素含量には特に注意を払う必要がある（通気）こと」（註：一部筆者により文章を改訂）。

次に第2の問題に移る。それは上の“肥沃な土壌の特性”として捉えられた新しい問題意識であった。この面で得られた事実は、生きた植物の化学反応に新たな光を投げかけたばかりではない。肥沃な土壌には、この反応の結果生ずる溶液中の致死性毒物の全てを科学的・物理的性質を通して除去し、不活性にする一定の特性が備わっているに違いないということを示している」（Liebig：pp.148－149。註：一部筆者により文章を改訂）。特に第2の問題に関するLiebigのこの洞察は予言にも比すべき優れた内容をもつ。

4. Sachsの考察

1880年代に入ってSachsは、過去20年間の水耕栽培法による植物栄養研究を回顧して以下のように述べている。「私は1860年に、陸上植物は栄養分を土の助けなしに水溶液から吸収でき、植物を長期間生かしておくことと生長させることができるだけでなく、昔から知られているように有機物を活発に増やし、発芽可能な種子さえ付けることを証明する実験結果を発表している（Die landwirthschaftl, Versuchsstationen, Dresden, H. VI. 1860, p.219およびBot. Zeitg. 1860, p.113）。最初は反対も多かったが、植物を人工栽培する方法は次第に発達し、過去20年間の様々な実験で完全になり、今では植物栄養に関する多くの疑いを究明するための最も重要な手段の1つになっている。また、そうした実験を計画し実行する方法と手段の記載それ自体が、高等植物の栄養に関する最も重要でわかりやすい説明になっている」（Sachs：p.301）。

このように述べた彼の意識のなかでは、方法の確立よりもそれが栄養学の方法として発展していることの方がより重要だと考えていたことは明らかである。他の箇所でこの事態を植物栄養研究における革命にも相当すると評価したこととも一致する（Sachs：p.300）。ここにSachsの科学思想の前進を認めても良いであろう。

次に、上記と密接不可分の関係にあるもう１つの思想的前進をみておこう。それは以下の記述のなかに表現されている。「我々が培養液に加えた塩が、実際にすべて植物にとって必要かどうかにはまだ疑問が残る。これらの塩は硝酸カリウム、硫酸カルシウム、およびマグネシウムとカルシウムのリン酸塩である。我々はすでに鉄が不可欠なものであることを知っており、主要ではないが塩化ナトリウムの重要性も認めている。そこで先の疑問については、まずそうした名前をあげた塩ではなく、それに含まれる元素が重要か否かを考えることで問題を単純にすることができる（註：傍点筆者）。この方面の多数の研究が示すように、培養液には単に元素としてカリウム、カルシウム、マグネシウム、鉄、リンおよび硫黄が、酸素を含む適当な中性化合物として存在していることが必要である。しかしながら、その説明は我々にとって範囲を越えているので、表に示した塩を選ぶのが最もよい」（Sachs：p.305）。

これは先にも触れたように、水耕栽培法による長い研究経験の総括的見解——科学思想の到達点——を率直に表明したものである。短い文章ではあるが２つの重要な認識によって構成されている。第１に植物栄養学の対象が従来の無機塩から無機元素へと移り、後者の問題像が一層鮮明になり、以後いよいよその重要性を増していくに違いないと予想している。第２にその視点からは、カリウム・カルシウム・マグネシウム・リン・硫黄など、**中量元素**の必要性はすでに明らかになったものと認める以外に、研究が特別に進んだ**微量元素**の鉄をも、その群のなかに加えておくというように当時の知識を整理している。それ以外には塩素・ナトリウムなどの**中量元素**が検討されてはいるが結論を出すには至っていない。言い換えると、塩から元素を問題にする方向へ舵を切りはしたが、その範囲はなおLiebig以来の**中量元素**の域に止まっている。その事実はそのまま当時の水耕栽培法の精密程度を非常によく表現していると考えられる。ここにSachs時代の足跡が認められるように思われる。

5. 微量元素としては、唯一鉄だけに必要性が認められたとする当時の認識はどのような実験を経て確立されたものであろうか。次にその問題を取り上げる。それにはSachsの研究が好適である。先の水耕栽培実験の第2段階に入り鉄塩を含まない培養液を使用して数日後のこと、3～4枚の葉が芽を出してそれに続く葉からはクロロシス（白色化）が顕著になった。それを顕微鏡で観察し、かつてGrisが確かめたように葉緑素が欠けていることをつきとめた。それが鉄欠乏症によるクロロシス発生であった。しかも意図的・人為的に作り出しうるものであるだけに真相に一歩も二歩も近づくことができた。葉にクロロシスを発生した植物をそのままに放置すると葉は最後に枯死した。鉄不足によって植物の生育全体を支える光合成作用が阻害されることにより、健全な生育が望めなくなったと考えられる（Sachs：p.303）。

また、塩化鉄・硫酸第一鉄の溶液の数滴を培養液に添加するだけで、3～4日後には白変していた葉が緑色の正常な葉に復元する現象を確かめることに成功した。これは植物栄養障害の治療的処理に相当した。インゲン・トウモロコシの場合には、クロロシスを起こした葉の表面に上記の鉄塩溶液を僅かに塗布しただけで一両日のうちに葉緑素の形成が始まり、次第に葉全体へと緑色が広がっていった。以上は人為的に欠乏症を起こさせた作物の場合である。

他方、ニセアカシアやセイヨウトチノキにも普通の環境条件のなかで、時折り葉のクロロシスを起こす例が認められた。そのようにして自然発生したクロロシスの葉をもつアカシアの幹に鉄塩溶液を注入したときにも、鉄分が通常の養分通路を通って、幹から枝を経て葉にまで行き着き、数日のうちにクロロシスを起こした葉が完全に緑色を取り戻した。以上の実験に要した鉄分はいずれも極く微量であったとSachsは強調した。たとえば次のように表現された。「実験植物のクロロシスは1リットルの培養液につき数ミリグラムの可溶性鉄塩によって十分に回復した」と。この成果が取り敢えず標準培養液成分組成表に記載された。

以上の記述に続いてSachsは鉄の栄養元素としての重要な性質にも言及することを忘れなかった。「大量の鉄は葉にも根にも毒として働く」ことに関する注目と警告は、実験中に起こった根の鉄中毒を頻繁に洗い流すことで予防できるという経験から得た知識に基づいていたとしても、元素一般に通用する共通認識であるとともに微量元素にとっては特別の重要な意義をもつ認識でもあった。それだけに微量元素の**過剰症原性**認識として極めて早い時期のものであることに注目しておきたい。

筆者がここで水耕栽培法を詳細に検討する狙いは次の点にある。すなわち、Sachs は実験操作のなかで鉄の過剰性に気付くとともに、必須栄養性にも有効な手掛かりを得るという成果を挙げている事実である。しかしこれらの成功は、当時の鉄栄養性に関する理解のうち幸運の一例に当たるものとも想定される。それだけに微量元素の栄養性に向かって手を広げる地点にまでは到達せず、またそこから栄養の生化学的プロセス解明へと進む道はまだ用意されていなかったという限界もみえてくる。このようにして微量元素の栄養素としての必要性を究明しうる精巧な水耕栽培法の確立は 20 世紀前半期の課題とされた。

1.2　19 世紀無機栄養論 ― Liebig ―

1.2.1　灰分析から接近 ―存在は必要を意味するか―

Liebig による無機元素の栄養研究は植物成分分析結果を基礎に始められている。それは、以下の文章によって明らかである。「全部といってよいくらい大多数の植物は、多種多様な組成と性質を持つ有機酸を含んでいる。これらの酸はみな、塩基、つまりカリウム・ナトリウム・カルシウムまたはマグネシウムと結合していて、遊離の有機酸を含むものは少数の植物にすぎない。すべて植物は鉄なしには存在せず、また多くのものは恒常的成分としてマンガンを含んでいる。多数の植物ではケイ酸が主成分になっているし、塩素化合物もあらゆる植物に見出される。海藻は常にヨウ素化合物の含有を示す」(Liebig：p.141)。

さらにアルカリ類についての補足が続く。「我々は、各種の植物に様々な酸を見出す。その存在と固有性が偶然の産物だとの見解を抱くことはほとんど誰にもできない。地衣類のファル酸・シュウ酸、アカネ科のキナ酸、リトマスゴケのラクムス酸、ブドウの酒石酸など多くの有機酸は植物の生活のなかで一定の目的に役立っている。その存在なしに植物の発育は考えられない。さらに争う余地のないと思われる上記の仮説において、植物中ではすべての有機酸が中性塩または酸性塩として存在することから、アルカリ塩基も同時に植物の生活条件である訳である。灰化後に炭酸を含む灰分を残さない植物はなく、つまり植物酸の塩類を含まない植物はない。ただしケイ酸やリン酸に富む植物灰分は灼熱後に炭酸を残さず、ケイ酸またはリン酸によって追い出される」（Liebig：pp.141－142）。

そしてヨウ化物が早くからLiebigの主題のなかに登場する。「我々は海藻にヨウ化金属が必要であって、海藻の生存はヨウ化物の存在と結び付いていると考える。同じ確実さで我々は、一般の陸上植物と植物の灰分中に必ずアルカリ・アルカリ土類およびリン酸化合物が存在するのは、植物の生活において生育に必要なためであると結論する。実際、前記の無機成分が作物の発育に不可欠でないとすれば、まずそれらの野生植物には見出されないであろう」（Liebig：p.143）。

以上の内容は植物体を焼いた灰の化学分析結果として当時広く承認されていた事実であった。これをLiebigは特定灰分成分の恒常的存在と認めて、そこを出発点に以下の問題を強く意識したことを紹介している。すなわち、これらの特質は植物の生育に必要であるのかと自らに問い、そしてこの問いには肯定的に答えなければならないとし、さらに補って一定の灰分成分は植物の生育に不可欠であると結んでいる（Liebig：p.141）。

1.2.2　農業技術から接近

次にカリウム・カルシウム・マグネシウムの必要性をLiebigは以下のように整理した。元素ごとにその内容を以下にまとめてみる。

K：牧草地の例をみると、カリウムに乏しい砂質土壌あるいは純粋な石灰質土壌では生長に必要な栄養成分に欠けるため植物が育たない。反対に玄武岩・火打石・粘板岩・硬質砂岩・斑岩などカリウムに富む岩石種から風化生成した土壌には牧草が繁茂する。

Ca：タバコ・ブドウの幹、エンドウ、クローバを焼くと多量のカルシウムを含んだ灰を残す。これらの植物を石灰の欠乏した土壌で栽培しても繁茂しない。それにカルシウム塩を施すと生育が促される。

Mg：マグネシウムはジャガイモ・テンサイをはじめとして多くの植物に

とって恒常的成分である。そして上と同じことが確かめられる。

これらの知識は当時にあっても農業科学とくに土壌化学、作物生理学上の極めてありふれた常識となっていた。この方法を用いて、アルカリは言うに及ばず金属酸化物やさらに一般の無機物質などが植物灰に恒常的に多く存在する場合にも、必要性の有無を確かめることができると考えられていた。

NaCl：食塩の必要性についての知識は、ミュンヘン農業協会やLiebigの圃場栽培法によるもので、種子収穫量の増加効果によって必要と判定された。またLehmannが庭園土壌に過リン酸肥料をベースに食塩を追肥して増収効果をインゲンとエンドウについて確認したことを肯定した（Liebig：p.142）。砂耕栽培および水耕栽培法の開発以前にも通用する多量元素と中量元素の必要性を粗く調べる方法として有効であったことがわかる。また、古い水準の実験方法であることも否めない。Liebigの方法はこの古い部分と新しい部分の混成物であることがここに明らかになる。

さらにLiebigは穀類の例などを挙げて以下のように述べたが、それは必須性の範疇には入らない議論とみなされる。「種子が食料になるイネ科植物および野菜はどれも十分な量（註：傍点筆者）のリン酸アルカリおよびリン酸マグネシウムやアンモニアなしには、完成した種子をつけることができない。すなわち、これらの種子の成熟には土壌中に上記3成分の存在が欠かせない」（Liebig：p.142）。

そして最後に、次の結論にたどりついた。「これまでに報告された事実を正確に解釈すると、植物の完全な生育は土壌中の灰分成分が一定かつ恒常的（註：傍点筆者）に保たれた状態に依存する。灰分成分が全く存在しないと植物の形成はある限界にぶつかり、不足すると生育が抑えられる」（Liebig：p.144）。上記の文中の「一定」が「一定量」つまり「相当量」を意味することは明白であろう。このまとめからは、Liebigの判断基準が多量元素および中量元素を中心的対象として立てられたものであることがわかる。

同時にLiebigは新たに開発された水耕栽培が植物栄養学に画期的な転換をもたらすであろうとも予想している。すなわち無機成分が植物の生育過程に不可欠なことを直接に証明できる別な証拠があると。それは最近行われたもので、他の条件を全て同一に揃えて培養液中の灰分成分を存否の二通りに限り、植物を育てた多数の実験である。これらの実験は2つの課題――その1つは、全般的に灰分成分が植物の生活に必要なことを証明するだけでなく、個々の灰分成分が植物体内で果たす特殊な機能を明らかにするために実施された。今日までに成し遂げられたのは無論この第1の課題だけである。そして第2の課題に関しては、植物体における灰分成分の作用とか植物有機成分の生成と変化との関係とかについて何か確実なことを知るにはなお道は遠いとみなした。実施された実験や経験は、今後の研究に重要な指針と示唆を与えているにとどまると考えた（Liebig：pp.144－145）。

1.2.3　水耕法による欠乏実験を検討

Ca：Stohmann はカルシウムおよびマグネシウムをそれぞれ欠いた培養液で植物が繁茂しないことを明らかにした。具体的には液中の硝酸カルシウムを当量の硝酸マグネシウムで置き換えると、短時間のうちに早くもトウモロコシの生長が停止して貧弱な葉を生じただけに終わった。その液に硝酸カルシウムを添加すると直ちに生育が再開して、以後も正常な生長を続けた。

Mg：培養液からマグネシウム塩を除き、代わりにカルシウム塩を加えた場合にも前回と同じ状態におちいり、マグネシウム塩の添加によって正常状態に復帰した。これをもって Stohmann は、トウモロコシにとってカルシウムもマグネシウムも必須栄養素であるとの結論を下した。

Liebig はさらにこの実験の経過を詳しく検討した。そして生長の初期にカルシウムが欠乏すると雌花形成ができないのに対して、同じ時期にマグネシウムが欠乏すると不稔性の雄花が早生するという記録に注目した。もしもこの観察が正しいのであれば、カルシウムとマグネシウムが植物の生育過程において果たす役割を研究する有力な手掛かりになると考えた。その他の多くの作物についての栽培実験で同じ結果が得られるという報告を確認して、Liebig はカルシウムとマグネシウムの必須性を確実とみなした（Liebig：p.153）。

Na：Knop はナトリウムを欠いた培養液を使ってトウモロコシの葉および花などの発育に異常が認められなかったと報告している。他方 Stohmann はトウモロコシを Knop と同じ方法で栽培して顕著な異常を認めた。長くて幅広い葉の代わりに短くて尖った葉が生じ、雄花は雌花に比べて生長が極めてゆっくりで弱々しかったことをその証拠にした。

このように2つの実験結果が明らかに矛盾していることから、Liebig は背景にナトリウム以外の何らかの原因が隠されていると推定し、合わせてこの時点では必須性の確認は不可能と判断した。他方 Salm-Horstmar と Zöller の実験からは、オオムギその他多くの穀類の種子の生育にナトリウムが一定の役割をもつように思われる結果の報告も視野に入れた上でのことである（Liebig：p.152）。

Cl：Ruschauer はトウモロコシわらの灰分中に塩素が 6.25 %、Way はトウモロコシの茎葉の灰分中に 2.25 %含まれると報告している。それを前提に Liebig は塩素の必須性に関する以下の実験結果を検討した。

第1に Knop のトウモロコシについての欠乏実験（1868）においては、草丈 1m に達して成熟した実をつけたが、その数は著しく少なかった。Knop は、以前に行った実験の際に培養液中の塩素の存否を確認しなかったが、トウモロコシの実の収量は 140 粒もあったと述べている。

他方で Knop のソバに関する2回の栽培実験では、塩素欠乏液の2本のソバから 25 粒という僅かな実を収穫する一方、0.25 %の塩化カリウムを含む培養液のソバの場合には不稔という結果に終わった。

第2に Nobbe のソバに関する栽培実験（1868）では、Knop 溶液の主成分の外に塩化カリウムを多く加えた培養液によりソバを盛んに繁らせた。成熟種子が 800 粒に近く、約5倍に近い増量であった。この結果をもって、Nobbe は塩素の必須性を主張した。

第3は複数の研究者による塩素欠乏栽培実験の例である。ソバについて行った Leydhecher の実験では、開花時に花粉が全くない不稔の雄花を生じた。Wagner によるトウモロコシの実験でも同じ現象がみられた。ただし、一部の雌花は健全のようにみえたので正常な雄花の花粉を使ったところ、5 粒ほどの小粒の発芽能力をもった種子を得た。

以上の結果の報告を考察して Liebig は2つのことを述べている。1つは Nobbe が報告のなかで力説したように、この段階の水耕栽培実験に多くの困難があり、成功例を導き出すのは幸運の場合に限るという見解を認めざるを得ない。もう 1 つに上の報告結果が相互に矛盾していることは、取りも直さず不確実さを示す証拠に外ならないと。

ここで筆者の見解を明らかにしておく。Liebig のこの問題領域を検討する視点は主として多量元素、中量元素に集中している。当時の状況をみると、1840 年代には少なくとも Gris（1844）によって鉄と葉緑素との関係が明らかにされたという研究実績がみられる。そしてこれが微量元素発見の最初の事例に当たるとする Hewitt の評価が出されている。もう 1 つは、Salm-Horstmar（1849－1851）が鉄の必須性を証明する栽培実験およびマンガン欠乏症発生を目的とする栽培実験によって、微量元素研究を開拓しつつあった。それらの同時代を飾る先駆例の考察が全く行われていない。ここからは Liebig の無機栄養研究のなかでは微量元素の必須性研究という問題意識が希薄であったと思わざるを得ない。

1.2.4　稲垣の無機栄養論

この項を稲垣の文献研究の成果によって締めくくる。熊沢は明治政府のお抱え教授 Kellner の弟子であった稲垣の『植物栄養論』（1898）が、師の学説紹介を忠実に行ったと評価している（「植物栄養学の系譜」『植物栄養学論考』）。それによれば Kellner の在任期間から推して、1880 年代のドイツの知識を十二分に取り入れた内容として構成されたことが容易に理解できる。当該書 6 章構成中の第 5 章「植物体内の無機物およびその効用」がここでは中心的な考察対象となる。その概要は水耕栽培法解説と無機元素の生理性評価によってほとんど占められている。前半部分に関してはすでに他所において触れたことでもあり、後半部分を集中的に検討する（表 5 参照）。

成果の第 1 は評価区分を明解にしていることであろう。すなわちまず植物中の存在確認つまり灰分分析結果によって、多数種に存在（a）、特定の少数種に存在（b）、希有種に存在（c）の 3 区分を行っている。その上で a 群のなかに必須性が確認された元素を小区分している。また c 群には 1 種のみあるいはそのなかの 1 科に限り、さらにその植物の特別の部分に限ってみられる存在を配した。このようにして 32 元素に関する知識の科学的水準が明白に描き分けられた。なかでも a 群の判定に水耕栽培が的確な効果を挙げ

表5　植物灰成分元素試験

(群) 分布状態	研究段階	元　素	数
(a) 多数種に存在	必須性確認試験に合格	S、P、K、Mg、Ca、Fe	6
(b) 特定の少数種に存在	同上試験に不合格	Cl、Na、Si	3
	存在確認	I、F、Al、Mn	4
(c) 希有種に存在	存在確認	As、Ti、Li、B、Br、Rb、Ba、Cs、Ni、Te、Hg、Sn、Sr、Zn、Co、Cu、Ag、Pb、Se	19
合　計			32

たと述べた。

さらに稲垣はb群およびc群の内容が極めて初歩的段階の分析データにとどまることを確認するとともに、しばしばその存在量が極めて微少であることに触れている。そこでは分析科学の飛躍的発展を強く期待した。また研究が少数事例にとどまる点も指摘した。これらはいずれも20世紀に引き継がれた課題であった。以上の内容をまとめると表5になる。

成果の第2は、整理された内容そのものが当時の研究の発展状況、進展方向、将来の展望をあらわしているところに認められる。筆者のそれに対する見解を述べておこう。当時の研究がようやくたどりついた段階は、元素の生理作用に関する証拠が比較的手に入り易い中量元素についてのみ必須性検討の基礎作業が終了した状況にあったとみる。

研究が進んできた道は、灰分析による存在確定からやがて生理的必須性の有無を確かめる方向を目指していたことは間違いないと考える。このことについては、19世紀中頃にLiebigがすでに述べた通りである。将来の展望に関してはより精密な分析によってほとんど全ての元素の存在確認が可能となるという稲垣の指摘が最も適切なものであろう。それは上記のc群に属する元素の数が増えるとともに、その生理性の解明と評価の確立を意味する。同時に植物界に元素普存則が成り立つとの見解にも通じる。この課題の実現は20世紀前半にようやく光を見出すことになる。またその時点で、先の水耕栽培法の飛躍的に発展した状態がみられることになる。

第2章

微量元素栄養学
—微量元素科学の誕生—

2.1 欠乏症研究 — "一元論" —

2.1.1 欠乏症研究という新興科学

微量元素の必須性研究は欠乏症研究と表裏一体の関係にある。その意味では、経済的に大きな意義をもつ欠乏症研究によって、前者が常に加速されてきたともいえる。20世紀前半に大きな展開をみせた欠乏症研究には、すでに4つの基礎的認識の蓄積が明らかである。

第1は欠乏症認識そのものの発展が何といっても大きな力をもつ。たとえば芽や葉のクロロシス、ネクロシス、発芽・生長の不良、枯死の確認・判定（＝診断）と相互関連の知識がそれである。社会的に強い関心を生み出したこともあり、農業や園芸などの経済分野において、当事者のあいだに早くから意識されていた。

第2は欠乏症診断を客観的に実施する方法の1つとして、特定微量元素の存在量が確認された。その際に、存在量の下限を確定することが1つの重要な研究課題となった。一旦最低基準が設定されれば、それを指標に有症植物を客観的に取り扱うことが可能となる。そのデータと植物が表す症状との関連性を問題にすることができる。この課題は植物中に微量元素を確認する分析研究を最も根底とする関係にある。

第3に症状を示す植物に様々な治療を施し、その結果との対応を観察する方法がある。予想される微量元素の塩溶液を施す方法が頻繁に行われていた。植物の色々な部分に溶液を注入するかまたは反対に溶液に植物の一部を浸すかが試みられ、効果を挙げることができた。1939年にRoachがそれらの実施法を整理した際には、植物体の各所に注入する方法がすでに10種類

表6　作物生理操作法

1. 葉面に注射	6. 枝先に注射
2. 葉先に注射	7. 若枝・枝に注射
3. 葉を液に浸す	8. 数枝に注射
4. 葉柄に注射	9. 枝・根に同時注射
5. 若枝先に注射	10. 本体各所に注射

Stiles：p.54.

を越える多様さを示した（表6参照）。

第4に各種の栽培実験によって欠乏症を発現させる試みが行われた。これは純粋に研究領域において進められた。

以上にみられる多様な活動を伴って調査・観察・研究が進行した。20世紀はじめの農業にみられる急激な発展が、各国の政府関連機関の積極的な活動を呼びおこしたのも当然であろう。問題に深く関係しつつ研究を行ったイギリスのStilesの目を通して確かめられた事実の一端を以下に挙げる。

2.1.2　20世紀農業に発生した欠乏症認識

イギリス農業研究機構（Agricultural Research Council）のなかに設置された“無機栄養欠乏症検討会議”（Mineral Deficiences Conference）という公的研究機関の活動が、その有力な証拠の1つとなる。主題の主要部分を微量元素欠乏症が占める状況の下で、“無機栄養欠乏症”が“微量元素欠乏症”と同じ意味に解釈されていた。前者のなかに後者の存在が成長を遂げつつあった時代を示す。同会議と深い関係を保った植物学者Stilesが『植物中の微量元素』を1946年に出版して、短期間のうちに相次ぐ増補・改訂を行ったことも支持的要因とみなされる。欠乏症研究が当時の重要問題として強く意識されたからに外ならない。その力が微量元素科学を後方から支援する強い社会的圧力として存在した。

1940年代までの論文数百編を精査した結果として、Stilesは当時の進捗程度を次のように考察した。「藻類・高等植物を含む多くの種類にとって必須元素とみられるものはMn・Zn・B・Cuの4種類に限られる。そのうちのBは細菌にとって未確定である。さらにMoは硝酸塩や窒素成分が十分供給されれば、多くの植物にとって必須性を持つと推定される。これ以外には、Cl・Na・Si・Al・Gaがある種の植物に必須であることを示す証拠がみられるが、確定する段階には至っていない」（Stiles：p.15）。このように当時の状

表7　欠乏症発生状況

	植物	発生地	発生年代	主症状
Mn	エンバク サトウキビ エンドウ サトウダイコン アブラギリ	欧・米・濠 米 英・オランダ 不明 米	世紀初め～40 世紀初め～ 30～50 30～40 30～40	葉灰斑 葉赤斑 葉斑点（種子黒斑） 葉黄斑 葉青変、小葉
Zn	クルミ 落葉果樹 カンキツ カカオ アブラギリ マ　ツ トウモロコシ マ　メ	南米 米 米 アフリカ・中南米 米 米・濠 米 米	世紀初め～30 30 30 50 30 30～40 30 20～50	葉黄斑、叢生 葉変色斑、小葉・叢生 葉黄斑、小葉 葉黄斑 葉青変、小葉 葉黄斑、小葉 葉白斑 葉褐斑、小種子
B	サトウダイコン ガーデンビート カ　ブ セロリ リンゴ アンズ ホップ	英・米・欧 米 英・北欧・他 米・カナダ 米・欧・濠・他 ニュージーランド 英	30 30 30～40 30 19世紀末～20、30 30 50	根心腐 根心腐 根心腐 葉褐斑 縮果、褐斑果 褐斑果 小葉
Cu	果　樹 開墾地作物	米・濠 オランダ・欧・米	19世紀後半～20､30 30～40	葉黄萎 葉黄萎
Mo	マ　メ カンキツ ハイビスカス アルファルファ	英 米 不明 不明	40 世紀初め～40 50 50	葉白斑 葉黄斑 紐葉 葉白斑

註：年代は20世紀、10年代ごとの表示（Stiles：pp.58－104）。

況を慎重にしかも堅実に整理して考察の対象を上記の5元素に限定したことにより、欠乏症研究の初期の状態を一層リアルに描き出すことに成功した。

その方針に従って、Mn・Zn・B・Cu・Moに関する欠乏症発生の状況を、Stilesの収集記録に基づいて表7にまとめる。表からはいくつかの事実が明らかになる。

その1に、発生地域が多数に分散して多くの国の農業、園芸地域をおおうことである。しかも農業技術の遅れが目立つ地域というよりは積極的に農業を発展させている地域にみられる著しい傾向と推察される。その根拠の1つが植物の種類に確認できる。

その2に、限られた特定種に被害が起こるという状況、たとえば特に病気に罹り易い種類にみられる現象ではないことがはっきりしている。

その3に、自然に発生したものではなくむしろ人為的原因の性格が濃厚な栽培土壌の上に起こっている。大規模農園、乾燥地、やせ地、開墾地、湿地干拓地、長期耕作地、腐植堆積地、園芸作物・原料作物栽培などの記録からは土地利用方法と深く関係した栽培技術の問題であることが分かる。

その4に、発生の長い歴史を持つケースも含まれるが、他方でその多くが20世紀に入って後の短い期間に問題が集中していることも事実である。当時の積極的な農業・園芸経営を基盤に発生したとみてよい。それだけに経済的損失への関心が極めて強かったと推定される。

ここからは、19世紀後半から20世紀前半にかけて発展してきた20世紀型の農業問題という性格を考えることができる。問題の中心には不適地への農業拡大がある。そこに大規模農業に付随する問題の一面が推定される。また、含有微量元素の限界地へ積極的に進出したことに起因する欠乏症の顕在化を通して、必須微量元素の存在自体に目を開かせることにつながったとみることができる。

筆者はこの最後の点に特に強い関心をもって事態の推移と研究の進展を見守ってきた。この視点はアメリカ農務省土壌保全局のDaleが1950年代に*Topsoil and Civilization*のなかで力説した路線に沿うものである。また少し視野を広げると1930年代のアメリカ美術史家Giedionが展開した“進歩の幻想”にもつながる重要な論点を含む。これらの議論には、後の第二次世界大戦と原子爆弾の被害を鋭く察知した知性も加わる。すなわち微量元素科学が前者の轍を踏まずに進むことができるであろうかという想いである。この問題に関する基本的な方向は、かつてVinogradovが提唱した地球化学的研究を“必須”とすることが明らかである。人類の諸活動によって撹乱され続ける地球化学的元素分布への注目はなかでも第一級の重要性をもつ。

2.1.3　欠乏症研究スタート

表８　20 世紀前半の研究成果

期間（年）	発症確認報告数
1901－1910	13
1911－1920	14
1921－1930	17
1931－1940	30
計	74

註：Stiles の引用文献より算出。

この植物病（作物病）は植物の種類ごと地域ごとに雑多な名称をもつところに一大特徴がある。それは主として外観的・解剖学的な方法に従って名付けられるかあるいは土壌の性質に依るからである。例を表７のなかのマンガンに限っても、灰斑病（エンバク）、枯損病（サトウキビ）、湿地病（エンドウ）、黄斑病（サトウダイコン）、フレンチング（アブラギリ）などとして知られている。またホウ素の例でみると、リンゴの縮果病は現地で internal cork、drought spot、corky pit、corky core、brown heart、poverty pit、die-back、rosette などの名で呼ばれた。

このように、地域性・個別性が強い問題という認識からスタートして、共通した原因しかも土壌中の特定微量元素の欠乏によるという知識の水準に達するまでの探究プロセスを欠乏症研究という。20 世紀前半（1939 年まで）の研究成果を 10 年ごとに粗く整理すると表８になる。

1897 年に、Bertrand が、「漆のなかで酸化酵素が働く際にマンガンの存在を必要とするという結論」に基づく報告を書いたことは有名である。後年それは誤認であったことが明らかにされたが、金属元素に補酵素の役割を認めた先駆的業績として、その後においても高い評価は揺るがない。さらに Bertrand は、1905 年にマンガンの供給不足によるエンバクの成長不良から停止に至る傷害を指摘して、マンガンの必須性を主張した。当時、理論の先端はすでにここまで開拓が進んでいた。表のなかでも極めて早い時期に属する実験の成果であった。ここからマンガンの生理性研究昂揚の第１波の訪れを知ることができる。

同一研究者による上記２編の報告は、特殊な植物における微量元素の生理性機能から、植物一般の生理活動を支える微量元素の機能へと視野を拡大した研究発展の姿を写していて、時代を先導した Bertrand の高い予見能力の証しと評されている。

ここにもう１人の研究者を挙げておく。それは Mazé（1914）で、亜鉛の除去を十分注意して行いつつ栽培容器と必要栄養塩を用意した上で水耕栽培実験を行い、トウモロコシの生長にマンガンと亜鉛が必要であることを証明した。さらにこの方法を先に伸ばしてアルミニウム・ホウ素・塩素・ケイ素が植物に必須であるとの結論に達した（Stiles：p.3)。

このように栄養塩除去法による栽培実験は欠乏症の人工的発生を可能にするとともに、微量元素の欠乏が野外の植物に病気を起こさせる可能性について強い示唆を与えた。当時の欠乏症研究はこれらの成果から少なくない衝撃を受けつつ進められたことは間違いない。

2.1.4　研究進展と領域拡大

研究の初期的性格を強く帯びたエンバクのマンガン欠乏症研究の事例をたどると、以下の多岐に亘る研究領域の展開が認められる（Stiles：pp.58－60の内容を筆者の問題意識によって整理)。

症状確認と診断法確立：最初に灰白色の斑点と縮みが若い第3・第4の葉に現れる。その数が増えるにつれて次第に相互に接近して細長い灰白色帯を形成する。それが葉先にまで達すると葉が折れたりちぎれたりするようになる。色も灰白色から褐色に変わっていく。傷をもったまま葉は生長するが、結局最後には葉全体が褐色になって枯れる。症状の進行とともに植物の生長が止まるようになり早枯れする。進行中の株では花がついても種子の実りが少ない。根の発育も悪く容易に土から引き抜けるようになる。

治療法研究：いくつかが早くから試みられて成功する場合もあった。その代表的な方法に、土壌および葉自体への薬剤・無機肥料の撒布がある。可溶性マンガン塩が特に高い効力を発揮した。土壌や根の消毒も有効であった。

土壌分析：腐植質が高い値をもつ例およびアルカリ性土壌が発病と強い関係をもつことが明らかにされた。

細菌研究：病気をもった植物の根から細菌を分離したという報告もある。実際にそれを正常株の根に感染させて発病させている。細菌による根の分解が観察されたこともある。

葉の無機成分分析：正常株と罹病株との間に著しい差がみられることも報告された。そのなかにマンガン存在量の違いを示すデータがみられる。

水耕栽培実験：欠乏症発生の試みが1920年代に成功している。そのなかでホウ素・亜鉛・コバルトとともにマンガンの併用から、最小発生量が確認されている。

上記のように整理した結果について短い註釈を付け加えておこう。全体を通してみると、その各領域には野外における実際的方法と試験所内の実験方法とが相伴ってみられる。そして後者には多少の差はあるものの原因に関してマンガン欠乏説の立場が認められる。以下にその具体的証拠を挙げる。

1. Wallace（1943）が症状確認と発症実験成功例をまとめている。
2. 野外における試行錯誤のなかに、20世紀はじめから積み上げられた経験的知識として可溶性マンガン塩使用による成功例がみられる。
3. Samuel・Piperら（1928・1929）がマンガン塩溶液による水耕栽培実験を行い、アルカリ性土壌説と腐植質土壌説の無効を証明した。
4. Gerretsen（1937）が土壌・砂・溶液を培地にする栽培実験を行い、マンガン説と細菌説との両立を唱え、Stilesが後者に疑いを示した。
5. Lundegårth（1932）が健康状態と病気の状態とでは植物体内含有マンガン量が3桁余の大差を示したと分析した。
6. Samuel・Piper（1928・1929）による水耕栽培の成功事例報告が出されている。0、0.05、0.1、0.2、1の各ppm濃度溶液を使用した結果、0.1ppm濃度以上で正常な生長が維持されたことを確認した。

2.1.5　新パラダイムの構造

エンバクの欠乏症研究プロセスの輪郭がここに明らかになった。その本質は**微量元素説へのパラダイム転換**が全ての領域に浸透しつつ、成功の花を開かせる働きをしている事実に外ならない。その証拠を上記の領域のなかから3例選んで確かめることにする。それらは治療対策、植物体分析、欠乏症確認栽培実験の有無である。それぞれの領域に上記のパラダイムの適用がみられるケースに卄印、そうでない状態に十印を配して、表9を作成する。

作業の前提となる視点のいくつかを以下に挙げる。報告者が採用した“方法”を目安に欠乏症研究の性格区分を行った。その結果、①治療試験、②植物の元素分析、③欠乏症発生とその回復実験の3領域への展開という形を

表9　主な研究動向

元素	植物	方法 ①	②	③	註
Mn	ムギ	卄	卄	卄	
	サトウキビ	卄	卄	卄	
	サトウダイコン	卄	卄	卄	
	エンドウ	卄	卄	卄	
	アブラキリ	卄			
Zn	クルミ	卄	卄		
	落葉果樹	卄	卄	卄	
	カンキツ	卄			
	アブラキリ	卄			
	マツ	卄		卄	
	トウモロコシ	卄		卄	
B	サトウダイコン			卄	
	カブ	十		卄	
	ハナヤサイ	卄		卄	
	ミツバ	卄		卄	
	ウマゴヤシ	卄			
	リンゴ	卄			
	アンズ	卄			
Cu	果樹	卄	卄	卄	
			1932	1935	実験年
	ムギ	卄		卄	
	ムギ			卄	実験先行
	トマト			卄	実験先行
Mo	トマト			卄	
	エンバク			卄	

註：特定元素の意識あり（卄）・なし（十）。

とった20世紀前半の研究動向の特徴が明らかになる。

特徴を抽出する前に、①②③の実態について少し説明しておく。①においては植物の病気の原因を探し求めつつ、適切な方法を見つけ出す努力が中心になる。原因には大きく分けて細菌によるものと土質と水質とがある。後者のなかに微量元素が含まれる。それを問題にするという視点からは、後者にどれだけ接近できたかが成否の要となる。細菌を原因とする場合には殺菌という処置が必要となる。他方、後者に対しては種々の薬剤撒布や施肥が試みられる。この方法にはすでに多くの経験が蓄積されていて、微量元素の適用もこのなかに含まれる。

従来この点は無機塩のなかに微量混在する形で効力を発揮していた状態から、特定の微量元素の効果を無機塩のなかに見出すという努力が含まれる。その意味で従来型の施肥が偶然成功を収める場合を無意識的適用とみなして（十）とし、特定の微量元素の効果が意識されたか、結果として認識するに至った場合を（卄）とした。このようにして、（卄）のなかに微量元素科学の始まる契機を見出すことができる。

次に②の試みのなかでは、特定の微量元素の存在量と欠乏症との関係を発見しようとする関心が濃厚に考えられる。したがって欠乏症研究の中心領域に踏み込んだ研究をそこに確かめることができる。分析結果から個々の含有元素について治療効果実験を行い、特定の微量元素をそのなかから決定していく領域へと踏み込むこともある。さらに研究が進めば、微量元素の植物体内分布という生化学的に一層精密な生命像を描くことも可能になる。今回の文献のなかにはそこまで進んだ水準の成果はみられなかった。

③に関しては、人為的栽培管理の下に、欠乏症の発生と治療成功の再現性を確かめる研究、すなわち必須性証明を目的とする研究のみを区分した。

このように整理して出来上がった表９をみると、いくつかの知見がそこから得られる。

第１に、以下の全体的傾向が明らかである。１つには、取り上げた５微量元素について③の存在することが確かなことである。このことは、欠乏症研究のなかで必須性研究が中心問題になったことを示す。その意味は、微量元素の生理的性質が確かなものとなり、さらにそれを見極める実験方法の確実性を増やしたことを意味する。しかし、その水準はまだ少数種類の植物にとどまることを示している。２つに、②がB・Mo以外の微量元素に存在するだけでなく、その実態が特定元素を強く意識する段階へと進んでいるところに注目しておきたい。②の方法のなかに微量元素を問題視する考え方が成長していることを証拠立てているとみられる。３つに、①②③の方法をすでに展開しているMn・Zn・Cuの研究に注目しておく。

表10　Mn欠乏発症実験

植　物	報　告　者	実験方法	年　代
エンバク	Samuel・Piper	水耕法	1928･1929
サトウキビ	Lee・McHargue	砂耕法	1928
トウモロコシ	Pettinger・Henderson・Wingard	砂耕法	1932

註：Stiles引用文献より作成。

表11　湿地エンドウのMn欠乏症研究

年　代	報　告　者
1935	Ovinge（オランダ）が発見
1936	Löhnisが発見
1938	Heintze（イギリス）が発見。Mn治療、原因メカニズム解明、Mn分析
	Ovinge Mn治療
1939	Lewis（イギリス）がMn治療
1940	Glasscock・WainがMn分析
1941	Piper（オーストラリア）が欠乏症発生・回復実験（水耕法）

註：Stiles引用文献より作成。

第2に、研究展開の状況を示すMn欠乏発症実験の個別事例を視野に入れると、1920年代という早い時期に多様な植物を対象とする実験の段階まで研究が進展していることが明瞭となる。そこに注目して再整理した結果が表10である。

他方、湿地エンドウの欠乏症研究が各国のあいだに急速に広まった状況がみてとれる。その方法に注目すると、独自に多様な展開を示していることが分かる。しかも欠乏症実験にまで手を掛けているところが、この時代の特徴をよく表している（表11参照）。

第3に、研究の進度を示すケースをZn・B・Cuの順にみていく。

Zn：西部オーストラリアのマツにアメリカと類似の小葉病が確かめられたあと、1936年から1938年にかけてKessellとStoateが塩化亜鉛・硫酸亜鉛による治療に成功した。ついで1942年にはSmithとBaylissが精密な水耕実験により、マツにZn欠乏症を発生させることに成功し、同時に、細菌が関与していないことを確かめた。

B：スウェーデンカブの芯腐病を研究したGiissowが、1934年に微量元素を含む元素多数を順に試験した結果、Bが治療・予防に有効であると報告している。当時、同じ問題を抱えていた国にはイギリス、北欧諸国、アイスランド、カナダ、ニューファンドランド、アメリカ、オーストラリア、ニュージーランドがあった（Dennis・O'Brien：1937)。それだけに1935年には多くの国において研究が進められ、それぞれ独立してBの効果を発見するという成果をあげた。特にそのなかの数名の名を挙げておく。スコットランドのDennis・O'Brien、ウェールズのWhitehead、フィンランドのJamalainen、カナダのHurst・Macleodたちである。続いて欠乏症発生・回復実験を成功させたのは、Hill・Grant（1935）とJamalainen（1935）である。砂耕法を採用した。

Cu：欠乏症はデンマーク、オランダ、他のヨーロッパ諸国の各地でヒースが繁茂するような荒地の開墾農場に栽培したエンバク等の穀類・サトウダイコン・野菜が罹った。この分野で次のような成功が相ついで報告された。いずれも硫酸銅を施用した。オランダのSjollema（1933）がコムギ・ライムギ・牧草の治療に成功し、正常化とともに銅の含有量増加を確かめた。ついでデンマークのGram（1936）のエンバク・オオムギ、スウェーデンのUndenäsのエンバク、オーストラリアのPiper（1938）の穀類という具合に成功が続いた。

他方Brandenburg（1933･1934）は厳密に調整した水耕実験によってエンバクにCu欠乏症の発生・消滅を確かめ、0.5mg/ℓという不稔限界量を明らかにした。Piper（1942）はエンバクの水耕実験により50μg/ℓ以下の水準で不正常生長、50から500が正常域、500以上で過剰症を確かめた。これが初のCu必須性実験との評価を得た。このように治療試験と精密な欠乏実験とが混ざり合って行われるという状況があらわである。その最大の理由の1つに治療試験の際の***微量元素原因説確立***が挙げられる。それは微量元素に対する認識の速やかな前進の証左でもある。

第4に、研究者個人の思考に表れた***微量元素説の発展***をみておこう。まずアメリカに広くみられたクルミの叢生病のケースを取り上げる。発生が広く知られるようになったのは1900年頃からといわれている（Finch・Kinnison

の報告：1933)。そして東南部州では、果樹園が何百エーカーも病気のために放棄された（Allen・Coleの報告：1932)。その後西南部の州でも所によっては95％が病気にかかるという問題が発生した。このような事情を背景にOrton・Rand（1914）が原因究明に努力し、微生物の侵害あるいは土壌自体の従来から知られるタイプのどの問題にもよらないことを明らかにした。

ついでAllen・Cole・Lewis（1932）が治療試験を行い、鉄塩では効果がないことを確かめた。その途中に僅かな効果が出る場合を手掛かりに、鉄塩中に混在する微量のZnにその効力があることを発見し、塩化亜鉛・硫酸亜鉛・亜鉛石灰によって確証を得た。溶液中に枝先を漬けるか撒布するという方法が用いられた。これをもってZnの必須性が証明されたと報告した。

他方Finch・Kinnison（1933）は、まず土壌と病気との関係を調べて原因となりうる問題が見出せないことを確かめた上で、多くの物質の治療効果を試験した。合わせてその物質の成分を分析した。成分としてFe・Mn・Znが検出された。治療試験にはクルミに固体接触と溶液注入の方法を用いた。どの方法の場合にも亜鉛塩に著しい効力、鉄塩に僅かな効力を認めた。鉄塩の効力は混在した微量の亜鉛塩によることが明らかになった。Mg・Mnは無効であった。亜鉛塩を用いた効果として幹・葉柄・葉へのZn蓄積を確認した。これらの事実によりZnの効果が強くアピールされた。また農園がある地方の用水中のZnを分析して、病気の広域発生と水質との間の深い関係が確かめられたことにより、その効果は局所的でない意義を獲得したと考えられる。

もう1つアメリカの研究事例をみておく。それはChandler・Hoagland・Hibbard（1932－1937）の落葉果樹叢生病（小葉病）のケースである。樹種はリンゴ・ナシ・スモモ・サクラ・モモ・アンズ・ヘントウ・ブドウなど多種類に及んだ。第1ステップに生物作用を疑い、否定できることを確かめて問題から外した。第2ステップに肥料の検討を計画して有機物と無機物を含む多数を試験した。特に無機物が元素数にして18種類にも上ったことは特筆に値する。そのほとんどが無効であったが、不純物としてZnを含んだ硫酸第一鉄に治療効果を発見し、ついで効力の主体がZnであることを確認した。方法では樹木へ直接施す、土壌に施すの両者に有効性を確かめた。

第３ステップに植物体分析を行い、正常の状態に対して病気の状態ではZnの含有量が低いことを明らかにした。第４ステップに、できる限りZnを除去した水耕液による欠乏実験を行い、アンズの若枝に小葉病を発生させた。ここまでの実験結果に対する考察においてChandler等はZnの有効性を強調しつつも、細菌性の病気である点も無視しえないとして両原因を結ぶ妥協的な原因論を述べている。それには一方でArk（1937）の細菌実験が大きく影響していると推定される。

第５に、以上の世界的な動向と無縁ではなかった日本の状況にも目を向けておこう。イギリスのロザムステッド農業試験場のBrenchley・Waringtonらが、Ｂ欠乏症研究に水耕栽培の方法を用いて成功を収めた1927年頃に焦点を合わせてみることにする。日本において作物栄養研究に水耕法を適用した起源は明治の中頃と極めて早く、大正時代にもその活動が継承されてきた歴史を確かめることができるが、その本格的発展期を迎えるのは何といっても1930年代のことである。木村（北海道大学）は水耕液の組成を研究し、水稲とオオムギの栄養生理的特性の差を比較検討した（1931－1932）。さらに水稲に対する窒素の時期別生産能率の考え方を提案した（1943）。石塚（北海道大学）は水稲（1932－1933）とコムギ（1947）について研究し、窒素・リン酸・カリウム以外にも石灰・苦土・硫黄・ケイ酸などの成分がそれぞれ必要とされる時期を明らかにした。春日井（東京大学）は水稲をはじめ種々の作物を完全に生育できる水耕栽培法の確立を目指した（1939）（『植物栄養学論考』p.109）。

これらの活動に対する評価には２通りのものがある。１つは江川（農林省農業技術研究所）によるもので、次のように述べられた。「これらの研究は、リン酸の基肥施用や窒素の分施に対する理論的根拠を与えたのみならず、施肥全般に対して作物栄養学の立場から大きく寄与することができた」。これは取りも直さず、作物栄養学の確立を指摘した内容と受け取ることができる（「作物栄養学と土壌化学」『同上』p.109）。

もう一つは田中（北海道大学）による評価で、特に水耕栽培という方法に焦点を合わせたものになっている。「わが国では、1930年代に、石塚喜明・春日井新一郎・木村次郎たちが水耕法を用いて多くの優れた研究を発表した」。「これらの一連の研究を通じて、日本の肥料学は作物栄養学へと脱皮した。すなわち水耕法の確立で、植物を培養液で健全に育てることが可能となり、この技術を用いれば特定の必須元素を随意に培養液から取り除くことができ、その元素に特有な欠乏症状をつくり出すことが可能になった」(「作物栄養学の広がり」『同上』p.230)。

またこうも述べている。「水耕法によれば、ある元素の培地中の濃度を段階的に変えることができ、そこに生育した植物の生育量と元素含有率との関係から、正常であるための限界要素含有率を求めることも可能である。また作物の生育の任意の時期に培地中の特定元素を取り除いたり、加えたりできるので、例えば窒素の供給を生育の特定の時期に停止したり開始したりでき、そこに生育した作物の反応を調査する実験を行い、その結果が例えば水稲に対する窒素追肥技術の確立に大いに役立った」(『同上』p.230)。

一方、アメリカではカリフォルニア大学バークレー校を拠点に活躍したHoaglandグループの著しい成果は1940年代のことである。それらのなかにも植物の水耕栽培がみられる。たとえばHoagland・Arnonの共著論文「植物生育実験法としての水耕栽培」(1938)、Hoaglandの著書『高等植物の無機栄養』、Arnonの論文「無機栄養素の必須性を決める尺度としての生長と機能」(1953)、Broyerの論文「無機溶質が根に吸収される過程」(1953) などがその一端を表している。そして1950年に刊行が開始された*Plantphysiolgy*年報に植物の無機栄養に関するレビューが多数掲載された。

このような英米の事情と比べてみても、日本の活動が順当に進捗していたことが分かる。そして1930年代からの20数年間の実績を基礎に日本の大学における講座名称の改変が1960年代中頃に一般化した。それは肥料学が植物栄養学へと改められる動向をいう。その流れのなかに北海道大学から九州大学までが含まれた。それに対して農林省の試験研究機関は早くも1950年に作物栄養を研究室名称として取り入れて早い対応を示した（村山「農業技術研究所作物栄養科の発足前後」『同上』p.31)。

牧草の分野に上の方法による研究が本格化するのは1960年代に入ってからで、スタートは北海道大学の石塚研究室の原田による「牧草の養分吸収過程ならびにそれに基づく合理的施肥法に関する研究」であると言われている。そして1980年代に入る頃には、国際会議における演題の20％を土壌肥料および栄養生理学の報告が占めるという世界的傾向に足並を揃えた（尾形「草類の栄養生理学的研究の現状と将来」『同上』p.222）。ここには園芸を除く農業の2大分野の1つと作物栄養学との密接な関係がはっきりと現れている。

最後に世界の農業と共通する問題の日本版をここでみておく。それは農業・畜産業にとって重要な土壌研究で、先に世界の農業が20世紀に入って深刻の度合を強めたと述べた事実と関係する。日本においても明治以来その問題を抱えてきたことはよく知られているが、第二次世界大戦後には最も真剣な対応を迫られた問題として農業分野に提起された。そこでは泥炭地、火山灰地、重粘酸性土壌が強く意識された（石塚「一学徒の歩み」『同上』p.40）。たとえば次のような事例の経験がその証拠となる。

1949年頃、神奈川県下の広い麦畑に原因不明の病気が発生し、問題が神奈川県農業試験場では解決できず、国の農業試験場植物病理科へ持ち込まれた。専門的に調査したが原因が掴めずにいたところ、化学部門の研究者が土壌分析および本体成分分析を試みた結果、Mn欠乏症という結論を下した。こうして、欠乏症発生原因が石灰の過給にあったことが判明した（江川「作物栄養学と土壌化学」『同上』p.105）。

2.2　過剰症研究 ―"二元論から多元論へ"―

はじめに：「過剰に存在するとき、微量元素は事実上毒として作用する：“Trace elements in access are, in fact, poisons”」

これはStiles（1946）が過剰症研究の冒頭に置いた書き出しの一文である。以後に続く全体を通してみても、微量元素に毒物としての1側面が存在するという認識は一貫している。この観点を過剰症研究における本質的規定の位置に据えたとみて間違いない。ヨーロッパの歴史のなかでも特に近代鉱工業の発展とともに、微量元素のなかの少なくない種類が毒物としての作用をあらわにして深刻な社会問題を発生させてきた。

遅れて出発した日本の近代化過程においても、足尾銅山の鉱毒事件に代表される環境汚染の深刻さが広く知られている。この経験を通じて人々には有用性の側面と対立する有害な側面の大きさが強く印象づけられてきた。つまり生物としての植物から人間まで広く経験してきた問題が微量元素の過剰症問題であった。後者の場合を研究者は毒物問題と呼ぶ。

この習慣に従えば、過剰症研究は従来の毒物学の延長線上に位置するものとなる。毒性研究は、正常な生理的活動機構を撹乱させて障害を与えるプロセスの解明を目指す科学領域に当たる。それだけに症状または障害という現象から入ってその数量的把握に至り、さらにその背景に在る生体構造および生理的機構の実態を探り当て、その上で生命の動的安定性を支配する法則にまで迫ることが目的となる。

先の欠乏症研究が飽くまでも正の方向から生命の本質を解き明かそうとするのに対して、過剰症研究は負の方向から本質に迫る方法と言える。そして両分野の交錯する部分こそ生命の安定状態が保証される領域とみなされる。微量元素による植物栄養はしばしば容易にその領域を危険に陥れるようである。そこに人類がいまだ十分に達成でき得ない課題が存在する。

ちなみに、20世紀末までには、世界中に広く農場の過剰症が知られるに至った。そのなかの代表的事例を挙げておく。表12は渡辺（2002）の仕事を引用したものである。これらは土壌中の微量元素管理が不適切であったことに起因して発生している。

表12　一般植物栽培に起こる過剰症（渡辺：2002）

元素	植物・症状
Mn	コカブ　チャノキ　バラ　トマト　キュウリ　イチゴ　ナス 黄化　クロロシス　黄化　黄化　黄化　紫斑　褐斑 褐斑　褐斑
Zn	ホウレンソウ　キュウリ　トマト　コカブ　ダイズ　イチゴ　ソラマメ　ハダカムギ 黄化　黄化　黄化　黄化　黄化　生育不良　生育不良　生育不良
B	ハダカムギ　ナス　トマト　イネ 黄化　褐斑　黄化　褐変
Cu	ダイダイ　キュウリ　スイカ 黄化　黄化　黄化

2.2.1　研究開始 ―“新概念：感受性・耐性”の登場―

初期の研究概況を表13の代表例によってみることができる。欠乏症研究と同じ考え方からStilesが選び出した6元素の研究を、その初期に焦点を合わせて整理し直したものである。表からは数点の特徴を読みとることができる。

第1に、その時期に着目すると、先端的研究の開始は19世紀後半から末にかけてであることが明瞭になる。そして後に述べるように1930年代から1940年代にかけて欠乏症研究と並行しつつ本格的な活動期へと進んだことが分かる。第2に、研究主題の大部分が植物間の耐性比較を問題にしている。ここには耐性という新しい概念が早くから創出されていることに注目しておく。細胞内活動に基礎を置いた動的安定性つまり恒常性に対する撹乱開始をもって耐性限界とみなし、その最小量に中毒を考えたものとみなされ

表13　初期段階の実験研究

元素	植　物	年　代	研究者	実験主題	方　法	症　状
Mn	コムギ・オオムギ・エンドウ	1902	Aso	耐性比較		葉褐斑
	パイナップル	1908－12	Kelley			葉白化
Zn	オオムギ・チモシー・ヤナギ	1882－3	Krausch	耐性比較		葉白化褐斑
	オオムギの外多種類	1885	Baumann	耐性比較	水耕栽培	枯死
B	多種類	1880	Knop	耐性比較		生育不良
	ガーデンピー	1890	Hotter	耐性比較	水耕栽培	葉褐変
	オオムギ・オートムギ	1914	Brenchley	耐性比較	水耕栽培	葉脱色褐斑
Cu	オオムギ・エンドウ	1893	Otto	耐性比較	水耕栽培	生育不良
	カナダモ	1903	Treloux	耐性実験	水耕栽培	新芽光合成低下
Mo	オオムギの外数種	1937	Warington	耐性比較		
	発症地牧草	1943	Lewis	含量分析		
補 Se	発症地コムギ粒	1933	Robinson	含量分析	土耕栽培	無症
	コムギ	1935	Hurd-Karrer	含量比較	土耕栽培	無症

註：Stilesの蒐集文献より作成。

る。第3に、実験方法の面では後年に植物栄養研究の主流となる水耕栽培が早くから試みられて成果を挙げている。第4に、実験対象植物としては栽培植物を中心にした農業的研究の様相を示している。第5に、判定指標として葉部症状と生育状況が主に選ばれている。以上の特徴は、その後の過剰症研究が帯びた傾向へと継承されている点からみて、この時期に研究の基盤が早くも形成されたと考えることができる。

2.2.2　植物中毒学へ向かう

19世紀後半に拓かれ始めた過剰症研究であったが、直接足元に強い経済的・社会的要請を抱えた上で出発したのではなかった。具体例を挙げるとStilesは、アメリカ牧場の家畜・家禽にセレン中毒、イギリス牧場の牛にモリブデン中毒の事例を挙げただけである。つまり植物の中毒としてではなく動物の問題であった。またHewittは植物の過剰障害を詳しく検討しているが、ハワイ・プエルトリコのパイナップルを中心に少数の農業問題を取り上げるにとどまった。他方、両者は試験場内で確かめられた研究を中心に農富な事例を解析している。ここには研究が主要舞台となった時代の特徴が印象的である。この点が欠乏症研究との大きな違いである。

他方、間接的な要因にまで視野を広げると、対象となる微量元素の毒性に起因する広範囲に及ぶ中毒の事例が知られていた。そのなかから、やがてささやかではあるが、病理的方法による中毒研究あるいは毒物研究が成長してきた。まずは実態把握、中毒症状の特定、中毒の数量的解明さらに細胞学的・組織学的あるいは生理的異常性の確認などが主題として形成されていった。このように19世紀の毒物学を継承し、植物領域へとその方法を拡張する努力の一環として進められた。つまり植物中毒学の形成に向かう科学活動として姿を現した。

Stilesのまとめた内容には、図らずもその方向性が顕著に認められる。感受性といい、耐性と名付けられた概念が、そのことを如実に示している。しかし、Stilesは飽くまでも報告事実の記録を主な目標にしており、植物毒性学の創成までを意識してはいなかったと思われる叙述になっている。事実、報告論文の主題を頼りにしてその進む方向を確かめると、はじめは毒の投与に始まる各植物種ごとの中毒症状をただ確認するという性格が顕著である。つまり、定性的記述が中心となっている。そのことを具体的にみてみよう。比較的多数の論文が集中したマンガンとホウ素の例についてみると、いずれも全体の半数以上が症状確認のみを論文の主な内容にしていることが分かる。そして残りの少数部分に、栽培液中の元素濃度と発症の関係という一歩高い水準の分析を主題とした研究がみられるのみである。例として最も多く関心が集中したマンガン中毒の場合の動向を分析すると、以下の事実（表14）が明らかになる。これが20世紀前半における植物毒性学の状況であった。

表14　研究水準（Mn中毒）

研究内容	症状のみ	耐性比較		高含量	吸収量	計
		濃度記載なし	あり	濃度記載なし	濃度記載なし	
論文数	12	4	3	1	1	21

上の報告に続いて、もう1つ整理方法による集約化を試みる。そこには培養液の発症濃度を強く意識した研究例を発見することができる。それを年代順に並べてみる（表15）。表の最上段と最下段の実験内容に注目すると、Baumannは硫酸亜鉛溶液で栽培を開始後、枯死に至るまでの生育日数によって植物の種類間にみられる感受性を比較している。最小日数と最大日数はそれぞれ16日と194日という大きな差を示した。ちなみにオオムギは30日、ビートは76日であった。このように、早い時期の実験にあっては植物の種間比較を主目的としていることが明瞭である。また、葉などに現れる早

表15　限界濃度に向かう実験

年代	報告者	植　物	塩濃度	指標
1885	Baumann	オオムギ・ビート・シャジクソウなど	44 mg/ℓ	枯死
1890	Hotter	ガーデンピー	1×10^{-5} mg/ℓ	葉褐変
1912	Brenchley	比較 → ガーデンピー 比較 → オオムギ	2×10^{-5} mg/ℓ 4×10^{-6} mg/ℓ	葉白化 葉褐斑
1934	Olsen	比較 → ウキクサ 比較 → トウモロコシ	0.5 ppm 62.5 ppm	発症

めの症状の代わりに枯死という重症段階を指標に選んでいる。中毒には最低必要事項とされる限界濃度の考えはまだ生まれてこなかった。この点からみて初期的研究を極めてよく代表している。

その後間もなく、中毒の初期症状を指標として採用する方向に研究が進んだ。そこでは葉あるいは下葉に出現する症状に注目するようになった。さらに後年に及ぶと、発症濃度自体を究明する方向が確実となる。その辺の状況をよく表現している例としてOlsen（1934）に注目する。実験には5種類の植物を選び、マンガン中毒に対する感度に大差が存在することを確かめている。培養液中濃度でみるとウキクサが0.5ppmであるのに対してトウモロコシは62.5ppmを示している（表15）。

次に1940年代から1950年代にかけて実施された実験を考察する。この時期の成果の1つとして、中毒現象の定性的把握から定量的把握へと前進した事実をみておきたい。

第1例：Morris・Pierre（1949）が、マメ科の飼料作物5品目について培養液中のマンガン濃度を5段階に区分する中毒実験を行い、そのなかから種類ごとの中毒感受性の概念を成す1つの実態をつくり出した。そのデータが表16である。ただし対照となる数値が用意されていないので0.1ppmをベースにした比に変換してみる。高濃度が与える影響の最大種はハギで、他の4種は5.0ppmまで変化が微小にとどまり、10ppmに至って一挙に影響が顕在化する傾向を示した。そこからさらに各種の間にも小さな差が現れていることが分かる。これはマメ科のなかの種差を表す構造的実態とみられる。

表16　マメ科牧草に現れた中毒

給与液中のマンガン濃度（ppm）	生長量比較				
	ハギ	ダイズ	カウピー	ピーナツ	スィートクローバ
0.1	100	100	100	100	100
1.0	74	90	88	95	—
2.5	58	101	94	96	111
5.0	47	93	88	95	82
10.0	39	60	68	76	72

第2例：Earley（1943）がダイズのなかのペキン産とマンシュウ産について比較実験を行い、前者では培養液中の亜鉛濃度が0.1ppm、0.2ppm、0.4ppmと変化するにつれて無症から発症さらに枯死へと中毒が進むことを認めた。後者では0.8ppmでも無症で、1.6ppmにおいて枯死した。これは種内の感受性の違いを示した結果といえる。

第3例：Löhnis（1950）が矮性マメの年ごとの差を表す実験結果を発表している。無症状態のマンガン蓄積量が536ppm以下であるのに対して、有症状態のものからはそれぞれ別の年に1,210ppm以上と1,285ppmという2つの結果を得た。これらは高蓄積水準における多様性を示したものと理解される。

以上の3件の実験例が示す中毒量の多様性には複雑な構造的背景が推測される。Löhnisはこの事実に対して、毒物に鈍感であるのは大きな耐性か小さな吸収力によるとの仮説を立てて次のような類例を挙げた。マンガンについてみると、ジャガイモは前者の好例である一方、イチゴ・オートムギは矮性マメよりも小さな吸収力を示すと。

関連する実験結果をCollander（1941）が報告している。それによると多数の花植物についてマンガン吸収量を調べた結果、最小値と最大値の間に20倍から60倍もの開きが確かめられたという。ここには感受性・耐性・吸収力など毒性学を応用した多様性解析の試みが認められる。そのなかに先のLöhnisによる矮性マメのような高蓄積性植物の発見もみられる。

2.2.3　土壌研究の成果 ―障害要因解明―

1.　1つは19世紀全体と20世紀前半とを合わせた150年間の知識増大である。取り組まれた土壌研究の中心部分を酸性土壌に関する主題が占め、成果は大きく食料生産の向上へとつながった。「西欧文明が大発展して世界へ進出を果たした動向はこの実績の上に実現したもの」と言い切ったのはアメリカ農務省研究所のKelloggである（1951）。この土壌は自然条件の下で溶脱と酸性化の傾向を帯び、可給態養分と有機物の含量がともに低いという性質をもつ。肥沃度の不十分さを「科学的研究」に導かれた石灰・肥料の施用により、高生産土壌に改良してきたという特徴がみられる。土壌学・植物栄養学がそれを大きく支えた。

2. “土壌のpH”が酸性土壌を考える場合に最も重要な問題の1つである事実が明らかになった。この認識からは1950年までに十分に活用可能な知見を豊かに開発することができた。その1つに、Truogによる「土壌pHと植物養分元素の有効性と毒性」に関する知識の集約がある。内容が直接的影響と間接的影響から成っている点に触れておこう。

直接的影響：この問題に関する新知識は“有益な作用”ではなく“有毒または破壊的な作用”を照射した内容であるところに特徴が認められる。すなわち、第1に植物にとって上下の限界を明らかにすると、下はpH4以下と上はpH9以上において破壊的作用を示す一方、実際の土壌ではその例が極めて稀であると評価している。第2に、植物の吸収に有効な土壌の酸性成分と塩基性成分間の平衡には、低いpHの悪影響が問題になるという。

間接的影響：種々の系路を介して土壌のpHは植物の生育に間接的な影響を与える。たとえば、pH6.5近辺の微弱酸性は有利な影響を及ぼすが、強酸性に向かうに従って有害の程度を強める。その理由は、水素イオン濃度が高くなることによって、養分元素が有効態養分（交換性陽イオン）となることを妨げることによる。また酸性の増大がアルミニウムおよびマンガンの溶解を促す結果、それらの毒作用が現れる。銅・亜鉛およびその他の重金属も同様な傾向を示す。高pH領域においては、養分元素の一部に溶解性と有効性の著しい低下が起こる。それは欠乏症の原因となる。以上の認識を整理してTruogは、図1を描いた（1951）。その後、1970年代の知識を集約したHewittは酸性土壌と栄養障害の問題を再整理した。その結果が表17と表18である。

3. ここで新視点による土壌研究の進展に触れておく。そのなかの酸性土壌以外の土壌研究には、有害作用事例の解析という新しい視点がみられる。以下はHewittによるまとめである（1975）。

石灰質土壌・アルカリ土壌

重炭酸ナトリウム・炭酸マグネシウム・石灰岩あるいは過剰の炭酸カルシウムが存在する自然土壌は高pH値を示す。そこでは石灰による白化または鉄欠乏症がみられる。その原因に高K/Ca比がある（Wallace）。穀類・アブ

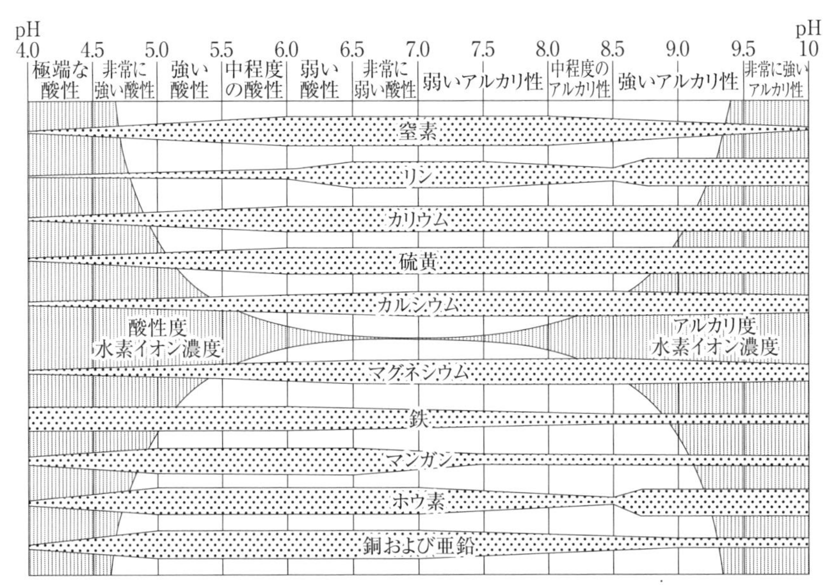

図1　土壌 pH と植物養分元素の有効性と毒性

註：Truog 編『植物栄養新説』p.36 より引用。

表 17　土壌機能と栄養性障害

土壌機能	栄養性障害
Mn・Al・Fe・Cu・Ni および重金属元素の可給度増大	過剰症
Ca・Mg・K・P の吸収阻害	欠乏症
可溶化 Al・Fe が P を固定することによる P の可給度低下	欠乏症
Mo の可給度低下	欠乏症
Ca・Mg・K および微量元素 B・Cu などの長期間溶脱	欠乏症

註：Hewitt（1975）の報告より作成。

表 18　植物に発生する過剰症・欠乏症

植物／障害	ケール	サトウダイコン	オオムギ	カリフラワー	エンバク	ジャガイモ（塊茎）
過剰症	Mn	Al	Al			
欠乏症				Mo	Mg	Mg

註：Hewitt（1975）の報告より作成。

ラナ類・ホウレンソウ・サトウダイコンがその病気にかかる。

有機質土壌

有機質炭素高含有土壌はいくつかの特徴的な欠乏症をひきおこす。穀類・マメ類・ニンジンなどに銅欠乏症・マンガン欠乏症がみられる。後者のなかにはジャガイモも含まれる。共通の傾向として沼沢地土壌で石灰および有機質肥料の多投を長期間続けると同じような条件になり、欠乏症の原因をつくる。

塩類土壌・海辺土壌

過度の蒸散により塩類集積をおこしやすい土壌でカリウム・カルシウム・ナトリウム・マグネシウム・ホウ素などの過剰症を起こしやすい。また海岸線に沿った砂丘や砂質土壌は塩類の溶脱が進んで酸性になる。そこに貝殻砂が加わると銅欠乏・亜鉛欠乏を起こしやすい。同類の土壌にセレン過剰土壌があり、アルカリ病の原因となる。

4. 新概念“耐性植物”
—土壌依存生態型植物、重金属過剰土壌植物—

Bradshow（1952）、Jowett（1958･1959）が鉱山の廃滓場における各種イネ科植物の試験栽培を試み、その結果について報告した。1つの例は鉛1％・亜鉛3.6％の土壌での耐性試験で、養分欠乏を補う目的から通常の肥料を用いている。その結果、比較的短期間のうちに試験土壌に対する選択的適応から生ずる生態型コロニーが出現した。この種の事例には鉱脈露頭周辺および特殊土壌が知られている。富セレン土壌上のセレン植物、クロム・ニッケル・コバルト含量の高い土壌上の蛇紋岩植物、亜鉛含量の高い土壌上のカラマイン植物、アルミニウム・硫黄・ホウ素高含量の火山性土壌に適応した各種の植物も見出されている。以上に対して土壌依存生態型植物の名称が付された。

Bradshowらはこの種の植物としてイネ科植物のウシノケグサ・ヌカボの実験結果について述べている。酸性土壌由来の在来種の栽培実験では培養液中のカルシウム濃度が20ppmで最良の生育状態を保ち、100ppmでは生育抑制が起こる。他方、石灰質土壌由来のものでは100ppmでも順調な生育を保った。後者の場合が通常種に対する変種であると規定した。表現を変えれば高カルシウム変種である。

次に鉛・銅・ニッケル・亜鉛などの重金属に対して耐性種へと進化を遂げた例を Bradshow が報告している。前記と同じ植物のなかに、銅・鉛・亜鉛の過剰給与によっても生育を続ける耐性種を見出した。この種を鉱山近辺でしばしばみつけるという。その耐性を調べると特定元素、たとえば銅だけ、あるいは鉛だけというように１種類の重金属元素に限定された耐性を示し、吸収もした。

Turner（1970）はその生化学的メカニズムを探究した結果、ヌカボの変種の根はそれらの重金属と結合可能な細胞壁をもつことを示す事実を見出した。Wilkins は、ウシノケグサの変種が鉛耐性遺伝子により制御されていると述べた。それらは通常の庭土よりも鉱山廃土の上で好生育を示すという(Hewitt)。アブラナ科のなかにもクロム・ニッケルの高含有からなる蛇紋岩土壌を好む変種が知られている。このように蛇紋岩をはじめ火成岩・火山岩からなる土壌にはニッケル・クロム・銅・亜鉛・バナジウム・セレンなどを比較的高濃度に含むことが生物地球化学的調査によって明らかになっている。その毒性の発現防止には十分な対策が必要となる。

大都市・産廃処分場が“20 世紀の人造鉱山”と名付けられてからすでに半世紀以上が過ぎた。それに関して次の例を挙げて Hewitt は広く注意を喚起している。「亜鉛メッキされた棚の下に自生する野草のなかに亜鉛耐性をもつ種が見出されている」と。以上の事実に関して、これまでにイオン排除説、代謝的適応説などが提唱されたが、重金属耐性の生理機構の解明は残された課題とみなされている（Hewitt）。

5. 新概念“集積植物”

過剰量含有植物の研究という領域からは、20 世紀中葉までに集積植物という新しい概念が確立された。集積物質の中心に微量重金属元素がみられたこと、および重金属過剰土壌との密接な関係が認められたことから、“土壌依存生態型植物”という規定が誕生した。ある種の植物が通常には必須でない元素を異常に高い濃度で細胞中に取り込み、かつ蓄積する例がそれである。Bradshow（1952）・Jowett（1958･1959）らが鉱山廃滓場あるいは鉱脈露頭周辺に特有の生態型コロニーをつくる植物種を確認して、それを選択的適

表 19　集積植物

元素	植　物	備　考
Au	イヌスギナ	灰分中 60 ppm（チェコスロバキア）
	ガマ	（ブラジル）
Hg	セキチク	不稔種子に単体で（チェコスロバキア）
	ノミノツヅリ	（スペイン）
Pb	フキタンポポ	（ドイツ）
Se	ゲンゲ	乾物中 15,000 ppm も
	キク	
	ハマアカザ	
Al	チャノキ	集積以外に要求もする
	アジサイ	青花集積
	アカネ	乾物中 Al_2O_3 50 %（南北アメリカ）
	アマハイノキ	
F	トウダイグサ	
	集積花序植物	乾物中 235 ppm（南アフリカ）
Ba	ブラジルナット	実に 40,000 ppm
Zn	グンバイナズナ	灰分中 20 %
	サンシキスミレ	高濃度土壌（ドイツ・オーストリア）
Cu	ナデシコ	
	センノウ	
	マンテマ	
	ショウジョウハグマ	
Mn	ジキタリス	（ドイツ・スイス）
Ni	カバノキ	灰分中 2 %（蛇紋岩土壌）
	ニワナズナ	灰分中 10 %（蛇紋岩土壌）
	スミレ	灰分中 23 %
Co	ニワナズナ	乾物中 15,000 ppm
Li	カラマツソウ	
	クコ	
	キンポウゲ	
	ナス	
希土類	ペカン	乾物中 2,000 ppm（アメリカ）
Ag	タデ	
As	トガサワラ	灰分中 5,000 ppm
B	アカザ	
	イソマツ	
Br	ウリ	15 ppm
Ra	ブラジルナット	2.3 pCi/g
I	コンブ	
U	アカザ	根灰分中 7,400 ppm

Hewitt：pp.84－85.

応進化種と呼び、その進化の過程が通常のものに比べて短期間のうちに実現することを確かめた。同種のグループに整理された種類の明細を表19に示す。進化のメカニズムには色々な議論が寄せられたが、そのなかの1例をHewittは次のように紹介している。「Shacklett（1970）の研究によれば、シアン配糖体をもつ植物は金シアル化合物として溶かし、土壌中より吸収・集積するという」。

ここに参考データを補充する。

Hewittは可給度と耐性・過剰症をつなぐ一連の概念構造に1つの指標を挙げている。それは試験における栽培液と生育後の正常植物中の含有量との関連を示す数字である。1つの植物ではなく植物の平均的な値であること、植物体の葉のみに限定した含有平均値であることから、精密な概念とはなりえないが、そのような数値を念頭に描くことで耐性・感受性（発症下限界）を考える1つの手掛かりが得られると考える（表20）。

表20　正常植物の葉に含まれる元素と培養液中の元素濃度の関係

元　素	乾物中含有量（ppm）	培養液中濃度（mM）*
N	15,000 ～ 35,000	15
P	1,500 ～ 3,000	1
S	1,000 ～ 3,000	1.5
Ca	10,000 ～ 50,000	5
Mg	2,500 ～ 10,000	1.5
K	15,000 ～ 50,000	5
Na	200 ～ 2,000	1
Fe	50 ～ 300	0.1
Mn	25 ～ 250	0.01
Cu	5 ～ 15	0.001
Zn	15 ～ 75	0.002
Co	0.2 ～ 29	0.0002
B	15 ～ 100	0.05
Mo	0.5 ～ 5	0.0005
Cl	100 ～ 1,000	0.1

註＊：代表的培養液
Hewitt：p.83.

最後に次の2例を挙げてしめくくる。

補1. チェコスロバキアの1地区にみられる火山性土壌には金集積トクサが育っている。その存在量は純金採取可能な水準にある。

補2. 同地区には果実に単体の水銀を抱えたセキチクの種類が生えている。

この内容から我々は次の2点を学ばねばならない。

1. 集積植物の名が知られるまでは、金属まして重金属と生命体とは疎遠な関係という認識が通説であった。自然はしばしば人間の意識の壁をやすやすと乗り越える。そこには未開の“関係法則”が存在するに違いない。しかも自然の時間のレベルでなく人間の時間のレベルにも進化の事実が認められる。その典型例が先に挙げたメッキ棚下の亜鉛植物である。
2. この種の事例が特定地区に限定された自然の存在であるうちは良い。しかし、鉱山や廃重金属集積地が到るところに出現して、集積植物生態系へと進化させる事態を放置する訳にはいかない。しかもそれが科学の名において推進されるような動向は容認できない。

6. 新概念“相互作用”—二元論、実は多元論の始まり—

過去を振り返ってみると、植物の無機栄養説を唱えた19世紀のLiebigの著述にはまだ無機栄養成分および無機元素の間に働く相互作用の概念がみられない（『化学の農業および生理学への応用』第9版、1876）。19世紀後半を代表するSachsにもまだ現れていない（『植物生理学』1882）。他方、同時期のLoewが植物栄養の論文によって最初に「生理的拮抗」作用について言及した（McCollum：1939版）。それはマグネシウムとカルシウムとの間の同化過程における関係にみられたものであった。

動物栄養の領域では、McCollum（1905）が犬について餌中のマグネシウムがカルシウムの排泄に影響することを確かめている。Hart・Steenbock（1913）は豚について同様の実験を行い、尿中カルシウムの増量を認め、さらにリンを加えるとカルシウム排泄が減少することを見出した。ここではMg/Ca/Pという3元素の関係にまで発展していることが分かる（McCollum：1939）。これらは早い頃の研究に属し、以後、多数の研究においてMg/Caの関係が取り上げられて、同様の結論を導き出している。

1970年代に入ってHewittが「無機元素の相互作用」を主題に過去の成果

を集収し整理した上で、重要な組み合わせとして次の16例を選び出した(p.143)。すなわち、Fe/K/PO_4、Ca/K、Mg/N、Fe/Mn、HCO_3/Fe/Mn、Cu/Fe/Mo、Zn/Fe/Mo、Co/Fe/Mo、Ni/Fe/Mo、Cd/Fe/Mo、Al/PO_4、NH_4/Mo、NO_3/Mo、Mn/Mg、Cu/N、Ca/Mnである。このなかには共同作用をも含めた。

この関係の重要性は、この組み合わせのなかで要素間平衡が失われたときに植物に障害が起こるところにある。つまり何らかの障害の原因となる。以上は植物栄養にもう１つの重要な領域が存在することを示唆している。欠乏症あるいは過剰症が個々の栄養素に存在する以外に、多数のそれらの間に何らかの平衡関係が存在すると一般化してもよいであろう。そう考えると、多数の微量元素からなる生理活動は極めて複雑な構成を持つとみるべきであろう。

具体例で示すと、鉄を含む相互作用のいくつかが知られている。先に挙げた組み合わせの１番目に注目すると、Fe/K/PO_4のケースではカリウム欠乏によるバランスの崩れが鉄欠乏症の白化をひき起こす。ジャガイモ・シロガラシ・トウモロコシ・サトウキビや他のイネ科の植物に発生する。ジャガイモでは、鉄が塊茎や根にとどまり、トウモロコシやサトウキビでは鉄がカリウムに欠乏した茎の節部に蓄積する。またカリウム欠乏の影響がリン代謝を撹乱する。それらのプロセスには酵素が深く関与することが知られていて、奥深い生命の根源に関係することが推定される。

Bolle-Jonesによれば、カリウム欠乏のジャガイモに鉄の供給を増やしてやると、カリウム欠乏症に変化が現れて、発症部位が下葉から若葉に移る。つまりそこに鉄欠乏が発生したことが分かる。

次にもう１つ、Hewittの研究のなかの事例をみておく。いくつかの植物ではマンガン・銅・亜鉛・カドミウム・コバルト・クロムの過剰により鉄欠乏症が起こる。サトウダイコンを用いた実験によると、発症の程度には１つの定まった傾向が認められた。カドミウムを除く他の金属の場合についてみると、それはキレート金属複合体の安定度常数の順序に従ったもので、エンバク・トマトなど他の植物についても広く認められた。その原因に関して、プロトポルフィリンへの二価鉄の挿入によるクロロフィル形成を制御しているフェロキレターゼ系の拮抗阻害という仮説が立てられた。

このようにして起こる鉄欠乏症の効果はモリブデンによって一層強められ、三価のクロムによっても強く現れる。六価のクロムの場合にはさらに激しさを増すが、モリブデンはそれを抑える役割をもつ。

重炭酸イオンは、いくつかの植物で鉄の吸収と利用の過程で拮抗作用をあらわす。ダイズ・インゲンマメ・シロガラシなどではこの関係が敏感にあらわれる。ある場合には、根の周囲の重炭酸と関係したリン酸吸収の増加によって鉄の移動性が阻害される。重炭酸塩は根のチトクロム酸化酵素を阻害して、根による鉄吸収を妨げるという拮抗作用を示す（Hewitt：p.144）。

表 21　無機成分施用の多次元解析例

処　理	0	+P	+K	+NK	+NP	+PK	+NPK
石灰無施用	−Ca −Mg −K +Mn	−Ca −K +Mn	−Ca −Mg −P +Mn	−Ca −P +Mn	−Ca −Mg −K +Mn	−Ca −Mg −N +Mn	−Ca −Mg +Mn
石灰施用（1 ～ 3ton/ha）	−Mg −K	−N −K （+Mn）	−Mg −P −K −N	−Mg −P	−K	−Mg −N	−Mg +Mn

註：−は欠乏を、+は過剰を示す（Hewitt：p.92）。

最後にWallace・Hewittらによる酸性土壌でのジャガイモ栽培実験の結果を挙げる。表21に示された実態は“極めて複雑”の一言に尽きる。表からは石灰無施用と施用とによって、過剰症・欠乏症が著しい変化を示す状況がみてとれる。前者では、カルシウム・マグネシウム・カリウム・リン・窒素の欠乏症とマンガン過剰症とがあらわれ、石灰施用によってその状況が一変することがよく分かる。リン単独施用、石灰無施用の窒素・カリウム施用、石灰施用の窒素・リン施用以外の全てにマグネシウム欠乏症がみられた。リンを施用するとカリウム欠乏に傾き、カリウムを施用するとリン欠乏に傾くことが分かる。

将来にわたってこのような多次元解析法の進歩に大きな期待がもたれる。

そのなかで検討すべき問題の1つが、以上の水準でもまだ単調な方法にとどまる点である。さらにそのなかに多層構造の複雑系を想定して相互作用を奥深い内容に作り上げねばならない。それは自然本来の多元系への方法論的接近に外ならない。この地点に至って、ようやく20世紀自然科学としての姿が現れる。同時にその水準ではじめて元素の普存性に価値を見出すことができると考えられる。

2.3　植物中の元素発見

2.3.1　無機元素への関心

19世紀はLavoisierの元素説とDaltonの原子説を基礎に、化学反応と物質の化学的組成構造研究が大きく進歩し、土壌・植物・家畜の化学成分を元素の形で把握することが容易になった。そのなかでも無機元素を中心とした植物栄養過程および家畜栄養過程の解明が著しい進度を示し、特定の土壌成分・構造と植物との関連および特定の植物と家畜との関係がより正確に認識される水準に達した。従来、経験的に獲得されていた「土を肥やすことは家畜を肥やすこと」という思想に代わって、土壌・植物・家畜の3者間の特質関連法則として客観的・科学的に理解する力が成長していった。その経験を通して、農業を複数過程からなる統一的自然過程として、さらに深く捉え直すという積極的・研究的な姿勢が一層強まった。これを科学的農業の前進とみることができる。

農業研究のこの新しい動向のなかから“鉱物質説”あるいは“無機質説”が生まれ、そして次第に力を増していった。たとえば、乳牛が特定の牧草を好んで食べることに気付いて牧草を調べると、そのなかには特定の元素が含まれるという事実が明らかになった。さらに、牧草によるそれらの無機質の吸収は、必然的に土壌における無機質の低下を招くという考えにたどりついた。

Johnson（1850）はそのように考えた研究者の1人で、牧草・飼料作物の化学分析を行い、カルシウムをそのなかに確認した。また乳牛を健康に育てる上で土壌へのカルシウム補給が有効であると説いた。後年Liebigはそれらの認識を“循環説”に仕上げた。

以上の科学的潮流を代表する研究者としてドイツのSprengel（1787－1834）およびLiebig（1803－1873）、イギリスのDavy・Lawes・Gilbertらの目覚ましい活躍がみられた。彼等の努力によって、植物の土壌中からの栄養素吸収は、無機質の形態において高い効果を挙げ得ることが明らかとなり、有効成分のうちでも当時の化学分析が可能であった10種類余の元素に注目が集まった。なかでも窒素・リン・カリウムを主成分とする「鉱物質肥料」（＝無機質肥料）が農業者から高い評価を受けた。

19世紀にみられるもう1つの特徴は、以上の栄養素に関する広範な知識が新しい社会体制を作り出しつつ定着し、そして発展を遂げたところにみられる。以下にイギリス、ドイツの2つの例を考察する。イギリスにおいては、18世紀以来活動を続けてきた技術奨励会が農業の実情に即した多様な普及活動を展開し、国の機関である農業院が農業者の実態を調査して、報告書を発行し、科学・技術の援助を行った。1839年設立の王立農業協会も、実験・研究を助成し報告書の普及を援助した。このような諸機関の活動のなかの主要なテーマの1つに上記の無機質肥料に関する科学分野が含まれていた。

各地の試験・研究機関には規模の大小、基礎・応用の違い、運営形態の上での様々な性格のものが存在した。それらの活動の中心的な位置を占めた機関にロザムステッド試験所があった。1843年の設立で、LawesやGilbertの名によって発表された報告書のなかの主要テーマに植物栄養および土壌・植物の元素分析があった。科学的成果の1つである報告書の内容は極めて高い水準にあり、国際的に重視された無機質肥料の開発という成果もみられた。

19世紀の中頃には、農業者による中央農業会が設けられ、中央－各州農業会をつなぐ全国規模の運動が展開された。多様な活動が取り組まれたなかに、土壌分析などの科学的活動が含まれていた。このなかで、農業者自身が率先して研究・調査を試み、報告書を作成する活動が多くみられた。また多彩な交流・情報交換の場として、各種の機関誌・紙や雑誌が発行された。他方、専門的な研究者の育成を目標に、王立農科大学が1845年に設立された。

ドイツにおいても、イギリスの影響を受けて19世紀前半に多数の新しい農業会が結成され、いくつかの領邦ではその連合体にまで発展した。その主要な活動のなかに肥料技術の改革があり、そこでThaerの『合理的農業原理』に代表される腐植質説からSprengel-Liebigの無機質説への転換が図られた。農業博覧会・ドイツ農業者移動集会（1837－1872）が積極的に取り組まれた。

農業研究および教育機関の設立はもう１つの独立した運動であった。Thaerがツェレ（1802）とメクーリン（1806）に、Schwertyがホーエンハイムに農業アカデミーを創設した。またSchulzeがイエナに農業大学研究所を創立した。とくに1860年以降にみられる農業研究教育機関設立の発展から間もなく、無機質養分の必要性が最終的に承認されるという事態が生まれ、つづいて無機質肥料の輸入および工業化の急展開という経済的動向へと結びついていった。

1884年、Eythによってドイツ農業協会が設立されると、農業技術および農芸化学の研究が大きく進展をみせた。他方、農業後継者の農業教育の面においても冬期農業学校が200校、夜間農業補習学校がプロイセン王国だけでも1,000校を数えるほどになった。いずれも19世紀末の水準である。他方1908年になると農業経験者のための農業ゼミナールが開設されて、国家試験制度の準備が整った（クレム編著／大藪・村田訳『ドイツ農業史』大月書店、1980）。

もう１つの経済面における19世紀転換をみておこう。無機質説の定着とともに、1842年以降グアノの輸入が始まり、1878年には年間輸入数量が11万トンにも達した。グアノは有機質が窒素２／３、リン酸石灰１／３という組成をもった。チリ硝石の輸入はもう１つの双璧で主成分が硝酸カリであった。国産カリ塩も主要な部分を占め、岩塩鉱山からのカリ肥料の産出が1888年には66万トンに達した。これらの無機質肥料の効果は顕著であったが、同時に高価でもあった。

農地から湧き立つように発展した上記の活動と植物栄養のなかに占める無機元素の役割に関する科学的認識の向上を、Arnonは“19世紀の革命的昂揚”と評価した。その際に注目した指標はヨーロッパの農業生産の上に現れた高い社会的効果であった。ローマ時代から19世紀はじめまでのヨーロッパにおけるコムギの平均収量は大きな変化をみないままに推移したが、その後100年の間に２倍増を達成したことをその証拠とした。また植物栄養に関する新知識がそれを実現させたとも述べた。他方、それらは広くみれば自然力収奪的でもあることに後年、世の批判が高まった。

Arnon は、植物生理の上で不可欠な微量元素として銅・モリブデン・ヴァナジウムに注目し、また窒素同化や光合成のメカニズムの解析を試み、微量元素の必須性の基準を解明するという理論問題にも力を発揮した。他方、必須性確認実験の条件究明という領域において大きな成果を挙げたことでも知られている。このように、Arnon は 20 世紀の微量元素科学者のなかでも、学問的神髄を把握した研究者の1人であった。その彼が下した評価としてはいかにも生産力主義的な偏りをみせた判断と言わねばならない。

ここに批判的見解を提起して、根拠となる事実を補足しておく。1つにフランスの研究者 Raulin の果たした役割がある。1869 年にクロコウジカビの培地に微量の亜鉛を無機塩の形態で添加することにより、カビの増殖に大きな効果を挙げ、亜鉛がクロコウジカビの必須栄養素であると主張した。また糸状菌の生育にはマンガンが好ましい影響を与えることを確かめている。これらの事実を基に、植物が必要とする無機質栄養素の種類を窒素・リン・カリウムおよびカルシウム以外にも拡大する必要を主張した。この内容は当時の主要な無機質肥料の不完全さを突いたもの、したがって微量元素の追加承認を求めたものと考えられる。そのことともに、この出来事が 1860 年代末から 1870 年代はじめに現れたことを記しておく。

さらにもう1つは、Raulin の発見から間をおかずに訪れたロシアの Timirjazev（チミリヤーゼフ）の実験成功がある。1872 年に行われたトウモロコシの生長と欠乏症発生に関するもので、亜鉛の必須性を実証する意味をもった。カビと違って高等植物に対する亜鉛の必須性確認の事例である。

この段階で、すでに無機質栄養の領域に微量元素が登場している。微量元素科学時代の幕開けの兆候は明白である。その意味するところは現在すでに明らかなように、植物の栄養源となりうるチャンスが限られた少数の元素だけに用意されたものではなく、全ての元素に対して開かれたものであることを示す最初の知らせであったということである。その内容は、生命体が環境を構成する全ての物質的根源から成る複雑でしかも流動的な状態にあるとみる生命観あるいは開放系生命観と言い換えることもできる。

2.3.2　植物中元素の新発見 ― 19 世紀微量元素科学の誕生―

メンデレーエフの周期表をベースに元素を探る科学的方法は 20 世紀特有のものである。その観点からは、元素の多様性を微量元素のそれと理解することができる。20 世紀後半に顕著となった生命の分子論的究明に分子生物学的方法の名が付されているのと同様に、微量元素をその機構の一員とみなす生命観を原子論的方法と呼べば、現代はまさにその成長期と言ってよいであろう。また、分子生物学の領域においても、生命を担う分子の挙動の細部に微量元素の存在が強く意識される例に遺伝子がよく知られている。この真意は原子を軸に原子同士および原子と分子の多様で複雑な相互作用が支配する世界とみることである。その意味で原子が分子をも含む全体のキーコンセプトとみることができる。これが 20 世紀の開幕間もなく訪れた自然観の最先端である。

このように重要な位置を占める原子の実態概念としての元素であるが、これまでの科学史のなかではともすると元素発見史の重要な意義が十分に理解されていなかったと思える扱い方が少なくない。その場合には、生命起源説あるいは生命進化説と元素認識の発展との緊密な関係に対する考察が十分に深まらないという弱点をもつ。1930 年代にソビエトの Vinogradov（ビノグラードフ）は、この領域の前進を目標に元素発見史の研究に取り組んでいる。具体的な方法として、従来方式の元素発見史と平行させて、植物および動物中に存在する元素発見の歴史を関連させた。そのなかの 2 領域についてまとめたものが表 22・表 23 である。

第 1 発見者の特定が困難なケースが多いこともあって空欄が随所に散在し、記載元素数の全体が周期表からみて少数にとどまることも止むを得なかった。そのような不十分さをもった発見数の推移であるが、各時代の発見数には著しい傾向を認めることができる。その 1 例が表 22 である。

表 22　元素発見時代区分

時代	単体発見数	植物体中元素発見数
古代	9	―
18 世紀前半まで	4	―
18 世紀後半	12	5
19 世紀前半	22	8
19 世紀後半	9	16
20 世紀	1	11

表 23　元素発見年表（単体—植物体中の時間的関係）

元素	単体発見（A）		植物体中発見（B）	
C	古代			
S	古代			
Na	1807	Davy		
K	1807	Davy		
Ca	1808	Davy		
Mg	1808	Davy		
Cl	1774	Scheele		
P	17 世紀	Brand	1688	Albinus
Fe	古代			
Si	1824	Berzelius	17 世紀	
O	1771	Priestley	1772	Priestley
H	1776	Cavendish	1776	
N	1772	Rutherford		
Al	1824	Oersted	1804	Saussure（？）
F	1886	Moissan	1849	Wilson
Mu	1774	Scheele	1772	Scheele
Cu	古代		1814	John
Sr	1808	Davy	1855	Forchhammer
I	1812	Courtois	1812	Courtois
Br	1826	Balard	1826	Balard
Pb	古代			
Ti	1791	Gregor		
As	1260	Magnus	1838	Orfila
Ag	古代		1850	Malaguti
Ba	1808	Davy	1788	Scheele
Li	1817	Arfverdson	1860	Kirchoff
Tl	1861	Crooks	1863	Boettger
Rb	1861	Kirchoff	1862	Bunsen
Cs	1861	Kirchoff	1888	Lippmann
Zn	1570	Parakelsus	1865	Forchhammer
La	1839	Mosander	1880	Cossa
Ce	1804	Berzelius	1880	Cossa
Di	1842	Mosander	1880	Cossa
Y	1794	Gadolin		
B	1808	Gay-Lussac	1857	Wittstein
Ar	1895	Rayleigh	1897	Tolomei
Au	古代		1897	Liversdge
Rn	1900	Dorn	1920	Stoklasa
Ra	1898	M,P.Curie	1920	Stoklasa

Sm	1879	Boisbandran		
V	1801	Rio	1855	Bödeker（？）
W	1781	Scheele	1919	Cornec
Ni	1751	Cronstedt		
Sc	1879	Nilson	1925	Lippmann
Co	1733	Brandt	1844	Legrip
Zn	古代		1855	Forchhammer
Mo	1778	Scheele	1900	Demarçay
U	1786	Kraproth	1913	Stoklasa
Ge	1886	Winkler	1919	Cornec
Sb	1611	Valentinus	1919	Cornec
Cr	1797	Vauquelin	1900	Demarçay
Ga	1875	Boisbaudran	1919	Cornec
Bi	1546	Agricola	1919	Cornec
Th	1829	Berzelius		
Cd	1817	Hermann		
Nb	1844	Rose		
Se	1817	Berzelius	1932	Taboury
Hg	古代		1934	Stock
Be	1828	Wöhler		Sestini

註：①上記以外に省略多数あり。②空欄は年代不明。③原典 Vinogradov（p.7）。

まず古代における単体発見数が比較的多いことに注目させられる。表23のなかにその実態をみとめると、銅・鉄・鉛などの金属元素が多く含まれるという特徴がみられる。これは古代の単体発見後、長い年月の利用を示している。他方、植物体中発見数が姿を現すのは18世紀後半であることが分かる。両者の時間のずれは取りも直さず、それらの元素の生理性・環境内動向特性に関する知識を欠いた経験であったことを示す。

第2に単体発見という科学的活動に注目する。図2は顕著な傾向を示している。それが盛んになる第1波は18世紀に入って訪れ、後半期にはさらに大きな盛り上がりをみせる。続く19世紀は全体として18世紀を大きく上回るだけでなく、その前半期が100年間の支配的傾向さえみせていることが分かる。これに対する植物中の元素発見数は18世紀後半に始まり、19世紀後半から20世紀前半に山場を迎えるという傾向を示す。つまり50年から100年の遅れが著しい新動向の部類に入ることが明らかである。この事実は20

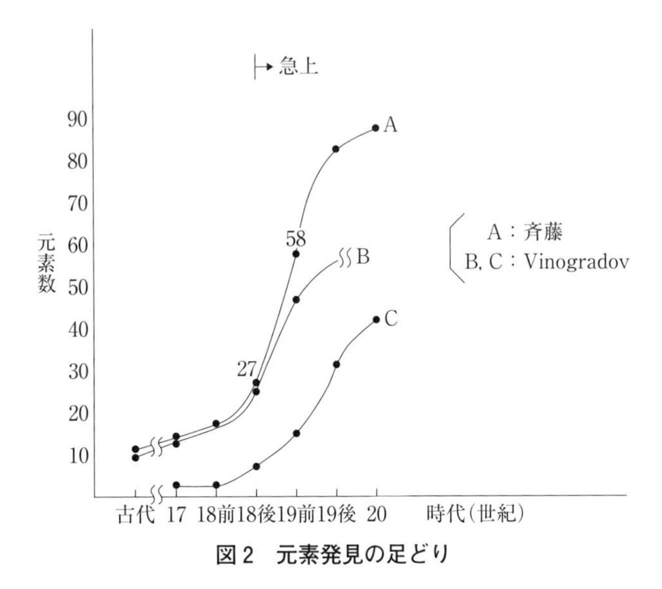

図2　元素発見の足どり

世紀の植物をも含めて生物中の元素の実態を明らかにする科学の時代であることを示している。さらにVinogradovはこの成果の先にも、未解明の元素の部分が多く残されていることを強調している。それらを含めると現在でもなお、元素の生理性を解明するという科学の試みは開始間もない段階に席を置いていることが明瞭となる。しかも後半部分の元素がいずれも微量元素の広範な領域を代表するという点に重要性をもつ。

以上のように、これまでの歴史の歩み全体を見通した上で、幾分細かい事実の発掘を試みる。まず、発見科学の勃興期ともみられる17世紀末から18世紀にかけての状況を取り上げる。生元素としてリンを発見したという報告はBrand（1669）であったとPeters（1913）が述べている。尿から見出したという。それに対して、Scheffer（1779）はGohn（1769）が骨灰から抽出したといい、Scheele（1771）は動物のなかに発見したと報告している。他方Albinus（1688）が植物中に存在を確かめたことを重視すれば、最初の発見は100年近くさかのぼることになる。このように当時の研究状況は個別に分散した活動であり、そのうえ二次的文献に多く頼らざるを得ない不正確さを内に含むものであった。

ケイ素はもう1つの類例で、Müllerが1788－1806年の報告として記述した発行物のなかにAbilgoad（1789）の軟体動物のシリカ分析が記載されている。他方、竹のなかのシリカ分析の値がMacie（1791）、Russel（1790）、Cavendishらによって報告されている。このように初期の時代にみられる科学は個別性を強く帯びた意欲的な活動を特徴とする。

以上の成果の集約がLiebigの師であるHumboldtの研究のなかに見出される。“Floral Fribergensis”の発行で、1793年と極めて早い時期に行われている。内容をみると酸素・水素・窒素・炭素・硫黄・リン・ナトリウム・カリウム・ケイ素・アルミニウム・マグネシウム・フッ素の12元素とバリウムおよびストロンチウムと思われる2元素が記述されていた。その他に彼自身も植物分析を試み、ケイ素・カルシウム・カリウムを検出したともいわれている。

19世紀初頭にも旺盛さを失わない科学が通称化学者といわれる人々の活動を刺激した。生体中のフッ素の発見はその勢いを象徴するかのようであった。1804年にKlaproth、1805年にGay-LussacとMorichiniが個々に、1806年にProust、1807年にBerzeliusがその名を挙げただけでなく、なお後続者の名前もみられた。この事実は多くの科学史がすでに取り上げた有名化学者による生体元素発見活動の盛況の一部をなす。

この時期にJohnが報告データを整理して公表した。『化学分析表』（1814）には、動植物中に存在する元素として12元素が収載されている。酸素・水素・炭素・チッソ・リン・硫黄・ナトリウム・カリウム・ケイ素・マグネシウム・カルシウム・鉄である。このなかの微量元素はようやく半数である。なかでも重金属元素は1つにとどまる。ただし分析対象の選定に一歩前進が認められる。植物本体だけでなく、器官・組織ごとの分布にまで目が届くようになったことを示すデータの記述がそれである。

一方、植物中の重金属元素に関する報告例がみられない訳ではない。Hierneがすでに50年も前に報告をしている。1753年と早い時期のものであるだけに後年になって誤りを含むと指摘された。そのなかに確かな認識として鉄・マンガンの存在が知られている。そのような不十分さを補って余りある着眼点の先駆性を高く評価してよいであろう。

19世紀はじめの20年間は発見数の集中度が高いと先に述べた。その数が一挙に20元素にも達したという具体的な指摘もある（Vinogradov）。当時の科学の旺盛さをはっきりと示す数字になっている。その動向と合わせて、海藻中にヨウ素を発見したCourtoisの成果（1812）、そして臭素を発見したBalardの成果（1826）もみられた。前者から直ちにではないが、後者からはより直接的な影響が現われた。

1つは植物の成分に関する新知識と言えるもので、すでによく知られた有機質以外に灰として残る多種類の元素を必要とするということへの関心が急速に高まった。理解が進めば、土壌中に存在する無機質の重要性へと目が向くことは当然であろう。この傾向の代表者の1人Sprengelを挙げておこう。植物灰の重要性、特にそのなかの微量存在という特徴をもった元素の重要性を指摘した最初の人と言われている（1813）。

Fechnerは植物灰の成分元素を複数分析する目的で大掛かりな実験に取り組んでいる。結果として、当時すでに知られていた元素以外にヨウ素・臭素・アルミニウムの検出を発表した。『最新版植物分析結果』（1929）のなかに成果が掲載されている。

19世紀前半には、この傾向が研究者の間に急速に強まっていった。なかでも農業化学の分野の主要な関心を示す動向として、農作物の無機質栄養化学が形成された。その中心問題の位置にカリウムがあり、それについでリンが位置するという状況が以後長く続いた。

1840年代に農業化学への関心を強めたLiebigは先のHumboldtの植物化学を継承しつつも、農業化学への独自の方法を展開した。前者が植物灰中に含まれる微量元素の重要性に関する認識であり、後者のそれはカリウム・ナトリウム・カルシウム・リンの4元素の重視である。作物による土壌成分としてのそれらの消費は、土壌への補給を必要とする状況を生む。上記のカリウム・リン中心の考え方はこの点を基盤として形成された。このことは彼の著作『有機化学、その農業と生理学への応用』（1840）に書き込まれた無機質栄養学説の中心を成している。

現代の微量元素科学からみると著しい拙速との評価が避けられない。しかし、当時にあっては、この無機質を重視するということ自体が農業と食料事情の改善に必要な科学的対応とみなされ、研究者ばかりでなく広く農業者の間に迎え入れられていった。

ここで背景となる当時の事情の一端に触れておく。19世紀前半のヨーロッパは農業の停滞と大飢饉という苛酷な試練に見舞われていた。なかでも1840年代を人々は“空腹の40年代”と呼ぶほどであった。時代が下がっても状況の改善がはかばかしくない地方からは大量の移民が発生した。ドイツでは1850年代前半の2年間だけでも100万人を超す移民がみられた。Liebigの農業化学研究はここを出発点として開始された。すなわち速効性を強く意識したと考えられる。彼が精力的に取り組んだ研究のなかには、植物分析と微量元素が果たす植物生理機能上の役割を解明するという目的が大きな位置を占めた。この方向は単にLiebigにとどまらず、ドイツを含む、多くの国の研究のなかで採用された。

19世紀中頃までには、植物分析が農業化学にとって不可欠の手段とみなされるに至った。その徴候を顕著に示す動向として、多くの国々に農業研究所または農事試験場の設立ラッシュがみられる。短期間に85カ所にも上ったという記録がある。やがて、そこからは大量の分析データが産出され始めて膨大なデータ集積を形づくるに至った。1870年代に入ってWolffがその整理作業に取り掛かり2巻本の大著にまとめ上げた。植物の元素組成についての知識をこの本から有効に取り出すことが可能となり、土壌と植物の間の顕著な違い、あるいは植物種間の違いなど、新たな知識がそれを基礎に形成された。そのことは植物にとって微量元素の重要性を理解する上で少なくない力を発揮した。

1850年代には作物以外の植物に関する元素組成分析に前進がみられた。Liebigが水棲植物や水の分析を試みた以外にも、Rochleder（1854）やBezold（1857）の分析に新しい傾向が現れた。それは植物本体の平均値としての分析結果だけでなく、器官・組織内成分元素の分析に成果を挙げたことである。元素分布という新たな分析領域がそこから始まり、微量元素の生理的機能研究に対する強固な基盤と、より精密な知識を提供しうる水準に向かった。他方、植物進化系統学の面からも、器官・組織内元素分布に強い関心が持たれていたと指摘されている。

もう1つの傾向に、新たな論点の誕生がみられる。発見が続く新元素に関する生理的必要性を疑う性質のものから、有害性を強調するかのような性質のものまでを両極端として、さらに単なる混入物に過ぎないとするものまで、実に多彩であった。新領域を形成する途上にあった微量元素科学にとって、この問題は実際的にも思想的にも避けて通ることのできない関門であった。特にその発生期ともみられる19世紀にあっては、無知故の抵抗感から誤用の害まで様々であった。

第1に誤用の例をみておこう。その始まりがCourtoisの発見に端を発することを先に述べた。その後1820年代に人間の甲状腺腫が大流行したことを契機に海藻および海綿などからヨウ素が積極的に採取されて特効薬として使用された。その使用についてBoussingaultが効能を保証する見解を度々述べている（1825·1833）。植物学者Chatinは空気・水・土壌・食品などを広範囲に分析して、自然状態のヨウ素の存在を明らかにした上で、甲状腺腫がその欠乏から起こると結論を下し、予防にその使用を提案した。それが1850年から取り組まれた20年余にわたる貴重な研究実績となった。

以上がフランス科学者の業績を代表した一方で、フランス医学界は一部の反対意見に左右されてヨウ素の有害性を決定した。この結論が19世紀末に至るまでフランスの医学界を支配した。その後進んだ知識からは、当時の反対論の根拠となった実験が実は過剰量使用によるものであったことを証明している。

微量元素の発見に始まる19世紀の微量元素科学の動向のなかで、図らずもこの問題が微量元素に備わった基本的性格の1つである生理的“微量性”を顕在化させ、混乱のうちに元素発見と生理性研究とを同時に進行させた。

上記の問題をもう1つ別の角度から検討する必要がある。それを第2の問題とする。生体微量元素に関する科学者の考え方に左右されて発生したものであった。すなわち、19世紀の元素発見の時代を通して、生物学や医学の領域に身を置く研究者の抱いた観念に「生命源」の思想が根強く残っていたことによる。たとえば、Erreraはそれに“biogenal”の名を与えた。19世紀末に近い1887年のことである。生命体に必要な元素は極く少数に限られていると考えられた。この観念が研究者の目を現実の生物、たとえば植物のなかの微量元素の存在からそらせる働きをした。そして新発見に対して不承認の態度をとらせた。偶然に混ざり込んだか、見誤りに違いないと執拗に反論させたりもした。

この動向が個々の研究者のレベルに存在したばかりでなく、学界レベルまたは国の機関のレベルにまで発展していることに注目させられる。先にChatin のヨウ素発見に起因するフランス医学界の措置を挙げたが、類似の傾向がSarzean の銅の発見についてもパリ科学アカデミーの対応にみられ、イギリスではヒ素について王立中毒検討委員会の設置があり、スウェーデンでもホウ素とヨウ素に関して同様の国立委員会が設けられた。この傾向が20 世紀においても決して解消された訳でないことは、1908 年のアメリカ大統領特令科学専門委員会による“アルミニウムの検討”によっても知ることができる。先のヨウ素と銅の生理的重要性に関する結論は20 世紀まで遅延させられた。

この問題には、さらにもう1つの角度からの考察が欠かせない。それは微量元素の生理性研究が本格化した20 世紀初頭からみられる顕著な傾向による。生理性未確定の元素多数に対して、無害汚染物または夾雑物という規定の仕方が定着していた。その種類に属する元素のなかから、後年生理的役割が確定をみる度に、その規定が外された。さらに、生理性の内容が旧来の狭義から広義へと拡張される傾向とともに、規定の変更も行われた。これは微量元素の基本的性格に関係する問題であるだけに軽視できない。後に厳密な検討を予定しておく。

2.4　微量元素生物学の形成・発展

2.4.1　微量元素遺伝学

20 世紀は新しい物理学の時代と言われる。その新しい波は物理学の領域に個有の変革をもたらしたばかりでなく、生命の領域に対する旺盛な進出によっても特徴づけられる。新動向を代表する1つの潮流を考察した分子生物学者Stent は、見事な比喩によって論評を締めくくった。「遺伝学の研究から“物理学の法則”を見出そうというロマンチックな考えに励まされて、何人もの物理学者は、自分が訓練を受けてきた古巣の職業を離れて、遺伝子の本性という問題に取り組むようになった。こうした新しい人たちが1940年代に遺伝学とかその関連分野に入りこんできたことは、生物学に1つの革命をもたらした。騒ぎが鎮まってみると、そこには分子生物学というものが残されていたのだった」。

後者の栄誉を担う物理学者としてDelbrückが有名で「遺伝子突然変異の本性と遺伝子構造について」と題する論文を著した。師に当たるBohrの思想を発展させたものであった。Bohrは原子構造の量子論から歩みを進めて、生命に関する問題へと関心を移したなかから、生物の本質的機能についての原子論を発展させた。それは1932年に開かれた国際会議における講演のなかで姿を現した。

20世紀はじめに生命科学が歩んだ道をたどる者にとって、分子論による生理学（分子生物学）と原子論による生物学（微量元素生物学）とが同一の基盤をもち、物理化学的方法という共通性を備えた2つの科学動向の同時進行と理解することに戸惑いはない。

この状況に対する分子生物学者の歴史認識の代表的見解を以下のように整理することができる。1例に、上記のStentが行った遺伝学史の一端を挙げてみよう。Stentは20世紀の遺伝学の歩みを2段階に区分できるとみた。つまり、18世紀以来の古典遺伝学が前段を占め、後段を分子遺伝学が継ぐという配置になる。Morganによるショウジョウバエ染色体の研究と突然変異の発見（1910）が古典遺伝学の実績を示し、認識水準の特徴が次の3点に要約できるという。「1. 遺伝子学の基礎概念である遺伝子の物質としての実態が不明。2. 細胞内での遺伝子の機能が解き明かされていない。3. 細胞の生殖サイクルのなかで遺伝子の自己複製の機構が分かっていない」などである。表現を変えれば、染色体より下位の遺伝子の分子としての実態に目が届くに至らなかったとの主張と理解できる。

この水準から分子遺伝学へと飛躍する過程に、科学思想の革命とも言えるパラダイムの転換が想定される。事実1940年代後半には分子生物学という概念が登場し、次の1950年代前半には遺伝子構造の解明、DNA合成の成功、さらにその生理機能解明研究の急速な発展が続き、1960年代なかばまでの10年間という短い期間に遺伝子の本性に関する豊かな知識が蓄えられた。怒涛の進撃とみられるこの時代の分子遺伝学の動向に対して、「遺伝理論の真の核心となる遺伝物質の分子構造と機能の科学」という規定を与えてもよいであろう。

以上の記述は、分子遺伝学の内部からみた遺伝学の様相で、ひとたび外に目を向ければ、そこにはもう1つの科学領域を占める微量元素遺伝学を見出すことができる。以下にその部分を補足することで、遺伝学の重層的構造を確かめておきたい。

先に取り上げたショウジョウバエの突然変異が化学的変異原の発見と理解すれば、同じ1930年代にヨウ素・マンガン・銅などの微量元素に変異原性が認められたことにも触れておかねばならない。この2つの出来事に端を発する新たな変異原研究の展開を、20世紀の遺伝学に訪れた第1のピークと呼ぶことができる。遺伝学の側からみれば、新たな方法の開拓と言える。また微量元素の側からは微量元素遺伝学の確立ともみなされる。

微量元素科学にとって、1930年代は生物に対する微量元素の必須性確認を中心的課題とする研究の昂揚期に当たる。その最中にあって、微量元素の生理的機能が必須性と変異原性をも含む多元性を有するという方向に発展しつつある点を重視したい。何故なら、ここに20世紀の科学の重要な性格を認めるからである。

微量元素科学の出発点からその歴史をたどると、必須性を表現する欠乏性とともに有害性を示す過剰症の両分野が交錯して存在したことを知らされる。この点をも上記の問題に含めて考えることが必要である。

第二次世界大戦をはさんで、戦後の1950年代に入るとDNAの分子構造が明らかとなり、ついで関連分野の情報量が急激に増大する傾向と合わせて、微量元素群のなかに変異原性の発見が相次ぐとともに、DNAの構造に作用して突然変異を起こさせるメカニズムの解明が進んだ。コールドスプリングハーバーシンポジウム（1951）ではAldonsによってマンガンおよび銅の変異原性が報告された。さらに進んだ研究からは、細胞内のタンパク質合成系の変異に起因する事実が明らかになった。これはマンガンの働きによるものであった。

このように、1950年代には微量元素とDNAとの密接な関係に強い光が当てられていき、やがて「遺伝子活動の制御」あるいは「遺伝子制御」という概念が創出された。制御には正と負の相反する2つの方向への作用が含まれるという「自然の理」への接近が、そこに期待される。

1960年代を迎えて間もなく、植物の物質代謝系の遺伝的制御に係わる微量元素の役割がいくつか明らかにされた。そのうちの1、2を取りあげる。たとえば代謝系の情報伝達を制御する遺伝子の活性強度が、核酸中の微量元素含有量によって左右されるという事実が知られるに至った。また微量元素のホウ素不足から発生するトマトの茎の脆弱病は、根によって吸収されたホウ素を地上部諸器官に輸送する働きを制御する遺伝子の活動低下に起因し、ホウ素欠乏がその根本原因を成していることが明らかにされた。

この種の研究動向を代表する報告をRosenが発表している（1964）。報告が果たした役割を一言で表現すると、20世紀はじめから続いた突然変異原としての微量元素研究を確固とした基礎の上に定置したと評価できる。金属微量元素が起こす突然変異の過程に対し、細胞学的方法を駆使して細胞核に及ぼす影響を「広範囲」に研究した成果から成るものであった。たとえば、ランタノイド元素が染色体の撹乱を起こす性質をもつとの指摘はその1例である。

さらに、錯体を形成する銅・鉄・コバルト・亜鉛・マンガンなどの微量元素に突然変異性を推定した。しかも、欠乏と過剰の両サイドにその作用が認められると結論を下した。突然変異は微量金属元素のタンパク質と錯体を形成する能力のなかに原因が在るというメカニズムを主張した。たとえば錯体を形成する金属原子は、一方では自分自身の性質により直接的に、そして他方では天然の放射線が作り出す活性ラジカルに働きかけて間接的に、植物進化過程において突然変異原として作用すると述べた。これを筆者はRosenの「微量元素突然変異原説」とみて注目する。なお上の「広範囲」には「元素周期表に即して広く」検討されたことを意味する。

2.4.2　微量元素生態学

植物学にとってはもちろん、微量元素科学にとってはなおさら、20世紀はじめの20年間は特別の時期に当たる。両分野が深く結合することで新しい科学を生み出す胎動期でもあったことによる。特異的な生態系を世界各地に見出し、その地域に支配的な傾向を探り出すための努力がそこに集中した。作業の進行からは土壌中の微量元素の分布が次第に明らかになっていった。地理学や植物地理学、さらには植物生態学の急成長がそこに認められて当然であろう。間もなく、土壌内の微量元素の存在が地上の植物および植生に大きな影響を及ぼしつつある実態にたどりついた。これらの知識は土壌内の微量元素と植物中の微量元素含有量との関係を示す豊富なデータとして蓄積された。

具体例を挙げると、石灰岩露頭上植生が特殊なものであるという見方がその1つである。また、高塩類土壌の上の植生に関しても、「塩性植生」として膨大な文献を生み出した。なかでも、アカザやギョリュウなどの植生が良く知られている。

以上の知識の蓄積からは、岩石または土壌と、その上の植物との関係を微量元素を介して統一的に把握しようとする問題意識が生まれて当然であろう。それが微量元素生態学である。地球化学の概念を基礎にした「生物地球化学」を Vernadsky が提唱した意図はこの点に重なるものであった。その上に20世紀に相応しい“総合的かつ全体論的自然科学”の夢を託した。

このようにして、1920年代から1930年代にかけて新しい科学領域「生物地球化学」が広く国際的に認識されていった。新しい科学の主要課題のなかの1つとして化学的生態系研究が想定されている。そこでは微量元素を介して植物生態系と土壌との関係を規定する法則の究明という目標が立てられ、地球化学的生態学の方法が適用された。土壌－植物－動物を結ぶ循環中の微量元素の移動・蓄積が指標とされた。

その観点からは間もなく、特定地域を対象にした「生物地球化学地区」という概念が生まれた。土壌の微量元素分布にみられる特殊的状況から特殊な生態系が形成されること、その植生に依存して生活する動物の生理的状態に重大な影響を及ぼすことなどが明らかにされた。また、全体の状況を統一的に解明する方法に前進がみられた。1930年代の成果をまとめた論文集『生物地球化学地区と風土病』に含まれる新知識の数点を以下に述べておく。

1. 地区内に生息する生物は同一地区内の土壌に含まれる元素の過剰・不足

に対して同一型の反応を示すことが明らかとなった。以前から植物や動物にみられた風土病は、土壌中の微量元素に由来する生理的過剰または不足・欠乏という原因をもつことが解明された。

2. 世界各地に、すでに30以上の地区が確認された。地理的特徴を手掛かりに2区分が可能とみなされる。

大地帯形成：特定の土壌気候帯に沿った分布が次のように認められる。北半球のボドゾール性森林地帯に存在し、アメリカ国境周辺からオランダ・デンマーク・ポーランド・バルト海沿岸、さらにウラル・シベリアへと延びる地帯。そこではカルシウム・リン・カリウム・コバルト・銅・ヨウ素・ホウ素・モリブデンの不足による風土病を特徴とする。

局地的分布：塩類堆積層、火山性放射物、鉱石集積地および鉱床の周辺に偏在する。微量元素および他の元素の高濃度が強く関係する生物の過剰症、すなわち中毒症の発生率が高いという特徴をもつ。具体的には次の鉱区がよく知られている。亜鉛・銅・ニッケル・クロム・コバルト・ホウ素・モリブデン・バナジウムの各鉱区およびセレン・フッ素・ホウ素の高蓄積土壌、超塩基性蛇紋岩土壌が周知である。なお、この地区にはそれらを高濃度に蓄積する変種や新種がみられることもあり、進化研究の好対象となることもある。

1例だけここに挙げておく。超塩基性岩として知られる蛇紋岩から成る土壌はマグネシウム・ニッケル・クロム・コバルトに富み、カルシウムが少ない。この種の土壌は世界的に広く分散して存在し、次の共通性が知られている。

土壌はやせていて、その上の植生は同一地方の他所の土壌のものよりも疎生かつ乾性形態を示し、特徴的な固有種に富み、隣接地との植生の違いが歴然としている。「蛇紋岩植生」は種類数も個体数も貧弱でしばしば特定種の占有を許し、形態的にも種の原型と異なる傾向を示す。

3. 1960年代までに提唱された地区説には多様性が極めて濃い。たとえば「自然帯」、「地球化学地区」、「土壌地区」、「生物地球化学地区」、「地球化学的景観」などがある。旺盛な研究を反映している反面、未だに議論が煮つまっていないようでもある。後年この領域の活発さを示す1つの流れがロンドンのImperial CollegeのWebbを際立たせている。それは植物と微量元素との特殊な関係を究明した成果として、「生物地球化学的方法」と呼ばれるものを生み出した（Hewitt：p.94)。有害元素高濃度土壌地区の設定がそこにみられる。ただしこの方法には鉱物資源探索に有効という産業主義的評価（Hewitt：p.94）もみられ、未成熟状態にある科学の危さが付きまとう。

2.4.3　微量元素進化学

微量元素科学の旺盛な勢いから生まれた植物学領域の新しい成果には、進化的変異という概念の創出がみられる。基盤となったいくつかの事実をここに取りあげてみる。

1. 植物中に微量元素が次々と見出されていった1920年代と続く1930年代に、微量元素が植物生理に果たす重要な役割を明示するような問題の研究が急速に進展した。その種の問題の1つに、以前からアルカリ病あるいはヨロケ病（暈倒病）という地方名をもつ原因不明の家畜の病気が知られていた。類例が広く世界各地にみられるほど重要性の高いものであった。

代表的な例はアメリカにもみられ、北米大陸の草原地帯では早くも1920年代から1930年代にかけて、実地調査と研究が担当地域の農業試験場の手によって精力的に行われた。そして間もなく次のような貴重な知識が数多く獲得された。第1に、牧草地の土壌が他と比べて高いセレン含有量をもつという事実である。第2に、その土壌に生えている牧草にはセレンを高濃度に蓄積した複数の種から成る植生が確認された。第3に、問題の牧場に放牧される家畜のなかに新顔を加えると、それらが病気に罹り易いことが判明した。牧場に馴れた古顔の家畜はセレンを高濃度に蓄積した牧草を避ける習慣を身につけていた。結果として上記の病気はセレン中毒症と判定された。

この問題の前半部分は土壌と植物とを結ぶセレン循環系の存在を明らかにするもので、問題解決の過程において蓄積された知識から「地球化学的植物学」とも「地球植物学（geobotany)」とも呼ばれる新領域が短時日のうちに形成された。外でもない、それは「微量元素植物学」の実態を備えるものであった。

植生調査が進展するにつれて、高濃度セレン含有土壌の上に生育するイネ科の牧草にはセレンの低い蓄積が認められた。他方で高い蓄積をみせる複数の牧草のなかに特徴的な種としてレンゲソウがみられた。そのレンゲソウは高濃度にセレンを蓄積していて、明らかにセレンを必須栄養素として利用していた。一方の蓄積量の少ないレンゲソウにとっては、セレンが毒素の働きをしていた。この両方は形態的な違いを何も現さずに、ただ生理的な適応性のみに違いがみられた。

この事例では、種の分化にまでは発展していないものの、種の内部に異質性（異変性）を増長していることが明らかである。高濃度セレン土壌への適応が、種に進化への圧力を強めていると考えることができる。この事実に対して、「進化的変異」という概念が与えられ、環境による種の自然淘汰プロセスの一部を成すものと考えられて重視された。従来、自然淘汰要因として様々な説が提起され、プロセスに関しても多くの議論が積み重ねられてきた。20世紀の微量元素科学の発展によって、この領域に新たな一石が投じられたことは疑いない。

今回の事態を単に家畜の中毒問題としてみるだけでなく、高濃度セレン土壌の形成とそこへ周囲から植物の侵入が進んだ結果として、植物種に進化的変異が進行しつつあるとみることが重要だと認定された。さらに事態が進めば、侵入植物に新種形成という段階が訪れることも予想される。

このように、特定の微量元素が高濃度に蓄積した植物を問題にした研究が1940年代以降、多数現れて顕著な成果を挙げている。そのなかに鉛・モリブデン・アルミニウム・リチウム・銅・コバルトなどの微量元素を扱った研究の多くが、「生理学種」という新概念を提起している。また、「生態型種」と呼ぶ場合もみられる。同じ状況が糸状菌やバクテリアなどの下等植物にも多数確認されている。

モリブデンを対象にしたシソ科植物の研究からは、土壌中の高濃度方向への分布に合わせて、植物中のモリブデン濃度に上昇と下降の両方向への分化が認められた。このうちの前者、すなわち高濃度蓄積方向に対して系統的形質獲得という認識が提案されている。また、風土病につながるケースに対して、牧草に「風土病種」という名称を与える場合もみられる。このような事例のなかに銅・ニッケル・クロム・ジルコニウム・アクチニウムそして上記のセレンが含まれた。

2. 微量元素不足の土壌がもたらす問題も極めて興味深い。このケースも、家畜に発生した地方特有の栄養欠乏症と深く係わった歴史をもっている。ここに、北部ドイツ草原における銅不足の問題を扱った1930年代の研究成果を採り上げる。彼の地では、有機質が未分解のままに存在する砂土質土壌が支配的である。有機質は土壌中の銅を取り込み、速やかに不溶解性物質に変えるため、植物への吸収が妨げられて銅欠乏を生む。その土壌に見事適応した植生がある。ヒースの一群で、他にもカバノキ・ブナノキ・ライムギ・エンバクなどもそれに連なる。

エンバクについては変種にまで進化したものが認められた。生長の初期に銅に対する大きな吸収力を獲得することに成功した1群が存在する一方、能力獲得に失敗したまま貧弱な状態にとどまったものもみられた。この地方の土壌は夏季に乾燥が進み、銅の吸収が困難になることが分かっている。生長の初期に銅を蓄積した1群には夏の問題が起こらず、残りの群は銅不足による障害に見舞われる。生長の初期に銅を高濃度に蓄積する能力が遺伝的に定着したとみなせば、将来に新種形成へとつながる可能性が予想される。ここにも進化的変異のプロセスが認められる。

3. スウェーデンの研究からは、1950年代に、特定の微量元素を蓄積する植生の例が報告された（Rune：1953）。北部の蛇紋岩土壌の植生にみられた現象で、土壌中の微量元素を高濃度に蓄積する植生とそうでない植生とを確認している。前の1群は土壌中濃度の高低に無関係に高蓄積し、後の1群は土壌中濃度が高い領域に限って高蓄積するという違いをもつ。ここには習性・非習性の区分が生じている。とくに前群の生理的機能は系統的形質の現れとみなされた。このケースは極度に強く地方性を帯びるだけに、地方特有種の名称が付けられている。進化史的にみて、この種は系統的に古い植物群に属するものと判定された。

4. 1960年代から1970年代にかけて急速な発展をみせた1群にロシアの研究がある。その代表例には、先の事例の推定を一歩進めて、進化的変異から新種形成までに至る淘汰を含む進化のメカニズムに関する理論的仮説がみられる。その内容は次のように整理できる。

まず高濃度微量元素の土壌に対して非適応性をもつ1群と適応性をもつ1群に区分する。非適応群では、形態的変化→生育抑制→絶滅か生理的機能撹乱→風土病→絶滅の傾向をたどる。適応群には微量元素を蓄積する群と非蓄積群が在り、後者は生理的安定性を獲得してそのまま種の形成に進む。それに対して前者は、高蓄積性という形質を獲得して新種形成を完成させる。両者の中間段階に生理的品種・形態的品種の過程が存在すると推定されている(Kovalski：1964)。

5. この分野の研究は1970年代までに新たな前進をみせた。そのなかに、遺伝的形質転換を証明する事実が認められる。微生物を使った実験の成功から得られたもので、高濃度微量元素環境に適応した微生物から採取したDNAを非適応群に移植できたことで、微量元素高蓄積性が遺伝形質であることが分かる。そして、この性質をもつ品種は自然淘汰によって固定される可能性をも持つ。このことから、DNAによる高濃度微量元素に耐性をもつ特殊なタンパク質の合成が推定された。同じ頃にアルミニウムの非蓄積性植物がアルミニウムの作用により高濃度蓄積へと変化する事実が、実験により確かめられた。変化の過程で、DNAによって合成されるタンパク質のアミノ酸組成に変化の起こることが明らかとなり、先の推定を支持する実験結果とみなされた。

さらにもう1つの補足的事実を挙げておく。植物にみられる上記の蓄積性の違いを根底から支える仕組みの1つが明らかにされた。根の働きに関する研究から得られた成果で、微量元素の吸収を調節する物質が根の分泌物のなかに見出された。植物の種ごとに量と種類とを異にすることも明らかになったことから、それが吸収量を規定するのではないかと考えられている。ホウ素についての具体的データをみると、吸収量が低水準のコムギと高水準のエンドウとでは顕著な違いがみられた。コムギには吸収抑制作用をもつ物質が多く、エンドウには吸収増強作用をもつ物質が多く含まれていた。この事実によって植物の高濃度微量元素に対応する機構の一端が明らかになった。

6. 以上の問題領域に関して、『遺伝学と種の起源』の著者で進化学の権威といわれるDobzhansky（ドブジャンスキー）は次のように述べている。18世紀のリンネによる分類では種・属・目・綱・界の5階級を設けたが、後に科と門が加えられ、さらに種・亜種・亜属・節・族・亜科・科・超科・亜目などの階級数の増加、すなわち分類上の多様化が著しい。このような分類学の歩みのなかで、20世紀の分類学では種のカテゴリーにおいても同胞種、潜在種、生物学的種、生理種、生態種、フェーノンなどの概念がつくり出され、品種と種の間にも多くの区分が生み出されてきた。それは20世紀前半の生物学の進歩から生み出された結果の反映で、現実の自然現象への対応の程度を一歩進めたものと考えられるとした。ここには比較的短い期間における品種の多様化、流動化を重視する考え方が明らかである。

2.4.4　微量元素系統分類学

植物分類は原初の時代に起源をもつことを文化人類学が教えている。日本のアイヌ文化、中国の本草書、プリニウスの博物誌のなかに多数の証拠が見出される。いずれも食用・薬用などの有用植物観から出発した人為的分類が主な傾向であった。その段階から離れて、天然の状態の研究を基礎においた自然分類の段階へと発展する動向が17世紀に現われた。比較形態学的方法と呼ばれるもので、主として生殖器官を取り上げた。18世紀にLinneがその方法によって植物分類体系にまとめ上げた。

続く次の段階にはGoetheの形態学的研究がくる。「植物多様型解明試論」および「比較解剖学の構想」がそれに当たる。外部形態ばかりでなく解剖学的知見をも分類指標として採用し、さらにその由来と転成を求める方向へと道を延ばした。そこには「森羅万象を1つの根元現象の変態」とみなす方法論が顕著にみられる（田村）。それが上記の論文に表された（『ゲーテの形態学論集・植物篇』）。これは分類学にとって現象論から本質論への一歩前進とみなされる。

19世紀にはさらに新しい特徴が付け加わった。第1に、それまでの研究成果の集大成という地道な作業が効を奏した。BenthamとHookerが成し遂げた仕事で、現代にも通用するカテゴリーの大方が完成した。第2に、進化論の強い影響の下で、生物の歴史的発展を写しとった系統性が分類学に加わり、おのずから系統分類学の質を合わせ持つに至った。

科学の発展を基盤に全く新しい質を備えた分類学の胎動が起こったこと

も、19世紀のもう1つの特徴といえる。すなわち薬学・分析化学・合成化学・生化学など化学諸分野の長足の進歩からは、植物に関する豊富な知識がもたらされた。特に、分子レベルの植物化学からは、生体分子の大きな領域が生み出された。生命を支える分子群は無数とも言える程の豊かさをもつ。しかも、それらの全てが堅固な規則に従って組み立てられ、また変化しつつある。その状態は極度の多様性を帯びている。それだけに、生体分子のなかに重要な形質が次々に見出されていったとしても不思議ではないであろう。

20世紀に入ると、この分野からはやがて化学分子分類学が誕生した。はじめは比較的分子量の小さい二次成分、すなわち生合成成分が形質として選択された。ついでその生化学的合成経路自体にも意義が見出された。さらにタンパク質・核酸などの高分子も形質として使用されるようになった。Mez (1922) による免疫学的方法による系統樹作成は、その種の典型事例といわれている。20世紀後半にはDNAを活用するDNA交雑法が生み出された。

20世紀には、生体化学分子ばかりでなく、生体微量元素も形質として使い道が拓かれていった。そこから成立した領域が微量元素系統分類学である。19世紀以来の生体元素分析学の飛躍的発展が大きな原動力となった。この両分野の進歩は明瞭であるにもかかわらず、植物系統分類学においては後者への関心がともすると希薄である。

生体中の微量元素が形質となり得る可能性についてVernadskyが基本的観点を提唱したところに着目すると、1920年代と極めて早い。植物生理学の領域において微量元素の必須性が少しずつ見出されてきつつあった初期に当たる。その前提的基盤となる生体微量元素分析値の十分な蓄積が背景となって、Vernadskyの着想を促進したものと考えられる。

1930年代には、植物の分類に微量元素の使用が提案された。Vinogradovは提案に当たって、自説を証拠立てる事実を精力的に揃えていった。多くの微量元素について生体内の存在量が生物の属・科の範囲内で厳密に整っていること、および種の間に規則的変化を認めることなどの事実を指摘した。また種ごとの微量元素組成が基本的に安定した値をとることを明らかにした。

さらに時代が下がって1950年代から1960年代にかけては、個々の事実ばかりでなく、より整理された内容の報告が発表されるようになった。その好例に海藻類のケースがある。種の微量元素組成と分類上の位置との間には、濃厚な相関関係が見出された。

他方モリブデンの植物内分布をみると、最多含有量がマメ科とジャケツイバラ科の種子にみられ、それぞれの数値の大きさは、乾物重量で10^{-4}と10^{-5}のレベルが各属において厳密に保たれ、種間にまで格差が及んでいた。以上の知見からは、植物内に存在する微量元素の種類と濃度を指標にして、これまで曖昧にされてきた分類上の問題点を補正または修正することが可能となったことが分かる。

砂漠植生についての研究は、鉄・マンガン・コバルト・銅の含有量が節（section）のレベルにおいて進化法則に従った変遷を導き出した。石膏質の地質条件の下に生成した古い種は上記の元素に比較的富む一方、元素に乏しい砂質地へ新たに進出した種は低い含有量をもつに過ぎない。両種の差は各元素について数倍という大きさを示した。この事実から砂漠植生の進化の道筋が鮮明になった。微量元素科学が開拓したもう１つの分野に進化系統学の新展開がある。1930年代から1950年代にかけて蓄積されたデータは表24のように整理されて見事な理論的帰結を生んだ。

表24からは植物進化が上段から下段に向けた筋道をたどったことが分かる。それを前提条件にして表をみると、植物の発展と関係する微量元素にはそれぞれに独自性が認められて興味深い。鉄は時代を経るにつれてその量を減らし、マンガンは逆に量を増やしている。亜鉛と銅はほとんど変わらない水準を保っている。ただし緑藻類の銅だけは高い値を示している。このなかから傾向の異なる鉄とマンガンとを取り出してその比をみたものがFe/Mnの欄で、値の変化の著しいことが際立っている。これは植物が高い酸化還元電位を求める方向に進化したことを示すと解釈されている。藻類にみられるその急激な変化は、従属栄養から独立栄養への転換を表わすと考えられる。

また緑藻類にみられる銅の急増は、植物の酸化還元電位の上昇を示す証拠と理解された。それに比べて亜鉛の値の不変傾向は光合成栄養と無関係であることを示したものと推定されている。

表24　植物の大分類と Fe、Zn、Cu、Mn の含有量

分類群	平均含有量（%）				Fe/Mn
	Fe	Zn	Cu	Mn	
藍藻類	3.4×10^{-1}	—	1×10^{-3}	3×10^{-5}	10,000
珪藻類	3.8×10^{-1}	—	1×10^{-3}	1×10^{-4}	3,800
紅藻類	1.5×10^{-1}	9×10^{-3}	3×10^{-3}	6.3×10^{-3}	24
褐藻類	1.3×10^{-1}	8.7×10^{-3}	1.3×10^{-3}	6.7×10^{-3}	19.4
緑藻類	4.1×10^{-2}	7.6×10^{-3}	5.6×10^{-3}	4.4×10^{-3}	9.3
コケ類	1.2×10^{-1}	7.3×10^{-3}	1.5×10^{-3}	3×10^{-2}	4.0
シダ類	5.5×10^{-2}	9.2×10^{-3}	1.2×10^{-3}	2.1×10^{-2}	2.6
裸子植物	1.3×10^{-2}	7.3×10^{-3}	1.2×10^{-3}	3.3×10^{-2}	0.4
草本類	1.4×10^{-2}	4.6×10^{-3}	1.3×10^{-3}	7.5×10^{-3}	1.9
木本類	1.2×10^{-2}	3.2×10^{-3}	1.2×10^{-3}	6.2×10^{-2}	0.2

註：Shkolnyk『植物の生命と微量元素』p.350 より引用。

2.4.5　微量元素植物社会学

20世紀後半に入って急速に発展してきた微量元素科学の動向には、植物社会学の領域を再編しそうな勢いが感じられる。そのエネルギーの源泉が地球化学に根差すことは論を待つまでもない。何といっても、微量元素の循環を基盤にして植物群集の動態を一挙に解明しようとする意図に基づくからである。

ところでその実態をみると、植物社会学のオーソドックスな課題に沿って事実の集積を図るかのような様相が顕著である。それを前節と関連づけて表現すれば、土壌の微量元素が植物の種の形成過程に関与するばかりでなく、植物群集、つまり植物社会の構成にも参加するという理論的仮説の証明に向かっていると言える。調査および研究の成果の蓄積は以下の数条の項目として整理できる。

1.　理論的仮説

第1.　草原の群集は、モリブデン・銅・ホウ素の影響によって植生構成が決まる。またそこに含有される微量元素を指標に群集を区分することが可能である。草原以外の植生についても可能になった部分がある。土壌中の微量

元素分布を推定することができる。

第2. 泥炭層に存在する沼沢の植生は、表層に含まれる微量元素の特徴に沿って変化する。

第3. 高山地帯草原では、微量元素を高蓄積するエノコログサが卓越する植生となる。

第4. 高山地帯砂漠では、群集構成により含有する微量元素の種類と量に違いが生まれる。例1：マンガンが高濃度に蓄積するハネガヤが支配的となる。例2：バナジウム・鉛についてはニガヨモギに同じ傾向がみられる。

第5. タイガ・凍土地帯では、トリカブトに代表されるマンガン高蓄積が支配的な群集構成をみせる。

以上のケースからは、微量元素が群集構成植生間の相互関係を固定化あるいは安定化させる方向、すなわち植生間の地位の交替を抑制する方向への働きが顕著である。

2. データ集積中の認識：以下の数点が認められる。

第1. タイガ・凍土地帯の植生と微量元素の蓄積との間にみられる密接な関係を、科のレベルで蓄積量の多い順に並べることができる。

鉄：キク・ゴマノハグサ・バラ・イネ・カヤツリグサ・マメ・シソ・セリ・キンポウゲ

マンガン：カヤツリグサ・ゴマノハグサ・キク

第2. ツンドラ帯の全植物に共通する傾向は以下の順である。

最多蓄積：マンガン・銅・ストロンチウム・バナジウム・ニッケル

最少蓄積：モリブデン・コバルト・鉄・チタン・クロム

第3. マメ・イネ・スゲを除く全科から成る群集中の微量元素にはストロンチウム以外の元素が少ない。

第4. 地衣類・コケ類は鉄・チタン・鉛・ストロンチウム・クロムを極めて多く蓄積する。

第5. シラカンバ・ヤナギの低木混交林はマンガンを高蓄積する。

第6. コケモモ低木林はマンガン・銅・バリウムを高蓄積する。

2.4.6　微量元素奇型学

1. 原因論の段階

単に風土病として奇型をみる従来の認識に代わって、微量元素を原因物質とする考えが大きく、かつ急速に成長を遂げたところに20世紀前半の特徴を認めることができる。これを原因論の段階とみる。採鉱区を典型とする微量元素の高蓄積土壌の上に生物の様々な風土病が観察される。そのなかに特徴的な奇型にまで形態的変異を遂げた植生が存在する。ニッケル・マンガン・ホウ素・鉛・亜鉛・コバルト・ウランが原因物質として特定されるなど、実態認識に優れた成果が認められる。

第1. 過剰症としての奇型

Ni：ニッケル鉱床では、オキナグサの花に形・色の変異が際立つ。たとえば花の形の単純化や退化がみられる。鉱床の存在と極めて強く結びついていることが特徴的であることから、「化学的形態」と名付けられている。ニッケルの過剰蓄積に原因をもつ形態形成という意味をもつ。

Mn：高濃度マンガン土壌には巨大症・退色症がみられる。

B：曹灰硼鉱や水硼酸石の産地では異形生育が観察される。植物の先端生長点における抑圧作用の結果と分析される。外に、生理的過程の撹乱を原因とする機能症状として、退色症、葉緑体の退化、つづいて耐症性の低下がみられる。同時に、形態と機能の変異を起こさない耐性種への進化も認められる。ここには、種ごとの環境淘汰と進化のメカニズムが推定されている。

Pb・Zn：鉛や亜鉛の高濃度土壌に生えているケシの花弁変形に特有の型がみられる。変異形には八重咲きが混ざる。

Co：コバルト鉱区の植生に、異なる症状が発生する。シモツケソウとサンザシに巨大症、カラマツとシラカバに毬果と尾状花序、ムレスズメの幹に瘤などをもつ奇型種がみられる。

Cu・Ni：銅がニッケルより多い鉱質土壌に生育するバラ科のキジムシロに極端な矮小化が起こる。発育不良の葉をもつ小枝の球形密生となる。

U：ウラン高濃度土壌では、種ごとの対応が異なり、葉の変形や花弁の変形、生長の抑制がみられる。

第2. 欠乏症としての奇型

広く一般型として知られる欠乏症奇型は生長抑制である。以下に典型的な数例を挙げる。

Zn：果樹にみられる葉の矮小化、パイナップルの実の奇型。

Mo：キャベツの葉の糸状化。

B：生長抑制、葉の先端枯死、根の枯死。

Cu：トマトの葉の矮小化、エンバクの葉先乾縮、コムギの生長抑制。

2. 理論化の段階

以上は、いずれも外観的形態変異といわれる現象で、20世紀前半の成果を代表する。つづく20世紀後半には、理論研究への流れが強まり、やがて理論的仮説が提唱され始める。それは奇型の生理学または奇型の生化学と呼ばれる領域の成長である。1970年に現れた植物学雑誌上の新傾向および微量元素に関するシンポジウムの盛況はその種の主題が中心を占めた。その時代の論調を以下のように整理することができよう。すなわち、奇型発生には種々の原因がみられるものの、その根底には、細胞学的メカニズムを経て発現する生化学的仕組みの攪乱が存在するという強固な問題意識の形成である。

その内容をもう少し深く解きほぐすと、次のようにも表現できる。細胞分裂時の新組織形成の乱れ、細胞分裂のリズムの乱れが存在すると。そしてさらにその基礎にはタンパク質合成の特異性の乱れ、仁の衰退を招くリボヌクレアーゼ活性の上昇、染色質構造の乱れ、DNA－ヒストン結合の攪乱・衰退などの生化学的原因が推定できる。

このように奇型発生の生化学的原因究明を通じて、形態形成あるいは種形成の基本的な過程の謎に迫ることが可能であるという思想の確立に向かうと期待される。

2.4.7 微量元素細胞学

微量元素の不足に起因する細胞構造および細胞内微細構造の変化が早くも1920年代に確認されて、詳細に論述されている事実に驚かされる。先に述べたように、当時は微量元素欠乏に起因する生理現象研究がようやく緒についたばかりであった。多要因に及ぶ原因の探究から、微量元素の特定に至る一連の研究に、集中して力を注いでいた時期であった。

イギリス植物学雑誌に発表した論文のなかで飼料用ソラマメの栄養欠乏実験を紹介し、ホウ素欠乏に因る茎頂端細胞の崩壊から空洞形成にまで至るプロセスを詳細に述べたWaringtonは、問題領域開拓者の１人と言える。

以後、1930年代から1950年代にかけて、多数の研究報告が登場する時代を迎えた。原因物質は上記のホウ素以外にも、モリブデン・亜鉛・銅・マンガンの欠乏による細胞崩壊が確認された。マンガン欠乏の例では、トマトの葉の柵状細胞の崩壊と異常代謝生成物の蓄積を示す石灰化が認められた。モリブデン欠乏の場合には、カリフラワーの葉の細胞の崩壊が起こり、ついで葉緑体の破壊が進み、細胞が海綿状を呈して崩壊に至るプロセスが明らかにされた。これらのなかに、ホウ素過剰による細胞変化が観察された事例に注目しておきたい。

1960年代に電子顕微鏡細胞学が成長するに従い、細胞内の微細構造の変化が確認されるようになった。鉄不足による葉緑体の構造破壊の進行状況も明らかになった。葉緑体内部のグラナ構造の変化、グラナの減少および消失、グラナ間の結合の弱化と破壊の漸進が観察された。類例がホウ素およびモリブデン不足の場合にもみられた。マンガン不足、亜鉛不足には、葉緑体のラメラおよびグラナ、さらにミトコンドリアの構造破壊が認められた。ほかに、マンガン・マグネシウム・亜鉛・ホウ素などの不足に因るリボゾーム・ポリゾームの破壊が多くの研究者によって確かめられた。

以上の観察と合わせて、その理論化の試みが植物生理学雑誌の内容を豊かにしていった。その一説に、ホウ素および二価の金属微量元素欠乏がリン脂質とガラクトリピドの含有量を低下させるという推定がみられる。脂質代謝が13に及ぶ酵素的過程のうちの８過程に、補因子の成分である金属微量元素の関与が示唆された（Stump・Bradbeer：1959）。

1960年代から1970年代にかけてみられる顕著な特徴は、細胞内構造にもう一歩深く踏み込んだ段階へと進んだ超微細構造研究の進展である。その１例に細胞内膜構造機構と微量元素との関係についての指摘がみられる。二価の金属微量元素が隣接するホスホリル基と架橋し、さらに脂質のカルボキシル基とタンパク質のカルボキシル基とを共有結合により結びつけるとする説がそれである。二価プラスイオン濃度が低下すると、膜の構成成分間の結合が弱まり、孔隙が拡大する結果、膜の選択的透過性が失われると推論する。膜構造の生化学を著したKuvanauにより提唱された「微量元素による膜安定の理論」で、1960年代の早い時期の成果の1つに数えられる。

2.4.8　微量元素発生学

19世紀から20世紀にかけて発生学が歩んだ道程を荒削りに大別することができる。それには方法論の面からみるのがよい。19世紀まではともすると形態学の1分科とみられがちであった記載発生学と、20世紀の実験発生学との違いがはっきりと認められる。こう述べて石田（1968）は「発生学小史」を綴った。足どりの200年間を極めて手際よく整理している。

さらに突っ込んだ考察を試みる場合には、前者の後半に活発となった比較発生学を取り上げることが適当であろう。ダーウィンの進化論を育て上げた後では、逆に強い刺激を受けて系統進化学的方法を採り入れて、発生過程の分析に向かった。

他方、20世紀の実験発生学は旺盛な活力に支えられて、複数の分岐を形成すると同時に進歩の段階的性格をも合わせて展開してみせた。実験発生学の特徴の第1は、何といっても、記載発生学との違いに目を向けねばならない点であろう。後者が形態形成過程に生起する組織変化を専ら観察という手法によって確かめるのに対して、前者は発生過程に人為的変化を起こさせた上でそこに出現する事象から内在する因果関係を探るという方法を採る。

事実、その方法によってSpemann（1924）は、形成体あるいは形成誘導体の存在を発見することに成功した。それは発がん物質などにも通じる概念であることが示すように、形成体の作用メカニズムの究明を主要課題とすることを意味する。作用主体となる物質を介在させることにより、後の分子論的方法を用意したともみられる。この領域に対して発生機構学（「メカニーフ」）という名称が付けられている。Roux（ルー）によって1880年代に始められたもので、物理学的方法意識が極めて強いという性格を帯びている。

次に、石田はLoeb（1899）によるウニ卵の人工処女生殖の研究を実験発生学の領域に加え、発生生理学とみなした。ここに発生生理学を置いたことにより、20世紀の実験発生学の発展の筋道がより鮮明になった。1つは、19世紀の生理学の遺産をそこに見出せる効果を生んだが、もう1つの効果はさらに大きい意味をもつことにもなった。それは、後の発生生化学への見通しが一段と良くなったことである。Loebの研究が化学的発生学の初期段階に当たるという評価の下されていることも、同じ効果を生んでいる。

1930年代にはその本格的出現がみられる。Needham（1931）による大著『化学的発生学』（3巻）が総論・各論の両分野を備えて現れた。記述の帯びた特徴が発生過程の忠実な生化学的記載の集積であるところからは、発生生化学の初期的成果という評価が生まれた。

総論では化学機械説をとる著者の立場が強く表出されている点に注目させられる。各論の内容には、胚の呼吸、発生における生物物理現象、胚の一般代謝、胚発生のエネルギー論が含まれている。生化学的過程としては、炭水化物・タンパク質・核酸・脂質・無機質の代謝が取り上げられている。また、発生における酵素・ホルモン・ビタミンなどの化学分子が考察され、孵化酸素の記述もみられる。

1940年代に入って、Needhamは続編ともみられる大著『生化学と形態形成』（1942）を出版した。ここでは、さらに一歩進めた分析として形成体物質に光を当てている。その1例にステロイド・ホルモン・発がん物質の各種を取り上げている。その後有名となるベンツピレンもそのなかに見出される。

発生生化学の本格的発展はこのようにして20世紀中期にピークを迎えることになった。なかでも遺伝子概念の確立によって、分子論的アプローチはいよいよ最盛期に突入した感が強い。他方、視点を変えると、ここには原子論的アプローチへの問題意識が全くみられない。原子・分子の総合を物理・化学的方法と呼ぶ習わしからはなお不十分さが目に付く。その補足・修正を意図して以下の考察を試みる。

発生学に関係が深い微量元素の亜鉛をまず採り上げる。20世紀における亜鉛の研究史をひもとくと、その必須性を主張する論文がRaulinによって書かれたのは19世紀中頃と極めて早い。それ以降1910年代、1920年代と少しずつ前進して、生物に対する必須性を示す証拠が集められてきた。

1930年代になると、亜鉛不足に起因する小葉化という病的現象が数多くの植物について確かめられた。1940年代には亜鉛不足によるエンドウの無種子化が発見された。そして、卵細胞と胚の正常な発育に亜鉛の必須であることが確実となった（Reed：1942・1944）。

ホウ素に関しても、1920年代という比較的早い時期の研究開始が見られる。1930年代にはイネ科植物の生殖器官形成時にホウ素欠乏の影響が大きく現われるという報告が発表された。また、イネ科植物が生殖器官を形成し始めると、直ちにホウ素欠乏に対して敏感に反応し始めることも確かめられた。ホウ素が生殖器官に濃縮されるという事実の指摘もある。ホウ素欠乏により雌ずいと葯が生成しないことも判明した。花粉が全く生成しなかったり、生成してもそれは生命力のないものであったりすることも分かった。ホウ素が花粉の発芽と花粉管の生長に重要な役割を果たすことも発見された。

ホウ素欠乏による障害が多数の植物にみられる。ブドウは総状花ができず、コムギは雄ずいが生成しない。キャベツ・ラッカセイや果樹の多くが蕾の大量死を起こす。イネ科植物は穂の完全な不稔性に陥る。胚嚢の退化や癒着がコムギおよびダイズ・ザクロに認められる、などなどである。

1970年代には、コムギの大胞子と小胞子の発生にとってホウ素が重要である証拠が見出された。ホウ素欠乏により葯の胞子形成に大きな撹乱がみられた。胞子の母細胞の減数分裂の段階に異常が発生した。母細胞に染色体の完全な分散が起こらず、分散期のずれがみられた。減数分裂の後の段階における撹乱からは、大きな核と露出した染色物質をもつ著しく大きな小胞子嚢が生じた。葯は崩壊した巣または空虚な巣となり、花粉が全く生成しなかった、などの報告がみられる。

その他の微量元素の関与について明らかになった事実のいくつかを以下に挙げる。胚発生の段階、すなわち接合子と内胚乳初生核が最初に分裂する時点から、核タンパク質と炭水化物の合成、さらに胚、内胚乳、糊粉層の細胞と組織へと進む全ての段階にホウ素・カルシウム・マグネシウムの侵入が伴うことを発見した。銅欠乏では葯の形態的変化と子房の大量死がみられた。コバルトは花粉の発芽に好影響を与えることが分かった。鉄の過剰によりイネの花の不稔が認められた。過剰の重金属元素による花の発育不全、総状花の異常が報告されている。

以上の補足的内容は正に微量元素発生学に相当する領域と考えられる。原子論・分子論を統合する方法による発生学の次の発展段階がここから期待される。

第2部

動物栄養学

第1章

激動の19世紀栄養学

序：新生するパラダイム群

19世紀はじめには「栄養素説」がまだ大きな力をもっていた。全ての食物は1種類の栄養素から成るというHippocratesの考え方に従ったものであった。Richerandが著した『生理学の諸要素』(1813) のなかの説明にはその影響が濃厚に認められるとMcCollumが述べている。それを旧パラダイムとすれば、19世紀に確立をみた新パラダイムは量的に主要な位置を占めるタンパク質・脂質・糖質の三大栄養素概念を指すというのが栄養学史の定説となっている。この観点に立つと、近代栄養学は新パラダイムを基礎に成立したものと理解してよいであろう。思想の拮抗と克服の歴史がそこに見出せる。

先頭をきった開拓者にイギリスのProut (1827) あるいはフランスのMagendie (1815) を挙げるのが通常の説明である。川村、島薗らは食料分析を行った前者を採り上げ、McCollumは、さらに後者も指名している。理由としてMagendieが初めて三大栄養素の栄養効果を動物実験によって明瞭に区別した点に注目している。ゼラチン・バター・ショ糖の各1種類を水とともにイヌに与えてその効果を検討するという方法がとられた。

McCollum流に整理すると前者は「化学的分析」で後者は「生物学的分析」に当たる。19世紀を通じて前者に対する後者の重要性が増大し、20世紀に入って、その流れから新たに微量栄養素が多数発見された。ここまで議論が進めば、20世紀にふさわしい栄養学のパラダイムには、微量栄養素概念を基盤として全体を大きく再編成した体系が浮かんでくる。

微量元素栄養素説が新しい基盤を構成しつつある萌芽も見出される。これは次の21世紀に一層大きな体系へと発展する勢いをみせるに違いない。そして進んだ段階のパラダイム確立が想定される。それ故ここでは20世紀を新パラダイムと新々パラダイムの併存時代とみなす。

1.1　三大栄養素説・四栄養素説

動物を主対象とした化学研究からは、18世紀中頃までに粗製状態の三大栄養素が分離されていた。後半に入れば、その知識が整理されて辞典を著しうる水準にまで達した。経験的事実から出発して知識の蓄積が先行したデンプン・糖類などの炭水化物および油脂・脂肪類に比べて、遅れたタンパク質も1820年にはゼラチンからグリシンが単離され、ゼラチン・グルテンなどの総称として「タンパク質」が提案された（1838)。先のProutの三大栄養素説はこのような流れのなかから生まれ、さらにLiebigの活動へと受け継がれて19世紀後半の発展へと進んだ。

従来の栄養学史は三大栄養素説の確立を19世紀前半の主要な動向とみなしている。ところが当時の状況を振り返ると、それが唯一のものでなかったことがわかる。少し後にPereira（1843）がProutを批判して四栄養素説を唱えた。加えるべき1種類に食塩を挙げて、生活に必須な栄養素であると強調した。現在からみて、これを無機塩類と広げて理解することが適切であることは言うまでもない。さらに四栄養素以外にも未知の栄養効果の存在する事実を考慮するよう主張してレモン汁の例を挙げている。まさに100年先を見越した卓見であった。

19世紀中頃には2つの四栄養素説がみられる。1つは実験栄養学の開拓者Boussingaultで、家畜の飼料の栄養価に関して重要な研究成果を挙げたことで知られている。栄養価の主要部分を窒素含有量の大小が決定すると同時に無機塩も重要な役割を果たすと述べている。彼のその点についての認識は、単にその表現から理解されるよりもさらに深い所に達していたようである。リン・カルシウムから鉄・ヨウ素にまで研究範囲を広げていたことが証拠となる。

次に通常の栄養学史が取り扱って来なかったBoussingaultのもう1つの功績をここに取り上げる。それは彼が欠乏食実験という栄養分析法を新たに編み出した事実である。体重の増減を指標にして結果を判定するところに特徴をもち、後年この方法は著しい発展を遂げて現在に至っている。体重減少を起こす飼料には何らかの栄養素の欠乏が隠されていると推論する。反対に体重維持に必要な栄養素量を調べる実験からは栄養価が判明する。20世紀のビタミンの発見、あるいは必須性微量元素の確定がこの方法に導かれて実現した。その意味ではこれを現代栄養学が発展する上で欠くことのできない要素とみる必要がある。

もう1つはドイツのウェーンデ農業試験所の挙げた成果にみられる。飼料の栄養価分析法研究に多くの努力が注がれた当時の状況を反映したもので、Henneberg・Stohmannによる分析法の完成がドイツ農芸化学会の議論を経て決定された（1864）。そこには四栄養素の体系が整えられていた。この手順によって飼料中の重要成分の全てが定量される段階に達した。ここまで来て先の三大栄養素説は四栄養素説へと進んだとみることができる。

1.2　タンパク質栄養学

19世紀はじめにヨーロッパの一部に発生した食料不足がとりわけ栄養問題への社会的関心を高揚させた。その動向のなかに科学界の積極的努力も含まれる。パリ・アカデミーは1815年にその科学的対策委員会を設置して、問題の検討を開始した。当時、骨の利用の一分野にゼラチンがあったことからその栄養評価をまず取り上げた。具体的課題として、骨から採れるゼラチンエキスを肉類の代用食品とすることの適否の判断がそこで求められた。検討の場にゼラチン委員会の名が付された。委員長にはMagendieが当たった。研究の方法は実験動物にゼラチンエキスをタンパク質源として混ぜた飼料を与える飼育実験によった。ほぼ同時期にジュネーブの学術振興会（Society for the Promotion of the Arts）においても、骨から採ったゼラチンを材料にスープを作ると肉に代わる効果をもつとの評価を発表した。

先のパリ・アカデミー委員会に、イヌの実験からは、ゼラチンだけ、またはパンだけ、さらにゼラチンとパンの2品だけでは健康の維持が不可能であるという結果が発表された（1841）。これでゼラチンがタンパク質食品の代用品としては不完全であることが明らかになった。またアムステルダム研究所がゼラチン添加食品の栄養実験の結果を無効と公表した。こうしてタンパク質を含む飼料により飼育された動物の組織からはゼラチンが得られる一方、ゼラチン餌が不完全タンパク飼料であるとの科学的認識に到達した。

他方、家畜栄養学者ともいわれるBoussingaultは1830年代にウシの飼育実験を行い、ジャガイモ・サトウダイコンだけでは体重低下を防ぐことができないことを認め、タンパク質栄養評価の基礎となる窒素収納実験に取り組んだ。イギリスのロザムステッド農業試験場では、1847年にLawes・Gilbertらが新たにウシ・ヒツジ・ブタの飼育実験をスタートさせ、飼料の栄養評価方法の確立に懸命であった。たとえば、成長期のブタに対してマメと穀類とでは、タンパク質の利用効率に差があることなどを突き止めた。またタンパク質の種類による栄養効果にも違いを見出した。

この当時すなわち1840年代はじめ、Liebigはタンパク質・脂質などの化学分析に没頭していた。そして種々の食品のタンパク質に関する栄養価はタンパク質由来の窒素量に基づいて評価できると述べた。また脂質・糖質を動物のエネルギー源となる熱量栄養素、タンパク質を身体形成栄養素と呼ぶことを提唱した。

やがて19世紀後半に入ると、ドイツでも生理学者Voitがイヌについて栄養実験を試みている（1872）。たとえばエネルギー源として脂質・糖質を、タンパク質源としてその一部に先のゼラチンを当てることの可否を検討した結果、部分的代替が可能であるにとどまることを明らかにした。ゼラチンの大量投与によっても、体内タンパク質量の低下はまぬがれないことを証明した。

1879年には、Hermann・Escherらがチロシン添加ゼラチンを飼料に混ぜてイヌに与え、タンパク質源改良の効果を挙げることができたと報告している。こうして、アミノ酸を手掛かりにすることによってタンパク質の栄養効果の具体的な姿を明らかにできるという確かな方向が見えてきた。

Rubnerは1897年に、タンパク質の栄養価が実質的にアミノ酸組成によって規定されることを明らかにした。ここから大きな前進が生まれた。この間アミノ酸の発見は19世紀前半に2種類、後半に10種類、そして20世紀に入って数年間に5種類というように数を増やしていった。

1906年にWilcock・Hopkinsはトウモロコシの主要タンパク質であるツェインを主タンパク質源とした飼料でラットを飼育して、成長を持続できず、トリプトファン・リジンが必要であることを見出した。このようにして精製タンパク質にアミノ酸を加えることによって栄養価が著しく上昇することを明らかにしていった。同様の実験をOsborn・Mendelも実施している。実験飼料の処方に"精製タンパク質"使用と記述して、この領域の研究動向の1つを代表した。

つまり20世紀初期の栄養実験中のタンパク質は応々にして必須アミノ酸のある種のものを欠いていた。そのための度重なる失敗から、欠けたアミノ酸を補う研究つまり必要タンパク質の研究が精力的に取り組まれた。この分野に属するMendelグループのRose・Cox（1924）がヒスチジン、Rose（1935）がスレオニンなどの必須アミノ酸を発見した。またRoseはラットの必須アミノ酸として上記を含む次の10種を提案した。すなわちアルギニン・ヒスチジン・イソロイシン・ロイシン・リジン・メチオニン・フェニルアラニン・スレオニン・トリプトファン・バリンである。

1.3　無機元素栄養学

Ca：19世紀の無機栄養研究は、比較的存在量が多くしかも栄養効果に関する経験的知識の少なくない元素から手が付けられた。しかも1つ1つの元素についてみると、歴史的特徴に強く裏付けられた個性的研究史を伴っていることが分かる。以下にその数例を採り上げる。

哺乳類にとって多量元素のクラスに入るカルシウムは、ヒトにとっても最大含有金属元素である。その99％は骨格内に存在し、代謝などの重要機能を発揮する部分は1％ほどに過ぎない。骨の成分としてのカルシウム分析が行われたのは1748年（Gahn）と極めて早い。もっともカルシウム塩としての存在は古代史的事実に属している。単体発見はDavy・Berzelius（1808）による。

これほど馴染の深いカルシウムであるが、その栄養研究の手始めとしてトリを対象にした欠乏症実験が試みられたのは、19世紀中頃のことであった（Chossat：1842）。欠乏症はコムギのみを与えたときに起こり、予防には飼料に炭酸塩を添加して成功した。これは当時の栄養実験の水準をよく示している。それまでに石灰質の生体物質として卵殻や貝殻に関する観察など、知識の蓄積が十分過ぎるほどであったことは確かである。そこにようやく実験的観察の段階が訪れたものとみることができる。多くの動物にとってカルシウムの必要量は微量元素の水準との間に大きな開きがある。実験計画には左程の精密さを必要としなかったものと思われる。ついで19世紀末近い時期にHammarstenが血液凝固因子として、カルシウムの生理性を実験によって示した（1879）。

P：リンが尿の化学分析によって確認された歴史は1669年（Brand）と古い。同じ頃Boyleは別の方法によって同じ結論にたどりついた（1680）。18世紀にもGahnが骨の中にリンの存在を確認している（1748）。そして19世紀に入ると骨の成分としてリンが含まれているという事実以上に、骨がすでにリン工業の原料とみなされるほどの社会的存在となった。他方、生体成分としてのリンも医学研究の重要な位置を占めるまでに進んだ。たとえば脳の機能差がリンの多寡によるという研究報告が公にされた（クーエルブ：1834）。またその後、重要な生体物質の成分であることが化学分析により次々と明らかにされた。たとえばレシチン（1846）・核タンパク質（1869）・カゼイン（1874）などの例が知られている。ちなみにリンの哺乳類中の存在量は43,000ppmと多量元素のクラスに区分される。

NaCl：動物が食料として求める自然植物のほとんど全てがナトリウム・カリウムおよび塩素を豊富に含んでいる。これが世界中に広く動物の分布しえた根拠とされている。それらのなかからナトリウムをまず採り上げると、その栄養学的研究は塩化ナトリウムについて行われたものである。なかでも19世紀に注目すると、ナトリウムと塩素にとって、当時は元素を単独に究明できる段階に至っていなかったことがわかる。たとえば19世紀はじめにMitchellはシカ・オオシカ・ウシなどの草食獣が塩を求めて塩水池に群がる習性を観察している。

そして次に現れた報告（1845）は、Boussingaultが試みたウシの栄養比較実験の結果であった。一方の群には無塩飼料を与え、他方に食塩添加飼料を与えて1カ月間飼育した。無塩群のウシの健康状態をみると毛皮が荒れ、毛が光沢を失って抜け、歩行にも気質にも障害のあることが明らかであった。これは有塩飼料群を対照にした一種の欠乏症実験とみなすことができる。

1873年にForsterはイヌについて欠乏症実験を試みている。そして、ある種の器官、特に筋肉系や神経系の故障がみられること、さらに完全飢餓の場合よりも早く死に至ることを観察した。そして動物組織中に常に含まれる成分の欠乏に起因すると結論を下した。Bunge（1874）もハトについて同じ結果を得た。

1874年にBanumはイヌの完全飼料成分を究明して、ヒキワリオオムギ・脂肪・水に無機塩として食塩を加えて全ての成分を編成し、この配合飼料によってイヌの健康を3カ月正常に維持することに成功したと報告した。Lunin（1881）はハツカネズミの飼育実験によりナトリウムを必要とする結果を得たという。この水準の実験が乳牛について行われている（Babcock：1905）。

他方、1870年代に入ると、生理学の領域においてナトリウム・カリウムバランス（Bunge：1873）の概念が勢いを持ち始め、1880年代から1890年代にかけて、ナトリウム・カリウム・カルシウムの三要素を中心柱にした生理的食塩水が確定をみた。通称リンゲル・ロック氏液と呼ばれ、さらに要素成分が精密に調整されていった。いずれもアルカリ金属とアルカリ土金属元素の塩が中心の位置を占めた（『理化辞典』）。

以上、塩という化学形態を取りつつも、作用の本質部分にそれぞれの元素の生理性に関する認識が動物実験を通して発展して来ている点に、ここでは特に注目しておこう。

Fe・I：次の2元素は生活経験を通して獲得した認識が先行した事例に属する。ここに鉄が登場する。鉄が貧血に有効であるという知識は古代以来のものであり、17世紀にはSydenhamが鉄から製造した強壮剤の効果を発表している。その後、血液の化学分析によって鉄の存在が確かめられ（Menghini：1747）、Tiedemann・Gmelin（1826）が血色素のなかの含鉄化合物ヘマチンを単離し、Loednu（1838）が鉄とヘマチンの結合を証明した。

19世紀後半に入ってStokes・Hoppe-Seyler（1862）が血液中の含鉄化合物によって酸素が運ばれることを明らかにして、ようやく鉄の機能の実態が示されるに至った。単離した血色素の結晶が抜気した容器中において酸素を放出する事実により、オキシヘモグロビンと名付けられた（1864）。これらの19世紀における呼吸器系に関する生化学の前進はすでにFrutonが『生化学史』のなかで詳しく述べている。

ついでBoussingault（1867）は、多様な動物体内における鉄の存在量および食品・飼料・飲料さらには色々な職業従事者について鉄の含有量を分析して、動植物中の普遍的存在を証明した。この事実は鉄の不可欠性を推定する上でもう1つの重要因子となった。19世紀の鉄栄養研究の先進性を示す特徴をみておこう。前半期において貧血の多因説が立てられたときには鉄以外の栄養素の欠乏がすでに推定されていた。そして原因のなかには後に銅欠乏説が登場してくる。

ヨウ素の実用性は科学が研究に着手する以前から広く知られていた。19世紀までのヨウ素欠乏症はHirsch著の『歴史地理病理学』（1885）に詳しく収録されていると、McCollumが述べていることをみても分かる。具体的には甲状腺腫の治療に古くから海藻灰が使われていたことによる。19世紀はじめにCourtois（1811）がヨウ素を海藻灰中に発見しFyfe（1819）が単離した。Coindet（1820）が海藻灰の有効成分はヨウ素であると主張し、Boussingault（1825）もヨウ素を特効薬として指定したが、当時はまだ科学的根拠が明白になっていた訳ではなかった。そのためもあって、一時過剰投与による害が一般化した。1850年から1896年にかけて、Chatinは疫学の方法により甲状腺腫発生地の土壌・水・食品のヨウ素分析を行い、そこに密接な関係を見出した。1896年になってBaumannが甲状腺を分析して多量のヨウ素の存在を確かめたことにより、その生理性に一歩接近することができた。これ以降精密な研究は20世紀に持ち越された。

第2章

動物体中の元素発見

2.1　元素発見の動向

19世紀に入って動物体の組成分析が大きく進んだ。ここでは当時の科学を代表するLiebigの筆を借りることにする。Liebigが『動物化学』(1843)のなかで、当時の研究進展の到達点およびその性格を極めて適切に示している。そこに記述された多くの物質は、身体組織・器官の構成成分の代謝から生じた有機分子かまたは直接元素分析によって確かめられた炭素・水素・酸素・窒素に集中し、極く少ない事例として硫黄・リンの含有量が認められる。

2、3の事例を挙げておこう。動物のフィブリン・表皮・毛・角・爪・鶏卵・尿などに含まれる硫黄・リンおよび、脳内物質中のリンなどである。それ以外の無機元素を取り上げた事例は、牛の肉、血液中の灰分およびソーダ塩またはソーダ分、尿中のリン酸アンモニウム、牛乳中のカリウムと極めて少数なだけでなく、塩つまり無機化合物としてのみ把握されたに過ぎなかった。

他方、鉄が血液中に含まれることは古くから知られていて、動物の呼吸機構の解明が進むとともに、体内鉄の働きにも多くの関心が集まった。Liebigも上記の書物のなかで次のように述べている。

「血球は鉄の化合物を含んでいる。…鉄を含むことは動物体の生命にとって、絶対に必要であると結論されなければならない。…血球中の鉄化合物は酸化物のような振る舞いをする。…鉄化合物の反応の仕方は多分、この鉄が呼吸過程で演じている役割について説明してくれるだろう。その独特の性質に関して、この鉄化合物に比べられる金属(元素:筆者註)はただ一つもない」。

さらに、動脈血と静脈血における鉄化合物の化学形態変化にも言及した。また、血液以外に卵黄中の鉄、犬の胃液中の鉄塩などの分析結果を紹介した。このように微量元素のなかでは、唯一、鉄だけが特例の扱いを受けた。

19世紀後半の特徴的な動向としてVinogradovは次の3点を指摘している。

第1に1860年代から1880年代にかけて、動物やヒトのタンパク質・脂肪の代謝物中の窒素・リン・硫黄に関心が集まったものの、無機元素の代謝はほとんど手付かずであった。しかし、時折、低級動物の骨・魚のウロコ・亀甲・脊椎の骨などの化学分析が行われることがあった。また下等動物・高等動物の血液・器官・組織、ヒトをも含む哺乳類の胎児などの化学分析の結果が報告された。さらにVoitやBungeらによって、鉄・カルシウム・ナトリウムなどの個別元素や窒素・リンを含む有機物の分析が試みられた。このようにして、動物生理化学の個別論文が発表され始めた。

第2に選択の余地なく微量元素発見につながる研究が進むとともに、それを押し止めようとする古い思想との摩擦が拡大せざるを得なかった。前者を代表するのは、先駆的であるが故に未だ個別性の強い発見であり、後者は生物学者や医学者のなかの広い層に残存したbiogenal（生元素）説という障壁であったと、植物栄養学のところで述べた。

この影響で、先進的な微量元素発見という偉業が100年余もの長期に亘って棚ざらしの目に遭ったばかりでなく、微量元素が分け持つ生命維持機能への関心という重要問題を冷遇する誤りにつながった。いきおい両思想の衝突に起因する事例が歴史の舞台上に次々と登場した。そのなかの代表例にヨウ素・銅・ヒ素・臭素・アルミニウムが良く知られている（註：植物栄養学の該当箇所を参照のこと）。

ここで歴史のなかから代表的ないくつかを拾い上げることにする。それにはCuとIの例が適当であろう。Cuが生体内に存在するというSarzeanの主張はパリ科学院に特別委員会を開かせ、その正当性をめぐって議論させた。Chatinの研究（1859）に対しても同様の措置がとられた。その結果、現在では明白になっている両元素の生理的重要性に関する結論は20世紀までお預けとなった。さらに類例はAs中毒についてイギリス王立委員会、Br・

I についてスウェーデンの国立委員会、Al についてルーズベルト大統領指名の米国調査会（1908）と続く。

その間に B・Br・I・F・Cu など多くの微量元素が動物中に確認され、20 世紀における微量元素科学の定着に向けた前進は疑いないものになった。この種の動向は 20 世紀の主要舞台においても演じられたことを McCollum や Underwood が述べている。しかもその場合には微量元素の発見数の大きな展開の周辺部分において、必須性論議と組み合わさって存在するのが常であった。そしてしばしば夾雑物・汚染物と呼ばれたりもした。20 世紀に一般化したこの概念が実は 19 世紀からの継承であること、および評価未定の性格を帯びていることを知らされる。

第 3 は重要な生理作用に参加する微量元素の発見が起こした出来事で、そこから科学の大発展が始まった。1 つはチロイド腺に存在するホルモン中のヨウ素を見出したこと。もう 1 つは Bertrand による酸化酵素中に金属元素を発見したことである。これらの貴重な経験は酵素・ホルモン・ビタミンの発見とその重要性への開眼と並んで始まったもので、微量でしかも生理活性をもつ物質の存在という範疇のなかに微量元素への関心を高める大きな刺激も認められた。とくに重金属元素の研究が活発となった。Vinogradov が作製した表 25（後出）は以上の傾向を証明する役割の一端を担っている。

2.2　微量元素の世界 ―普存説の系譜―

ロシアにおいて Vinogradov の一大論文『海洋生物の化学元素組成』が初登場したのは 1935 年のことで、Vernadsky の研究室において着手した研究が 1918 年から数えて 20 年に近い年月を掛けた労作であった。内容をみると Vernadsky の地球化学概念を海洋に適用することで具体化したという性格が明白で、作業を通して Vernadsky ともども地球化学的生物圏の構想に堅固な足場を築いたことは間違いないと思われる。

この研究は上記の成果発表で終わることなく以後も続けられて、第 2 巻が 1937 年、第 3 巻が 1944 年と結実していった。その全体を見渡したとき、時は正に 1930 年代の微量元素科学の高揚期に相当し、時代を代表する成果の記録となったばかりでなく微量元素発見史としても 1 つの記念碑を打ち建てたことは明らかであった。さらに敷衍すると、元素普存説に対して強力な証拠を発掘したことも事実である。

内容面からみると、著者自身の研究成果だけにとどまらず広く世界中で発見された事実に対しても十分に目を配り、評価を加えて整理するという難事業に取り組んだ結果によって充たされていた。それだけに成果の公表が遅れた事情に対して強い関心が持たれる。当時のソビエトの国内事情および国際的な条件が上記の知識を広く世界に普及する上で少なくない障害要因となったことは明白であった。

後年、国際的な関係が改善された第二次大戦後の早い時期に、アメリカのシーアーズ記念財団の協力を基礎にアメリカ自然史博物館の手によって英訳され、内容の整理・統合が進められて1巻本として刊行される運びとなった。監修総責任者には水中生態系と湖沼の研究で名を知られたHutchinsonが当たった。序文のなかでHutchinsonは極めて高い評価を与えて賞讃の労を惜しまなかった。事実、「地球化学を生物領域にまで拡張させたことで先にClarkが成し遂げた地球化学的事実の大集積に匹敵する偉業であることは明白」との讃辞がみられる。

Clarkの業績はクラーク数の1つを取ってみても当該分野において十分な知名度をすでに獲得済みの、20世紀を飾る一大研究であったばかりでなく地球表面部分の元素存在量を確定することによって元素普存説の開拓者ともみなされる。かつてVernadskyが同説に開眼する際にClarkの研究が大きく作用したとBailesが指摘している。それが証拠の1つとなる。それだけに元素普存説の道を拓いた先達として共に名を連ねてよいであろう。すなわちClark-Vernadsky-Vinogradovと続く科学思想の潮流がそれである。

ちなみに確認事実をもって参加したClarkやNoddackの姿をそのなかにみることができる。Clark・Wheeler（1922）はカイメンイソギンチャク・コケムシなどの海洋動物中に存在する元素を分析し、Noddack夫妻（1939）はカメイン中に20元素（Ti・V・Cr・Mo・Mn・Fe・Co・Ni・Cu・Ag・Au・Zn・Cd・Ga・Ge・Sn・Pb・As・Sb・Bi）を確認している。後者は鉱物に関する元素普存律の提唱者（1934）として広く知られている。

ここにVinogradovの研究成果を表25にまとめておく。表から19世紀の

表 25　元素発見年表（単体－動物体中の時間的関係）

元素	単体発見		動物体中発見	
	年	発見者	年	発見者
C	古代			
S	古代			
Na	1807	Davy		
K	1807	Davy		
Ca	1808	Davy		
Mg	1808	Davy		
Cl	1774	Scheele		
P	17世紀	Brand	1669	Brand
Fe	古代		1705	Geoffroy
Si	1824	Berzelius	1789	Abilgaard
O	1771	Priestley		
H	1776	Cavendish		
N	1772	Rutherford		
Al	1824	Oersted		
F	1886	Moissan	1805	Morichini
Mn	1774	Scheele	1807	Vauquelin
Cu	古代		1807	Vauquelin
Sr	1808	Davy	1813	Moretti
I	1812	Curtois	1819	Fiyfe
Br	1826	Balard	1827	Hermbstaedt
Pb	古代			
Ti	1791	Gregor	1834	Rees
As	1260	Magnus	1838	Orfila
Ag	古代		1850	Malaguti et al
Ba	1808	Davy	1855	Forchhammer
Li	1817	Arfverdson	1861	Kirchoff, Bunsen
Tl	1861	Crooks		
Rb	1861	Kirchoff	1870	Sonstadt
Cs	1861	Kirchoff	1870	Sonstadt
Zn	1570	Parakelsus	1877	Lechartier, Bellamy
La	1839	Mosander	1879	Schiupparelli, Peroni
Ce	1804	Berzelius	1877	同上
Di	1842	Mosander	1879	同上
Y	1794	Gadolin	1883	Crookes
B	1808	Gay-Lussac	1895	Jay
Ar	1895	Rayleigh	1896	Schloesing, Richard
Au	古代		1897	Liversidge
Rn	1900	Dorn	1904	Tommasina
Ra	1898	M, P.Curie	1904	同上

Sm	1879	Boisbandran	1908	Crooks
V	1801	Rio	1911	Henze
W	1781	Scheele		
Ni	1751	Cronstedt	1922	Vernadsky
Sc	1879	Nitson		
Co	1733	Brandt	1925	Bertrand, Mâchebaeuf
Zn	古代		1923	Misk
Mo	1778	Scheele	1928	Mankin
U	1786	Kraproth	1928	Bishop
Ge	1886	Winkler	1929	Dutoit, Zbinden
Sb	1611	Valentinus	1930	Chapman
Cr	1797	Vauquelin	1930	Zbinden
Ga	1875	Boisbaudran	1930	同上
Bi	1546	Agricola	1931	Okajima
Th	1829	Berzelius	1927	Burkser at al,.
Cd	1817	Hermann	1931	Fox, Ramage
Nb	1844	Rose	1931	Newell、McCollum
Se	1817	Berzelius		
Hg	古代		1934	Stock, Cucuel
Be	1828	Wähler		

註：上記以外に省略多数、空欄は不明、原典は Vinogradov（p.7）。

主要な動向をはっきりと読みとることができる。それは微量元素を動物体内に確認する研究を中心としたものであったこと、またその全てが微量元素領域の知識開拓であったこと、さらにはその範囲が放射性元素にまで及んでいることなどである。これだけでもすでに多量元素・中量元素をはるかに越える元素数に達している。元素存在の多様性または普存性を示す実態といってよいであろう。

次に表25の内容を時代ごとの発見数として小区分すると表26となる。

表26からは先に述べたように発見の本格的展開が19世紀以降に訪れたことを確実に認めることができる。さらにその100年間を2分すると後半に活発化したことも明白である。さらに20世紀に入ると1930年までにさらに大きな高揚がみとめられ、微量元素科学の時代の訪れが確かなものとなったことも分かる。特に1920年代以降発見につながる研究の前進が顕著である。

1920年代から発見数が急増する理由の最大のものの1つに分光分析・放射化分析などの方法の進歩があることはすでに広く知られている。その背景に微量分析への関心の高揚があったことを見逃すことはできない。この事実も1920年代から1930年代を特徴的な一時期に画期する理由である。

先のビタミンを生体内に推定することがいかに困難であったかをすでにみてきた。そのことと比べても、さらに高度の微量水準にある生体内存在を確定するには飛躍的な発想転換を必要とする事柄であった。他方、その真偽のほどが定かでない段階においても、その事実の確定を目指して多くの関心が集中することは容易に想像できる。何となれば、そこに新しい生物学が誕生するかもしれないと予想されたからである。その目標に向かって化学者・栄養学者・生理学者・病理学者などが同一テーマを共有する集中領域を形成していった。この点に先のビタミン発見とは大きな違いをみることができる。

表26　元素発見数時代区分

時　代	単体	動物体
古代	9	—
～18世紀前半	4	2
18世紀後半	12	1
19世紀前半	22	9
19世紀後半	9	12
20世紀	1	18
'00代		3
'10代		1
'20代		7
'30代		7

註：植物と同一基準方式で整理。

他方、植物栄養学の領域においてはすでに19世紀末から本格的な成果が着々と挙げられつつあったことを先に述べた。それは先行するMn・Zn・Cu・Bなどを対象とした研究であった。したがって動物栄養学の領域においても微量元素研究が間もなく本格的な発展期を迎えるであろうとの期待が強まりつつ1920年代に入った。ここでもビタミン栄養研究と同様に、家畜および人間に発生した欠乏症が大きな契機を提供した。

次にVinogradovのもう1つの研究成果をみておこう。それは地殻・土壌・植物体に存在する元素の平均値をまとめたものの一部である（表27)。それをGerasimov・Glazovskaya（ゲラーシモフ・グラーゾフスカヤ）らが『土壌地理学の基礎』(1960）のなかで取り上げた引用例のなかに発見できる。本文を読むとデータの全てを紹介していないことが明白である。この事実を認めた上で内容について考察を加えておく。ゲラーシモフらはVinogradovの作成した表の土壌成分に関する結論のなかに次の3つの問題提起を読み取

表27　地殻・土壌・植物体の元素存在量平均（重量％）

元素	地殻	土壌	植物体
O	47.20	55.00	70.00
H	0.15	5.00	10.5
C	0.10	5.00	18.0
N	2.3×10^{-2}	0.10	0.30
Si	27.60	20.00	0.15
Al	8.80	7.00	0.02
Fe	5.00	2.00	0.02
Ti	0.60	0.40	8×10^{-4}
Mn	0.09	0.06	7×10^{-3}
Cr	1.5×10^{-2}	0.01	—
V	1.5×10^{-2}	0.01	—
Zr	0.02	1×10^{-3}	—
Th	1×10^{-3}	1×10^{-6}	—
Be	6×10^{-4}	1×10^{-3}	—
Ca	3.50	2.00	0.50
Na	2.64	1.00	0.02
K	2.50	1.00	0.07
Ba	3.9×10^{-2}	0.01	1×10^{-4}
Sr	0.04	0.02	1×10^{-3}
Rb	0.03	1×10^{-3}	5×10^{-5}
Li	6.5×10^{-3}	1×10^{-3}	1×10^{-4}
Ra	1×10^{-10}	1×10^{-12}	2×10^{-1}
P	7.8×10^{-2}	0.08	0.07
Cl	4.8×10^{-2}	0.10	0.04
S	0.05	0.04	0.05
Br	1.5×10^{-4}	5×10^{-4}	8×10^{-5}
B	3×10^{-4}	8×10^{-4}	1×10^{-3}
I	3×10^{-5}	1×10^{-4}	1×10^{-5}
F	2.7×10^{-2}	0.01	8×10^{-5}
Ni	0.01	3×10^{-3}	5×10^{-5}
Co	1×10^{-3}	3×10^{-4}	1×10^{-5}
Cu	0.01	5×10^{-4}	1×10^{-4}
Zn	5×10^{-3}	1×10^{-3}	3×10^{-4}
Pb	1.6×10^{-3}	1×10^{-5}	—
Ag	1×10^{-3}	1×10^{-5}	—
Hg	7×10^{-6}	3×10^{-8}	1×10^{-7}
Mo	1.5×10^{-3}	1×10^{-5}	2×10^{-5}
Se	6×10^{-5}	1×10^{-6}	—
計	38	38	29

註：Vinogradovの成果をGerasimov・Glazovskaya『土壌地理学の基礎』p.94より重引。

ることができると述べている。

第1は土壌中の元素組成に表れた種類数の特徴である。19世紀以降すでに周知の部類が比較的多量に上る。中程度の存在量を示す元素群として100ppm以上のものも多数を占める。全存在量にとってその割合は実に99.8%に達する。他方、残余0.2%になお多数の微量元素が含まれている。元素の種類数によってその意味を表現すると、前者が17種（18%）であるのに対して後者が77種（82%）と両者の大きさが先と逆転する。

この事実が意味することは重大で、多数の微量元素の働きが土壌の性質を大きく変えることになる。事実これまでに明らかにされた内容からみると、微量元素群が土壌生成過程および土壌肥沃性の創造過程で非常に重要な役割を果たす。そのなかの典型事例がI・B・Mn・Zn・Co・Cu・Moなどの元素で、それらの不足または欠乏が植物をはじめ、それを介して動物・人間にまで生育不良・疾病という危険を及ぼす事実が知られている。

第2に、この表からは徹底した土壌分析が成功すればMendeléevの周期表中に並んだ全ての元素が発見されるであろうと先に指摘されたことを予感させる。事実Vinogradov（1935）は植物体中に全元素の存在の可能性を推定しただけでなく、これらの諸元素の植物に対する生理的意義が認められるようになると推定したことが知られている。それはSkolnik（1939）によってすでに述べられたものである。

続けてSkolnik（シュコーリニク）説をここに取り上げると、ソビエトアカデミー植物研究所微量元素研究室が挙げた成果『植物の生命とホウ素その他の微量元素の役割および意義』（1939）のなかで、その内容が次のように表現されている。

「一連の微量元素に対する植物の要求を明らかにした諸研究の大きな意義は、単に従来植物に不必要と考えられていた元素の必須性に関する事実でわれわれの知識を豊富にしたことにとどまらない。このような諸研究の重大性は、主として、有機的世界が天然に存在する大部分の元素、おそらく全元素にいかに大きく依存しているかということを立証した点にある」。

以上の叙述が示すこととして、VinogradovおよびSkolnikが元素普存説の潮流の旗手であることは明瞭であろう。

第3に表の構成に注目すると、土壌中心に地殻と植物を両側に配した方法がその思想の表れと読める。具体的に、自然の3分野の相互関係が元素を鎖として確かな結合を表していることに気付く。その実体はGerasimov（ゲラーシモフ）の解釈によると以下の3点になる。

1. 平均的元素組成には土壌と地殻との極めて高い類似性が認められる。理由として、土壌の無機成分が岩石によって供給されたことによると考えられる。
2. 他方、違いの大きい点は土壌がC・H・N・P・Sを多量に含むところにみられ、理由には動植物遺体が供給源として推定される。事実、植物中の上記元素群が土壌・地殻よりもはるかに高い事実を表中にみることができる。
3. もう1つの特徴は土壌と植物のそれぞれについて特有元素の配分に大きな違いがみられる事実で、植物が土壌中から特有元素を選択的に吸収していることが明白に示されている。具体的に次の3群をVinogradovが区分した。

植物の好吸収元素：S・N・P・B・Mo・K・Cl・Br・I・C・Ca・Mg・Zn・Cu・Co・Ra・Rb
土壌と植物が同じ割合に含む元素：Na・Mn・Sr・Li・Se
植物が僅かしか吸収しない元素：Zr・Th・Cr・Ti・Al・V・Ir・Si・Pb・Ni・F・As・Fe

このように個々の自然領域間の相互作用を主題として重視する自然科学観の19世紀的源泉としては、Dokuchaev（ドクチャーエフ）の土壌学を挙げることができる。彼が主張した理念の一典型は次のような表現をとる。

「主として個々の物体：鉱物・岩石・動物・植物と、個々の四大現象：火山・水・土・空気とは研究されてきたが、それらの間の相互関係、すなわち作用・状態・変化の間の関係、有生・無生の自然界の間にみられる成因的関係と恒常的関係に内在する法則性は、いつも不問に付されてきた。しかし、これらの相互関係、法則的な相互作用こそ、自然認識の核心であり、自然科学の最良にして最高の魅力である」（『自然帯論』1954）。

この観点はDokuchaev、Vernadskyを経てVinogradovに継承されてき

表 28　Vinogradov・Gerasimov による土壌中の元素平均組成（重量%）

	(A)	(B)		(A)	(B)		(A)	(B)
Li	3×10^{-3}	1×10^{-3}	As	5×10^{-4}	—	Gd	—	—
Be	6×10^{-4}	1×10^{-3}	Se	1×10^{-6}	1×10^{-6}	Tb	—	—
B	1×10^{-3}	8×10^{-4}	Br	5×10^{-4}	5×10^{-4}	Dy	—	—
C	2.0	5.00	Rb	1×10^{-2}	1×10^{-3}	Ho	—	—
N	1×10^{-1}	0.10	Sr	3×10^{-2}	0.02	Er	—	—
O	49.0	55.00	Y	5×10^{-3}	—	Tu	—	—
F	2×10^{-2}	0.01	Zv	3×10^{-2}	1×10^{-3}	Yb	—	—
Na	0.63	1.0	Nb		—	Lu	—	—
Mg	0.63	—	Mo	2×10^{-4}	1×10^{-5}	Hf	(6×10^{-4})	—
Al	7.13	7.00	Ru	—	—	Ta	—	—
Si	33.0	20.00	Rh	—	—	W	—	—
P	8×10^{-2}	0.08	Pd	—	—	Re	—	—
S	8.5×10^{-2}	0.04	Ag	(10^{-5})	1×10^{-5}	Os	—	—
Cl	1×10^{-2}	0.1	Cd	(5×10^{-5})	—	Ir	—	—
K	1.36	1.00	In	—	—	Pt	—	—
Ca	1.37	2.00	Sn	(1×10^{-3})	—	Au	—	—
Sc	7×10^{-4}	—	Sb	—	—	Hg	1×10^{-6}	3×10^{-8}
Ti	4.6×10^{-1}	0.4	Te	—	—	Tl	—	—
V	1×10^{-2}	0.01	I	5×10^{-4}	1×10^{-4}	Pb	1×10^{-3}	1×10^{-5}
Cr	2×10^{-2}	0.01	Cs	(5×10^{-4})	—	Bi	—	—
Mn	8.5×10^{-2}	0.06	Ba	5×10^{-2}	0.01	Po	—	—
Fe	3.8	2.00	La	(4×10^{-3})	—	Rn	—	—
Co	8×10^{-4}	3×10^{-4}	Ce	(5×10^{-3})	—	Ra	8×10^{-11}	1×10^{-12}
Ni	4×10^{-3}	3×10^{-3}	Pr	—	—	Ac	—	—
Cu	2×10^{-3}	5×10^{-4}	Nd	—	—	Th	6×10^{-4}	1×10^{-6}
Zn	5×10^{-3}	1×10^{-3}	Pm	—	—	Pa	—	—
Ga	3×10^{-3}	—	Sm	—	—	U	1×10^{-4}	—
Ge	(10^{-4})	—	Eu	—	—			

註：A は Vinogradov『第2版』126 表（1957）。
B は Gerasimov ら（『土壌地理学の基礎』1960）。
—は引用なし。

たものであることは間違いない。

Gerasimov らが引用した Vinogradov の結果を検討するために、出所の確実な第2版論文中の土壌分析値（1959）をここに引用して前者の内容と比較する。そこから明らかになる事実の第1は両者の分析値が近似する部分が多いこと。第2に違いが大きいものも見受けられること。第3に元素種類数が前者の 38 に対して後者が 83 とその差が大きいことが挙げられる。他方、

Gerasimov らは内容全体が示す傾向を導き出す作業のなかで元素数全体に94種という数字を当てていること、および引用部分を載せた『土壌地理学の基礎』の原著発行年が1960年であることをみれば、上記の Vinogradov 論文第2版（英語版）より後年であることが明らかで、94元素という数字には納得がいく。従って引用時点で充実したデータが揃っていたと仮定すれば、Gerasimov らの引用は部分的であったという結論が導かれる。

そこで原著論文中のマグネシウムの数値を Gerasimov の本文に則って加筆すると、本文中に記された99.8％という数字が99.5％となり、残余の0.2％が0.5％となる。ここからは表中にあって本文中の計算に組み込まれなかった元素が他にもあるものと推定せざるを得ない。念のために第2版中の数値との照合を意図したものが表28である。数値が相互に一致する部分が多い反面、違う部分もみられる。したがって Gerasimov の引用表の内容を活用するには十分な注意が必要であろう。

ここで Vinogradov の思想、すなわち1930年代の水準にもう一歩踏み込んでみる。著書の表題は『土壌中微量元素の地球化学』（1959）であるが、その原型となった初報告の主題は「微量元素の発生的移行」（註：傍点筆者）で、第3回土壌科学者国際会議（1935）において述べている。それ以降さらに研究の進展に合わせて数回の訂正・補充を行っている。

ここに「微量元素」の用語が出てくることに注目しておきたい。もう1つ重要な点が岩石・鉱物起源の微量元素を土壌中に追跡・確認する領域を「地球化学」と明記したところにみられる。知識量の増大とともに地球化学の実体がそこに姿を現わしたと読みとることができる。さらにその先に土壌と植物との間をつなぐ微量元素の循環運動を究明する一大領域をも形成したことが表から理解できる。

その地球化学が当面する課題を5点にわたって述べて論文の冒頭を飾った。ここに各表題を挙げて著者が意図した広大な研究領域の輪郭を推定してみる。以下の諸点がそれに相当する。

1. イソモルフィズムの視点：土壌中の多種にわたる微量元素の共存状態も岩石・鉱物由来の歴史的（進化的）過程として捉えることができる。
2. 微量元素の多元的相互作用という視点：土壌形成過程においてそれらが

表 29　哺乳類組織中の元素量

元素	存在量	年代	文中区分
C	484,000	古代	
O	186,000		
N	87,000		
Ca	85,000	古代	
H	66,000		
P	43,000	1669	①
K	7,500	古代	
Na	7,300	古代	
S	5,400	古代	
Cl	3,200	古代	
Mg	1,000	古代	
F	500	1805	
Fe	160	1705	
Zn	160	1877	
Si	120	1789	
Sr	21	1813	
Rb	18	1870	
Br	4	1827	②
Pb	4		
Al	＜3		
Cu	2.4	1807	
Ba	2.3	1855	
B	＜2	1895	
Se	1.7		
Mo	＜1	1928	
Ni	＜1	1922	
Ti	＜0.7	1834	
Ce	0.47		
I	0.43	1819	
V	0.4	1911	
Co	0.3	1925	
As	0.2	1838	
Mn	0.2	1807	
Sr	＜0.16	1923	③
Sb	0.14	1930	
La	0.09	1879	
Cs	0.06		
Hg	0.05	1934	
LT	0.023	1928	
Li	0.02	1861	
Ag	0.006	1850	
Sc	0.006		
Ra	7×10^{-9}	1904	

註：維織乾物量中 ppm。原典は Bowen "Trace Elements in Biochemistry"(1966) p.70。発見年代は Vinogradov から転用。

果たす重要な役割を解明できる。

3. 微量元素の作用構造体という視点：微量元素を組み込んで形成した作用構造体としてのビタミン・ホルモン・酵素などの分子形態がしばしば結晶となって存在することに注目する。Zn・Cu・I・Fe・Co・Mn・Mo・Vなどがすでにその種の化学形態へと進化している実態を認識できた。
4. 地方病の原因という視点：土壌中の微量元素の欠乏・過多に起因する植物・動物・人間の地方病を解明してきた領域に「環境化学」を確立させた。
5. 植物・動物の進化の道程を微量元素を手掛かりに解明する可能性が出てきた。

次に時代が少し下がった頃の成果をBowenがまとめている（“Trace Elements in Biochemistry” 1966）。そのなかにはVinogradovのデータも少なからず採用されているところから、両者の結果を統合した整理方法に沿って新しい表現を試みる。それにはBowenによる哺乳類の体内組織中に存在する元素量の平均値に関する報告を用いる。数値の大きい順に並べ、Vinogradovの発見年を並記すると表29になる。

表からは①多量元素および中量元素、すなわちCからMgまでの11元素がほとんど古代から知られた部類に属し、②その他の微量元素のうち存在量が比較的多い部類の13元素（FからSeまで）のうち、少数を除いて大部分が19世紀に見出されている。③残余中の発見年明白な16元素についてみると、これも多数が20世紀に属していることが分かる。

以上は極めて粗い存在量区分によるものであるだけに、そこに見出される傾向も精密なものではない。仮に1ppm以下に超微量元素の名を付ければ20世紀はまさに超微量元素発見が続く時代に始まって、超微量元素科学を開拓する時代へと足を踏み入れたことは間違いない。この事実が生体内元素の生理作用に従来とは異なる次元の認識を見出すことになると予想される。現に土壌・植物体内の希土類元素に関する物質循環研究（レアー・アース・グループ）からは、微量元素の代わりに超微量元素概念の提起がみられる（Shtangeeva ed. “Trace and Ultratrace Elements in Plants and Soil.” WIT Press）。

動物体内存在量を区分する栄養学的基準によると、多量元素・中量元素のほとんどが古代に知られた部類に属し、微量元素も多量存在種の大部分が19 世紀に発見されている。そして超微量の存在である他の元素は少数の例外を除く全てが 20 世紀の発見に属する。

第3章

欠乏症栄養学

3.1 壊血病研究

1. 壊血病はカイロ出兵の十字軍（13世紀）に発生して以来、鮮度の落ちた保存食料に依存する下級兵士・因人・人夫（船員）に特有の病気とみることがヨーロッパの常識となった。なかでも長期の船上生活を強いられる兵士・人夫の病気として何回となく世界に警告が発せられている。そのニュースのなかには早くから貴重な経験の記録も存在したことに注目しておこう。

たとえば、J. Cartier（1536）の一隊がニュー・ファンドランドへの冬期航行中に隊員103名のうちの100名が発病し、26名が死亡するという事件が起きた。生存者は現地の先住民から教えられたエゾマツの葉を煎じて飲む方法により辛うじて生命を救われたという。先住民は古くから予防知識をもっていたことがこの事実から分かる。

この経験の延長線上にある18世紀に、イギリス海軍がオレンジの絞り汁という新メニューを給食規定に組み入れた。またナポレオン時代のフランス政府が、遠征軍派遣に向けて鮮度保持を可能にする食物処理方法を広く募集し、そのために高額の懸賞金さえ準備した（1795）。ここには新鮮な食糧に対する強い関心が存在し、栄養学の優れた土壌を形づくっていたことが分かる。

ところが問題がこれで全て解決したかというとそうではなかった。時代が下がって19世紀にはNaresの極地探検、イギリス軍のインド遠征、および20世紀に入ってScottの南極探検では先の方式が失敗に終わり、大きな痛手を蒙っている。

「新鮮」を「無菌」と考えたことが失敗の主因で、当時支配的であった細

表30　乳児性壊血病患者実態

加工度	授乳方法	患者数（人）
低	母　乳	12
↑	生牛乳	5
	殺菌牛乳	20
↓	濃縮牛乳	60
高	滅菌牛乳	107
	特許乳児食	214

菌学的思考を一面的に適用した誤りに由来することが明白になっている。18･19世紀の細菌学大成功が栄養学的思考の成長を抑制する作用を生み出した歴史的出来事と理解してよいであろう。その事態を乗り越えて栄養学の活力が噴出するには20世紀を待たねばならなかった。

2. 他方、アメリカでは一般市民のなかの壊血病が公衆保健分野の重要問題へと急成長を遂げた。それは19世紀末から20世紀にかけて起こった新たな事件で、乳児性壊血病と呼ばれた。問題の一端を『アメリカ小児科学会調査報告書』(1898) が表30のように示している。

表からは多数の問題点を摘出できる。第1に取り上げるべきものは患者数の大きさであろう。「医学の救命力」が高く評価された時代に逆行するかのような事件である。それだけに、現実の社会に強い探りの目を向けると、そこには自然の授乳とは異なる人為的な作用が明白である。一言でそれを表せば、牛乳処理加工への大きな依存、しかも不適切な処理であった。これが第2の問題である。第3に、牛乳処理方法の高度化とともに患者数が増加すること、しかも通称「衛生的処理」といわれているものであることに強い衝撃を受ける。この方法を支える科学的原理が細菌学的知識から成るものであったこともはっきりしている。いいかえると、細菌学的には完璧な処理方法へと進んだ段階からより多くの患者を発生させていることを意味する。そこで、真の原因を別の視点から探究する必要が生じたと考えられる。

この時代以降、壊血病予防因子が確定する1920年代はじめまでの期間、栄養学者をも含めて多数のアメリカ市民がこの問題に強い関心を寄せた。アメリカのビタミン栄養学はこの社会的圧力を背景にして全力疾走に移ったと考えられる。その際の思考方法は先の細菌学のそれとは全く異なる角度からの探究方法を採用せざるを得なかった。つまりは栄養学独自の思考方法を開発せねばならなかった。

3. 動物実験によって欠乏症が確認されたのは19世紀末である。それから

表31　壊血病の実験的研究

原因	研究者（年）	栄養源	原因・病名	動物
食品由来	Smith（1895）	カラスムギ・フスマ	欠乏症	モルモット
	Wright（1895）	酸性食品	酸中毒	ヒト
	Harley・Jackson（1900）	腐敗肉	腐敗菌中毒	ヒト
	Bolle（1902）	牛乳（生・加熱）	欠乏症	モルモット
	Holst・Frölich（1907・1912）	穀類・パン	欠乏症	モルモット
	Hart・Lessing（1913）	欠乏症餌	欠乏症	仔サル
	Jackson・Moore（1916）	カラスムギ・牛乳	欠乏症	モルモット
	Hess（1917）	牛乳（生・加熱）	細菌感染	乳児
	Stefánsson（1918）	塩・塩漬肉	塩中毒	ヒト
食品以外	Jackson・Moody（1916）	カラスムギ・牛乳	細菌感染	モルモット
	McCollum・Pitz（1917）	カラスムギ・牛乳	便秘症	モルモット
種差	McCollum・Parsons（1920）		欠乏症	モルモット
			無症	ラット

20世紀はじめまでの20年余を取り上げると、そこに展開された栄養学の活発な思考を表31に一括することができる。一見して実験栄養学の目覚ましい前進と同時に、病因論に関する著しい多様性すなわち模索の跡が際立っている。まずはこの両面に注目しておく必要がある。

栄養学の領域で最も中心に位置する研究として「食品由来」の分類項目を設けると、病理学的傾向のものを「食品以外」に区分することができる。また、それらと全く異なる方向からの栄養学的アプローチに「種差」を主題とする研究が1920年に登場して、それ以前の理論的混乱に結着をつける役割を果たしたことも分かる。

初期の原因説に「酸中毒」あるいは「腐敗菌中毒」があり、さらに議論の終結近くにも「塩中毒」説が主張されていて、中毒説をとる見方の堅牢さを物語る証拠となっている。細菌感染説は、ビタミン説が確定した後にも執拗に繰り返されている。後者の例をみると、主張者のJacksonらはモルモットに欠乏症を起こさせた上で、給与した牛乳の無効を主張しかつ細菌説に拠ったことに注目せられる。

4. 最後になったが、表の中にみられるもう1つの顕著な傾向に牛乳の質を取り上げた研究がある。給与時の牛乳の状態と発病との関係を解明しようとする意図が強くうかがわれるものになっている。先に述べた乳児性壊血病の深刻な問題からは、その目的の形成されてくる必然性および実験方法の両方に合理的な根拠が見出される。

たとえばBolleの研究では、生牛乳および加熱牛乳を問題視して、両方に欠乏症の発生を確かめている。それに対して、乳児性壊血病を集中的に取り上げたHessは、氷冷24時間・室温放置・73.8℃加熱で発病、62.7℃ 30分加熱・煮沸で無症という臨床試験結果を報告した。さらに短時間の著しい温度変化よりも長時間放置の方が発病し易いという見解を述べている。温度条件の違いについては、牛乳中の乳酸菌への影響を考察して総合的な結論を出した。このようにして、牛乳中に侵入した細菌の繁殖に起因する感染症説を導いた。

牛乳に有害細菌が繁殖しやすいことはすでに古い知識として周知のものである。近代的条件の下で行う殺菌処理などの効果を詳しく検討して、壊血病が欠乏症であるかどうかと見究めることがこの度の課題であったはずである。そうであれば課題に即した現代的・科学的方法の開発が求められる。その点で上記の研究は極めて不十分と言わねばならない。

長期間放置の問題とは別に、焦点となる加熱条件の点に関しては、先のアメリカ小児科学会調査報告にみられるような統計的解析とも矛盾するだけに、特に詳しく区分した加熱条件の設定と検査数の拡大は必須のものであろう。その点を欠いた結果ではなかったかと危惧される。

抗壊血病物質を与えて治ることが確実とみられたことを根拠に間もなく自説を撤回して、欠乏症説を支持する側に立つ研究者が現れた。その背景には、先の研究についての深い考察があったものと推定される。当時このように曲折を伴う研究事例がしばしば認められた。McCollumもそのうちの1人で、一時期細菌感染説に傾いたこともあった。

細菌感染説を唱えたもう1組の研究をここでみておこう。伝染病学会雑誌に載った2つの論文で、いずれもJacksonグループによるモルモットの壊血病発症実験結果とその原因探求に関する報告である。Jackson らはカラスムギ・牛乳による飼育で発病したモルモットの死体組織中に双球菌を発見して、それを単離後実験室において培養し、正常餌で飼育した健康体のブタに移植して典型症状を起こさせた。さらに数週間後にその組織中から双球菌を単離することに成功した。この事実によってモルモットの壊血病が細菌感染によることは明らかであると述べている。

この実験報告は同一種類の餌によるラットの長期飼育実験を成功させた実績をもつ McCollum を驚かすのに十分であった。それで急いでモルモットについて Jackson らの実験を追試したところ壊血病を確認して、それが欠乏症ではないと考えるに至った。さらに解剖からは便秘の徴候を発見した。その内容が表のなかにみられる McCollum・Pitz（1917）の論文である。便秘→盲腸障害→細菌感染→壊血病という経路を考えたようである。しかし症状発展の各段階を実験によって厳密に確認した上での結論ではなかった。

これらのなかに壊血病に関する有力な証拠を積み上げて理論的飛躍を遂げた２件の研究が現れて隘路の突破に成功した。Chick-Hume（1917）と Cohen・Mendel（1918）の実験成功である。

まず Chick・Hume の方から述べる。実験動物にはモルモットを選び、体重を 280g 程度で揃え、カラスムギ粒とコムギのフスマを基本餌に定めた。飼育から約３週間後に発病したことを確認した。次に別の群を対象に壊血病予防効果を確かめるための被験餌の一定量を基本餌に加えた。そして症状発現までの期間が基本餌単独の場合と比べてどの程度に遅延させられるかを観察した。結果がいずれも意図通りに成功したことで、利用可能なデータを作成することができた。

データ解析から得られた成果の第１は、餌ごとの効果を相互に比較しうる表示方法を開発できたことである。それを表 32 にまとめる。

第２の成果に、新鮮牛乳を与える場合の給与量と予防効果の関係を無症期間として表示できたことが挙げられる（表 33）。さらに次のような予防効果も認められた。

①牛乳中の予防物質含有量が予想に反して少ない。

②ある範囲を限れば、効力僅少という評価の弱点を給与量の増加で補うこと

表32　治療餌研究（Chick・Hume）

餌	基本餌	豆	ジャガイモ	キャベツ（新）（乾）（漬）	オレンジ汁（新）	鶏卵（乾）	肉（新）（缶）	牛乳（新）	酵母
効力	0	+3	+2	+2　0?　0	+3	0	+1　0	+少	0

註：①（新）は新鮮、（乾）は乾燥、（漬）は漬物、（缶）は缶詰の略。0？は0に近い。
②効力評価は+3＞+2＞+1＞0の順序と推定されている。

表33　新鮮牛乳の効果

給与量（cc）	無症期間（日）
50以下	30以下
50	75
100－150	112以上（打切）

が可能と推定できる。この点は、給与量増効果つまりDose-Response関係の範疇に入る認識であり、まさに有効物質の属性を示す事実といえる。

第3の成果は次の公式にくくられる関係の提示である。いずれも新鮮さを失わない状態にある範囲が特定されている。牛乳100cc＝オレンジジュース3cc＝キャベツ2.5－5g。このように明瞭な数量的関係によって結ばれる効果の認識は、すでに有効物質すなわち壊血病予防物質（ビタミン）の存在を強力に示唆している。ここにビタミンの姿が浮かび上がったと言い換えることもできる。

同じ有効性を議論する場合でも、性質自体の有無を争うことよりも一段高い水準に到達してはじめてその数量的意味が問われてくることを考えれば、その水準を手に入れたChick・Humeの確信の程が容易に推察される。現に自らのデータを基礎に先行研究者の実験結果の考察が行われ、誤りの部分については訂正した。そのなかにMcCollum・Pitzのものも含まれていた。壊血病に関してMcCollumらが牛乳の栄養価を過大に評価していたと指摘し、McCollumがそれを受け入れた。ここに至ってかつてのHolst・Frölichの主張に対する堅固な裏付けができたことを意味する。

第4の成果は実験方法論に関するものである。上記の方法が基本餌＋被験餌という配合構造を取ることに少なくない意義が見出される。かつてタンパク質の栄養価を定める方法として確立したこの合理的構造が、今回の実験のなかに再び採用されて実験を成功に導いたと考えられる。先例に戻るとEijkman・Grijnsが脚気予防物質を見出すことになった実験の際にも、この方法が有効に働いた。

それればかりでなく、1930年代に微量元素の必須性を確認する実験を計画するに当たっても、基本方法としての位置を与えられるという可能性を内に秘めるものであった。それらを通して考えてみると、微量栄養素探求方法としての機能がここに推定される。その礎石ともなる１つ１つの成功例が脚気・壊血病予防物質（ビタミン）研究のなかから創り出されてきたことを知ることができる。

次にもう１つ、Cohen・Mendelの成果に注目しよう。彼らは実験開始に当たって、それまでにすでに明らかとなった成長因子ＡとＢとを十分に考慮した配合計画を立てた。すなわちタンパク質を始めとする三大栄養素・塩類・成長因子ＡとＢ・Ｃを含む飼料で、当面する壊血病予防因子以外の全ての必要栄養素を整えたと見込んだものであった。成長因子Ｂである脚気予防因子にはそれを十分に含有する乾燥ビール酵母を用いた。成長因子Ａに相当するものとして５％量のバター脂肪を加えた。それ以外には煮大豆の粉末・ジャージ種の生牛乳・塩化ナトリウム３％・乳酸カルシウム３％を配合した。動物には幼モルモットを使用した。

実験開始から10日間は順調に成長して体重150gから250gの水準に達した。そこで発病し、以後急速に病状が悪化した。たとえば関節のはれが大きくなり、組織・器官に出血がみられた。これらは栄養不良を伴わない純粋の壊血病症状であった。この実験によってモルモットの壊血病が栄養欠乏症であることを確定させることができた。

他方、Hess・Unger（1918）はオレンジの皮の白い部分のアルコール抽出液が壊血病を予防する力のあることを見出した。Harden・Zilva（1918）は、オレンジジュースとレモンジュースから壊血病予防因子をアルコールによって抽出したと報告した。これらは予防因子の物質確定へと進む研究の前段階に位置するもので、ここを出発点に様々な物性研究が発展し、予防因子の物質像が多角的に描き出されていった。

通常の方法では蒸留できないことおよびタングステン酸によって分解されること（Harden・Robinson）、紫外線によっても分解しないこと（Zilva）、牛乳および缶詰のトマトジュースを空気中で振盪すると予防力が消えること、つまり酸化分解されやすいこと（Hess・Unger）などがその主なものであった。

この種類のデータが次々と発表されてその数が多数に上るまでに進んだ。これらは物理的・化学的処理によって、予防因子の効力をいかに変化させるかについて明らかにしたことを意味する。活発な研究は1920年代に入ってさらに一段と盛んになった。

壊血病研究はこの間に大きく飛躍を遂げて、Drummond（1919）による「水溶性C」の提案へと進んだ。この状況のなかに自身も身を置いたMcCollumが研究の面でも積極的に貢献を果たす成果を挙げて欠乏症説の立場に復帰した。それが以下の種差の解明である。

McCollum・Parsons（1920）は精製飼料配合に加熱済みの成長因子Bを加えて、幼ラットと幼モルモットに与えた。ラットは無症のまま長期間成長を続けモルモットは発病した。次にラットの新鮮な肝臓をモルモットの飼料に加えると、そのモルモットも無症のまま成長し続けた。この結果から、彼らはラットに壊血病の抵抗力を確認し、同時にその飼料には壊血病予防因子が含まれていないことをも確かめることができたと報告した。

さらにHarden・Zilva（1920）は、予防因子の必要量という概念を提起する実験結果を報告した。サルとモルモットがオレンジジュースに関して等しい必要量を示したというのがその内容であった。この認識はまだ物質像のイメージを描き切っていない上に、食物の衣をまとった姿のままという原初的な水準にとどまっていながら目指された結果であった。方法論上の低水準を恐れずに必要量という高度な認識獲得に挑戦する様子がみられて印象的である。研究がようやくここまで来たという実感をもつ。

3.2　明治初期の実践的脚気研究

はじめに ―先人の足跡―

―近代国家建設へ第1の試金石：「日本国に科学は存在するか」という問題提起―

明治初年から10年を待たずに、東京・大阪・京都を中心に大中都市・鎮台所在地・港町・工場地帯など多くの地域が脚気に襲われた。その動向は陸・海軍の体制づくりの進行とともにその地に現れた。陸軍士官養成所、近衛兵連隊をはじめとして各地の部隊にいち早く顕在化した。
　この事実は徴兵制と脚気とが密接に連動していることを明示している。当時の統計には陸軍兵員の20％前後が罹患し、2％の死亡率が記録されている。明治10年の西南戦役には脚気の危機的作用が政府軍の戦力低下として一挙に表面化した。これらの深刻な状況が政府に緊急な対策を迫った。医師たちの苦闘はこうして始まった。当時の状況を一口で表現すれば、日本の軍国主義的近代化の嵐によって古来の食文化が都市部を中心として崩壊に向かう姿すなわち「人災」に外ならなかった。

　1983年から編み始められた山下政三著脚気研究シリーズは、2008年の森林太郎が深く関係する明治後期における研究にまで筆を進めて、明治以前をも含む膨大な文献の発掘と整理を終えた。日本における脚気研究史に貴重な貢献を果たしたことは疑う余地がない。
　同時に解明が待たれる課題の提起も多数に上る。ここに今新たに脚気研究史の勃興を促す大きな起動力を痛感する筆者は、提示された文献・資料を通して再考察することによって、明治前期に取り組まれた実践的脚気研究の先駆性に改めて光を当てたいと考える。
　それは山下がすでに指摘したことであり、日本の初期研究が世界におけるビタミン学創出に果たした少なくない寄与を確認することに外ならない。さらに筆者は20世紀の微量元素栄養学の確立という世界的規模の新しい科学領域形成への貢献をその上に重ねて考える。

3.2.1　前史 ―史実の整理―

1.　古典的段階

　まず明治期以前の脚気に関する経験的知識の蓄積を振り返ると、漢方のなかに占める長い歴史的遺産に遭遇する。そこでは脚気症状の認識すなわち診断学が詳細を極めているだけでなく、治療法体系に相当する脚気治療学の系譜をも刻明にたどることができる。
　漢方の源流に位置する中国の隋・唐の時代において、すでに高度の知識水準に達していた『肘後方』および『千金方』などの代表的医書のなかにその証拠を発見できる（山下）。

『肘後方』には以下の処方が認められる。「みそ（筆者註：大豆と推定される）を3回蒸し、3回天日にさらした後酒に3晩漬ける。病状により量を加減しつつその酒を服用する。…みそ（同上）を酒に煮出してその酒を服用する。…赤小豆を煮て食べる…生の胡麻をすりつぶし酒と混ぜて服用する。いずれも優れた利尿作用をもち、むくみに卓効を発揮する」。

『千金方』には種々の症状に対応する処方が多数紹介されている。主な例に限っても湯薬38点・薬酒16点・散薬7点など多数に上る（山下）。

ここには豆類・穀類の使用が治療の根幹であるとの認識が明白である。以後の歴史に登場する治療法には多少の差がみられるものの、上記の内容を踏襲した上で改良を加えて成り立っていることが容易に理解される。その意味で上記を脚気治療学の初期的段階と推定できる。

ここでもう1つの特徴を指摘しておく。脚気治療薬が煮る、湯・酒に漬けるなどに代表されるように口に入れる形態の調薬法を主とするとともに、原素材も食材のなかから選定されていることがそれである。脚気治療が通常の食餌と広く重複する基盤の上に成り立っていることをこの事実が示している。取りようによっては食餌の一部分とさえ言えそうである。

そのなかで脚気治療薬の特異点を挙げれば、通常食を一時的に排除して代わりに特定食材に集中依存するところにある。通常食が多種類の食物を万遍なく摂るのと異なり、栄養の上では飽くまでも偏食の域を出ない一時的な処方、人間の味覚に必ずしも十分には適さない条件の下で行われるものであるところに注意をせねばならない。

その上で一言付け加えれば、上記の内容が示すように脚気治療が食餌の基本的枠組に納まる性格を強く帯びている点からみて、脚気が栄養と深く関係した疾病であることを示唆していることも明らかである。

2. 日本式漢方の段階

日本における脚気治療は明らかに中国伝来の知識の継承によった。その上に江戸時代の脚気問題再燃を経験する過程で新たな方法の開発もみられた。その全体を一括して表34に整理できる。

一見して明らかなように、従来の大豆・赤小豆だけでなく麦の利用へと素

表34　日本における漢方の歩み

段階	主な素材	治療薬の形態
1	赤小豆・大豆	煮赤小豆・大豆の煮汁・大豆の酒煮汁
2	赤小豆・麦	赤小豆入り麦「粥」☆1・麦「粥」☆2
3	赤小豆・麦・米	三味稀粥（2:1:1）☆3

註：1.「粥」：中国古代の文献記載例を山下は粥と解読している。それに習って使用した。
2. ☆1二味粥
☆2麦だけの単味粥
☆3「米飯に代わる常食とする」（『一貫堂脚気方読』）

材の幅を広げている。さらにその延長線上に位置する工夫とも受け取れる米の採用も登場している。豆類のみに比べて、麦への拡張は味覚の面で少なくない進歩といえよう。それは“主食”への接近とも言い換えられる傾向をもつ。

最終的に米が素材のなかに加わったことで、通常の食餌領域へ大きく踏み込んだともみなされる。それに対して粥状流動食の形が整えられている。ここに日本独特の工夫の跡が認められる。あるいは農村生活における雑穀食の習慣や「混ぜめし」・「粥」の習慣が少なからず影響しているかもしれない。

結果として、日常の食餌との融合の可能性が大きく広げられている。行き着く先には、脚気予防食の実現を予想してもよいであろう。実際に幕末の漢方医と称する人達のなかにその思想の存在が知られている。この段階に到れば治療から予防へと基盤を拡大した医療の総合的な実態（健康法）を推定することに困難はない。ますます栄養物の形が整っていく。これを治療学の第2・第3の段階と呼ぶことができる。表34によってその傾向を示唆しておく。

以上の事実は薬物療法・食餌療法・予防食の3領域に広く多様に分布する自然形態を表している。さらに先にはそれらの効力を内に含んだ平常食の存在が予想される。それが食餌改善の方向を指すと考えられる。

3.2.2 脚気病院の臨床研究

1. 結果の概要

明治政府直属の官立脚気病院開設（東京）は当時の強力な社会的圧力に押された結果であることは言うまでもない。誕生間もない新政府の積極面を代表する事例とみられる。同時に明治11年（1879）と極めて早い時期に取り組まれ、日本の医学力（漢方・洋方）を代表する優れた医師による「国策臨床研究」という画期的な試みであった。また国内から世界へ視野を広げても代表的先駆例と言える。実施期間は明治11年から14年と極めて短いにもかかわらず著しい成果が挙げられた。以下に代表的な1、2の事例を付け加えておく。第1に漢方・洋方各2名のいずれもが対症療法を重視して患者の病状変化に細心の注意を払うとともに、こまめに対応したことが伺える。第2に漢方側が食餌療法の徹底を図るとともに、洋方側では医師が牛乳療法という食餌療法を中心に据えた。さらに他の1医師が漢方の食餌療法を試みて、効果を部分的に確認している。このように全医師が食餌療法を試みて成功につながる実績を挙げたところに一大特徴を認めることができる。

これは和洋交流の一典型とみられ、目的の一部実現にまで進んでいる。研究に参加した4医師の臨床例を表にする（表35)。報告書には治療方法に関する具体的記述が少ないこともあり、明白な事実とみられる部分のみを抜粋

表35　対症薬以外に中心的処方が明らかな例

担当医師	治療方法
漢方医　遠田	初めの2日間は米を断ち、煮赤小豆のみ与える。 3日目より麦食（飯または粥）を加えて併用とする。副食もある。 1年目：薬方重視、食餌は二番手。
同　　今村	1年目：重症に赤小豆・碎麦・パン・牛乳・野菜、軽症に米・牛乳さらに魚・卵など高栄養食も。 2年目：薬方重視。重症に漢方の黒豆湯・赤小豆湯のみ、症状により高栄養食も。
洋方医　佐々木	1年目：利尿薬、いずれも有効（漢方の赤小豆も)。綿密に対症薬を駆使。 2年目：多量の煮赤小豆が有効。
同　　小林	通常食を中断し、洋方の「牛乳療法」に集中（1ℓ/日)。 利尿・全身栄養に効く。

した。そのような不十分な資料と延べ22カ月という短期間の試みにもかかわらず、4医師はそれぞれに担当した患者の80％を治すという成果を挙げている。臨床的研究が成功部分を持ったと評価できる証拠といえる。

2. 結果の評価

上記の実績から次の評価を導くことができる。

1. 明治以前の漢方の蓄積が立派に継承されている。
2. 漢方と洋方に食餌療法の有効性を確認できた（例：赤小豆・黒豆・麦・牛乳）。
3. 「治療経過」に薬剤効果判定の個別記述がほとんどない。唯一、利尿効果が認められたのみである。
4. 特に上記の麦食が後続の陸・海軍内部の「脚気予防食研究」にとって貴重な先例としての価値をもった。
5. 医師個人の認識が国の機関を経て一般に広まっていく社会的契機となった意義は小さくない。
6. 第2・第３期（2･3年目の各９カ月）の治癒軽快率が4医師全員80％を超えた事実に基づく最終評価のみが確実な認識といえる。
7. 以上の事実は、薬物治療・食物治療・予防食の３領域に広く多様に分布する自然形態を表している。さらにその先には脚気以外の諸病を予防するとともに健全な身体を維持するための豊かな平常食の存在が予想される。この道をたどることによって食餌改善が文化的合法則性をもって実現する方向を指すものと考えられる。

3. 研究の詳細

1.『患者統計』の考察

統合的評価の手掛かりになる有力な事実は入院患者の治癒率であろう。患者統計は比較的容易に出せたものとみえて、3年間を通して割合にしっかりした数字がまとめられている。それに対して、山下が集計方法訂正の必要を述べて、新たな統計表を作製した。その方法を筆者も妥当と考えて、表36（山下）をここで検討の対象にする。

統計から得られた治療成績の概況をみると、次の２つの特徴が顕著である。第１に担当医師のなかからも指摘されていた脚気重症患者の病状進行の

表36　治癒・死亡統計

1年目

病室区分	患者数	治癒軽快数（率）	死亡数（%）	担当医師	備　考
1	35	24（68.6）	11（31.4）	今村	
2	45	36（80.0）	8（17.8）	小林	除外1
3	46	42（91.3）	3（ 6.5）	佐々木	除外1
4	35	32（91.4）	3（ 8.6）	遠田	
5	6	4（66.7）	2（33.3）	佐々木	重症室
計	167	138（82.0）	27（16.0）		除外2

2年目

病室区分	患者数	治癒軽快数（率）	死亡数（%）	担当医師	備　考
1	49	41（83.7）	8（16.3）	今村	
2	51	45（88.2）	4（ 7.8）	小林	除外2
3	55	45（81.8）	8（14.5）	佐々木	除外2
4	44	37（84.1）	1（ 2.3）	遠田	除外6
5	18	14（77.1）	4（22.2）	佐々木	重症室
計	213	182（85.5）	25（12.1）		除外10

3年目

病室区分	患者数	治癒軽快数（率）	死亡数（%）	担当医師	備　考
1	27	24（88.8）	3（11.1）	今村	
2	46	37（80.4）	1（ 2.2）	小林	除外8
3	60	52（86.7）	3（ 5.0）	佐々木	除外5
4	21	18（85.7）	0（ 0）	遠田	除外3
計	154	131（85.1）	7（ 4.5）		除外16

註：3年目は第5病室廃止。

早さが死亡率の上に大きく反映していることに気付く。結果として重症患者専用の第5病室が最低の治癒率を示すことになったと考えられる。しかし担当医師（佐々木）の他の病室における成績が3年間を通して高水準を維持していることから判断すると、重症患者特有の激しい病状進行を物語るものと理解される。それだけに罹患初期の治療開始が必要であると指摘されていた。

第2にその点を除外すれば、全体として高い治癒率が保たれたとみることができる。漢方・洋方の違いを越えて、治療は高水準の成功に向かいつつあったとみて誤りではないであろう。近代化間もない当時としては、総合的な医療を目指した強い意志が印象づけられる。しかも治療開始当初の3年間という限定された時間内の技術的経験蓄積に過ぎない。脚気病院の評価にはこの点を留意することが特に重要と考えられる。しかも開院期間が毎年4月から12月上旬までの脚気流行期間に限られてもいた。そのことは入院時の病状が必ずしも初期段階のものではなく、あわせて、他病併発のなかでの治療にならざるを得なかったことも考慮せねばならない。

2.「治療研究成績」の考察

次に各医師の報告を通して治療研究成績を検討する。

今村報告

治療の実情を症状別に整理してみる。筆者はその内容を以下のように判読した。

〈薬物〉

慢性（軽症）の足趺懈怠・寒熱・麻痺・沈腿・萎弱・腹と顔面の麻痺などの神経症状に、梹榔湯・木茱丸・伝神丸を使用して効果があった。時には芥子塗布・帖薬・灸・鍼などを併用した。

慢性（軽症）の軟弱・緩縦・攣急・轉筋・疼痛・鞞曳・風湿・血痺などの筋肉症状に、梹榔湯・梹榔散・八味丸・附子湯・烏頭湯・脛骨丸・化毒丸を使用して殊効があった。

急性（重症）の呼吸息迫・胸膜煩懣・心下堅硬・煩渇嘔吐・煩燥擾乱・虚里跳躍・脈乱・小尿などの症状には、衝心防止に呉茱萸湯、心胸郭開に豁腸湯加沉香、奔騰鎮墜に養生丹・黒錫丹、血液稀釈に傅神丸・甘汞大黄丸、嘔吐阻遏に半夏加茯苓霊砂を用いた。他に調合した生薬は17種類。

〈食餌〉

軽症に牛肉・牛乳・卵・魚類の滋養食物と米。

重症に牛乳・卵・赤小豆・砕麦・海藻類・瓜類・根物類とパン。両方とも滋養をとることに主力を注ぐ。

〈経過〉

重症が1週間で危険を脱した。以上の1年目報告に続く2年目報告に新出の記述は以下の通りである。

〈薬物〉計18種

13種類の調合薬と症状との組み合わせ（内10薬の新種を組み入れる）。全身腫に黒豆湯、重症の大小便秘・全身腫に赤小豆湯、虚緩弱に乳煎硫黄散、生牛乳・生栗子もよく効くなどの新法活用。

〈筆者の考察〉

薬物治療は2年間を通じて症状ごとに細かく対応して薬物を用いていることが明瞭である。といっても洋方と異なり、数症状を1群としてそれに対応する生薬数種を調合する形態をとっている。その調合薬が10数種類に達している事実からみて、対症的治療を綿密に計画的に行ったことが分かる。

2年目には新規に生薬10種を採用するなどの工夫がみられる。また別の方向として黒豆・赤小豆・牛乳を薬物のなかに組み入れ、食餌療法の性格を強めたことが明らかである。

食餌療法には以下の特徴を認めることができる。1･2年目に共通して滋養食に重要な位置を与えている。そこに通常の漢方と異なる工夫がみられる。そして治癒に成功している。画期的な方法と言えよう。

1年目の重症用食餌のなかに赤小豆・砕麦を含めたが、2年目には全身腫に黒豆湯、重症の全身腫・大小便停滞に赤小豆湯を薬物として用いている。さらに虚緩弱に生牛乳を薬物として用いるというように、新しい工夫もみられる。

ここには、食餌療法を積極的に採り入れる考え方が濃厚である。ちなみに1年目に対して2年目の治癒率が向上している基盤にこの工夫の効果があったとすると、このなかに治療成功の重要な要因が含まれているとも考えられる。

なお効果判定の根拠は不明であるが、重症からの離脱が1週間の治療で実現したという記述がみられることに注目しておく。確かな成功要因が含まれていると推定される。

小林報告

以下にみられるように極めて読み応えのある内容である。

〈概況〉

1年目は療養途中入院によるため病状の進んだ患者が多く、治療効果が十分に挙げられなかった。２年目は病状初期の軽症患者から始められたこともあり、自信をもって治療が行えた。

〈1 年目の特徴を発見〉（牛乳療法１ℓ/日による）

1. １年目に重要な改善がみられた。病状推移に尿量変化が確かな指標と認められた。尿量増加は快方兆候、少尿量は重篤兆候を示した。
2. 酢酸カリ・松子浸などの利尿剤を使用。牛乳療法が特に優れた効果を発揮した。尿量増加は早くて 3･4 日後、遅くも 7･8 日後に現れたことで、多量の牛乳による効果が明らかである。
3. 尿量増加と共に症状改善著しい。

全身症状：水腫消える。

消化器系：舌上汚苔・胃部重圧が解消し快方に向かう。

循環器系：心部濁音・心跳亢盛・心音変常・胸郭苦悶などが寛解。危険域から離脱。

呼吸器系：呼吸短促が消える。

神経・筋肉系：麻痺・痿弱が軟化。

重症予後：全身衰弱・四肢筋肉瘰削萎弱・麻痺増進・四肢腓腹筋肉知覚過敏へ移行することがある。強壮衝撃療法・温浴食塩浴などの療法を合わせて行う。緩かに快方に向かう。

〈2 年目の治療と経過観察〉特徴的記述のみ

1. 牛乳療法を継続：治療開始後、数日から 10 数日で回復に向かう。尿量増加の兆候が最も著しい。
2. 成績：患者 52 名のうち軽症 6 名が完治、中途退院 1 名。重症 39 名が完治、未完 2 名、死亡 4 名。
3. 経過の特徴：循環器・呼吸器にみられるように、効果は徐々に現れて、最終の完治へ向かうことが確実。

牛乳療法によると、重症程度が比較的軽く済み、期間も短縮できる。さらに予後の経過も軽く済むという特徴がある。また、牛乳による栄養補給効果が著しく、衰弱からの回復と体重増加が順調という全般的傾向をもつ。

〈筆者の考察〉

治療が高い水準にあることは確かであり、１年目の試行の後、２年目から順調に成果を挙げていることが明白である。成功の兆し十分と評価できる。それは総合統計の上にも表れている。牛乳による脚気治療は有効とする予見通りの成功によって、牛乳の栄養補給、消化器への適応性など優れた側面が理解できる実績とみる。食餌療法に成功の要因が含まれているとの示唆とも受け取ることができる。

佐々木報告

以下に抜粋した記述から医師として極めて熱心、かつ力量十分であること、1年目に全力を傾けて立派な研究的治療に仕上げていることが分かる。

特徴の1つに刻明な症状観察がある。統計的処理を行うことで脚気の特徴を詳しく解析している。以下にその概要を引用する。

〈患者の治療経過〉

入院46名中全癒37名、他に半癒退院5名、死亡4名（他病1名）。

1. 全癒は3カ月以内の退院が97％と高率の短期快癒が特徴。

2. 全・半癒合計42名（91％）とこれも高率。

3. 他方、死亡4名の内訳は、入院から10日以内が3名、20日以内が1名と重症入院患者の急進行が特徴の1つ。

〈複数症状〉

併発性が顕著な傾向。3区と5区の合計52名。

1. 入院時10種類併発26名。

2. 入院中に他病8種類併発41名。他病を併発し易い特徴をもつ。合併症の種類が多いことも特徴。他病での死亡もある。ここに治療の難しさがある。

〈病状の器官分類と症状の多様性〉

血液循環器系：4症［心動亢進（71）、頻脈（68）、心沖音部増大（27）、心音異常（25）］

呼吸器系：8症［呼吸短促・困難（60）、咳嗽喀痰（33）、嗄声（21）、胸脇苦悶（19）、胸痛（13）］

脳脊髄神経系：32症［麻痺（100）、筋肉知覚過敏（96）、歩行困難（88）、脊梁部感触過敏（13）、不眠（50）、眩暈（27）］

消化器系：13症

心下痞悶食気減少	便秘	舌苔	嘔吐	腹痛	口渇	下痢	悪心
(71)	(44)	(42)	(40)	(27)	(27)	(17)	(17)

泌尿器系：1症

少尿
(42)

全身：4症

水腫	発熱	悪感
(83)	(56)	(27)

〔註：(　) 内は各系患者中の症状発生率（%）〕

〈治療記録〉

下記が唯一のもの。

1. 本症の標的として、少尿・水腫の改善を目的に利尿剤を種々試みた。〔筆者註：重要な症状として注目したことが推察される。そしてよく効いたとの評価を下している。試みの内容は漢方の奇効薬と言われる「赤小豆熟煮を多量」とのみが記述されているだけで、他の利尿剤には触れられていない。漢方をも意欲的に試験するという積極的姿勢がみられ、上記の症状観察とともに意欲的であったと評価してよいであろう。ただし、効果の程度について深い考察に欠ける。〕

もう1つの試みとして、赤小豆成分の臨床試験を行った。赤小豆色素を具体的に取り上げた結果無効との判定を得た。〔筆者註：この試みも結果は否定的であったが極めて順当な研究進捗を示すものとして高い評価を与えたい。赤小豆の有効性の主要因子探究を目指したことは明らかである。色素が有望でないとしても、赤小豆の他の成分を検討する道がまだ残されている。〕

〈筆者の総合評価〉

洋方医師として細菌説を唱えた佐々木が、漢方をも積極的に試みた点を高く評価したい。

第1に漢方の利尿剤を使用してその有効性を確認している。

第2に漢方の「特効薬」と言われる赤小豆の効力を実際に試している。ここに臨床研究として重要な成果の一端をみることができる。この方法が食餌療法に属すことからみて食餌療法を試したものとみなしうる。細菌説に立つ医師としては極めて意欲的な態度である。他方、食餌療法の特性を十分に理解しなかった故の誤まった評価もみられる。それが「特効薬」否定説である。以後、この主張は『病院報告』のなかに広く借用されて、審査委員さらには衛生局長の同質の結論の根源になったと危ぶまれる。

第3に利尿剤が直接「特効薬」に結びつくものか否かは不明の研究段階にあって、有効成分を赤小豆のなかに探求している。赤小豆の色素成分試験がそれである。これは脚気原因研究を漢方の利尿効果から入って一歩前進させる意義をもったと考えられる。色素成分が無効と判定されたとしても他の成分に有効の可能性が残されている。可能性があるこの分析的追求の方向は、19世紀に常法となった有効成分研究法の一部であることを意識していたに違いないと考える。未完ではあったが、まさに画期的な試みであったと惜しまれる。

遠田報告

方針として以下の諸点を実施したと述べている。

〈薬物療法〉

軽症に緩利剤の平水丸。

少尿・水腫に利水丸。

心亢進に葶藶湯。

重症麻痺に平水丸・至尊丸・附子剤。

〈食餌療法〉

軽重の別なく赤小豆熟煮、麦熟煮、蔬菜、塩少々。

（筆者：山下の別資料から下記の諸点を補足しておく。）

「食餌は2日間、断塩・煮赤小豆3合（白糖）・果実。3日目より麦粥（正油・塩・鰹だし）、蔬菜、赤小豆5勺から1合。これが中心柱である」

〈筆者の考察〉

ここには漢方の典型が認められる。また少尿と水腫、心亢進、麻痺など重症への注目が認められる。食餌療法を重点とすることも明白である。治療の実際と症状経過などの貴重なデータを欠いた報告のなかでは、先の治癒率が高水準に維持された事実が判断材料となる。

審考・総評の考察

〈1 年目報告〉

1. 三宅審査委員報告：

冒頭に「特効薬が存在しない脚気」という規定を据えている。期待の強さを比喩的に表現したとも受け取れるが、他方では治療研究の目的を限定づける表現ともみなされる。少なくとも後者の理解を促すとすれば科学的に適切な表現とは言えない。これが事後の公式文書に少なくない影響を与えたと考える筆者は批判的再検討を求めたい。歴史はいまだに真実を語っていないと考える。

2. 長与衛生局長総評：

「未だ病理の真因と治療の通則を一定すること能わず」と認定している。文の前半は適切としても、後半は消極的評価との謗を免れない。１年目のしかも４カ月という短期間ではあったが着実な前進の跡が記録されている事実に全く触れていないことを指摘しておかねばならない。他方で、この点が脚気病院研究に懸けられた期待を表したものであることも事実であることを考えれば、当初の決意が並々のものでなかったとも受け取ることができる。それは崇高壮大な目的に外ならない。そこからは思いも掛けない短期間裡の閉院という方針変更を誰も考えなかっただろうと推察する。残念というより外はない。

〈2 年目報告〉

長与衛生局長総評：

はじめの２年間を通して実績を検討した結果、１年目の総評の正しかったことを再確認したと強調した。もう１点に標準とすべき治療・予防の方法を見出していないと判定した。その上で１年目同様の目標を再び述べて終わっている。すなわち「真理・真因の究明」という原則の強調である。

ここには治療研究現場と、管理中枢部との間の認識に際立った乖離が認められる。敢えて言えば体制崩壊の一歩手前ともみられる恐るべき状況を呈している。まさに脚気病院は崩れるべくして崩れたとみられ、その根源に中枢部の蒙昧があったことをここに指摘しておく。併せて以下の追記を加えたい。

追記

病院医師を務めた各医師のその後の活動について山下が次のように追跡している。

今村了庵：明治13年以降、脚気病院と平行して好生堂病院・来蘇館病院の副院長を務めた。他方、明治15年東京大学医学部講師（和漢医史学）、明治20年『脚気摘要』1巻を著わした。

小林恒：明治15年、明治医院にて診療に専念した。

佐々木東洋：明治15年、脚気病院を開設（今日の杏雲堂の前身）した。門前は常に市をなしたという。

遠田澄庵：東京・横浜に3カ所の脚気病院または治療所を設けて診療に当たり、何処も門前市をなした。

ここには、脚気治療に懸ける並々ならぬ意志の強さと確信が感じられる。すなわち、上記の長与と異なる姿勢が明白である。脚気病院は失敗ではなかった。

3.2.3　軍医による脚気予防食の実践的研究（栄養学実践）

1.　堀内・緒方の陸軍食改善と高木の海軍食改善

明治政府下の軍制施行当初から陸軍が抱えた脚気問題について、前記の山下は陸軍衛生部の記述を紹介している。それによると、事の起こりは明治以前にもさかのぼるという。後に近衛兵となった土州（高知県）出身の軍医の語るところによれば、徳川時代に江戸勤番となった藩士が脚気を病み、死に致ることもあって恐れられていたとのことであった。江戸特有の食事内容、過度の精白米依存が原因と推察される。

新政府の下で編成された近衛連隊に明治4年以降、その傾向が顕著に認められたこと、およびその前年（明治3年）にも大阪兵学寮において脚気罹患が確められ、翌4年夏にはすでに激発と言える状態が現れていることが記録されている。このような前段階を有する軍隊生活（集団生活）の制度的拡大からは5、6、7、8と続く各年ごとに患者数増加の傾向がみられた。なかでも東京と大阪の各連隊に集中的に発生したまま明治10年代を通じて高い発生数の継続が知られている。その実態を表37にまとめる。

表 37　陸軍兵員数と患者数

明治（年）	9	11	13	15	17	19	21	23	25
兵員数（万人）	3.6	3.6	3.8	4.0	3.7	4.4	4.9	5.0	5.3
新患数（千人比）	108	370	171	195	264	35	37	10	1

表から明らかな事実の第1は、徴兵制施行直後すでに5万人近い兵員を抱えたこと。第2は明治17年の糧食改善研究が開始されて初めて20年近く続いた脚気罹患傾向の高水準が降下し出したことである。ここから明治17年の研究―しかも連隊現場の軍医の手で実践的に展開されたこと―の重要性が浮かび上がってくる。

続いて、明治後半から大正にかけての状況にも目を止めてみる。いわゆる日清・日露の両戦争を経て、国内兵力は先の5万人台から10万人台を越えて明治末には20万近い規模へと拡張され、以降大正期を通じてその勢力が維持されている。他方の脚気発生率に注目すると、上記の兵力を土台にして一旦は2.0以下にまで下がった千人比が2.0から10.0までの間を上下する動向を繰り返している。この事実は先の実践的研究成果とその後のビタミン学の成果を十二分に吸収していない不安定さを示している。

次に陸・海両軍の食事研究を取り上げて検討する。この領域では資料研究が進んでいないこともあって、活用可能な素材に乏しい。唯一、二次資料の『脚気の歴史』が一般的であるに過ぎない。それだけに少しばかりの一次資料を除く大部分は、二次資料を基盤に検討した。結論に偏りが避けられないと危ぶむが故に、後続研究への仮説提起として述べる。

具体例として脚気予防の実践的研究を代表する堀内・緒方（陸軍）、高木（海軍）の三軍医をここに取りあげる。その理由は3名に共通する顕著な科学的思考を見出せることによる。1例として堀内・緒方の場合をみると、監獄署における脚気消滅が麦飯によることを知ったときの驚きと感動が天の啓示にも似た「新発見」として身内を貫いたに違いない。以後の彼の脚気撲滅に懸ける情熱と行動は確信に満ちたものであった。

もう一方の高木の場合には、イギリスにおいて直接学んだ医学以上に栄養豊富な西洋食の実体験が彼に大量の精白米と貧弱な副食から成る「不良食」

に起因する疾病という脚気像が強く印象付けられた。帰国後の彼の思索の中心には、西洋食を日本海軍内に如何に移植するかという課題がしっかり据えられていた。手段を選ばない執拗な行動や異常ともみえる熱意などは全てその震源から発せられる活力のなせる技であった。

上記の3名はこのようにして研究を発進させた。旧態然とした医学からの圧力・批判と攻撃に1人は決然と軍籍を放棄し、1人は辞職を決意しつつもなお、研究に邁進し、1人は昂然と闘いを挑んだ。ビタミン科学勃興の初期を特徴づける実践的研究の基礎がこうして形成された。そのプロセスを以下に解明する。

2. 脚気予防食研究の集団的実践：陸軍のケース

陸軍のなかで最初の研究者・大阪陸軍病院長堀内の脚気認識の始まりは明治期冒頭と極めて早い。患者多数の発生を目の当たりにして、すでに十分な問題意識を形成していた。後の明治17年4月の野外演習時、一挙に70余名の重病患者発生に直面してさらに激しく突き動かされた。

1. 予備調査

そのさなかに、囚人の脚気問題解決という新聞情報に接した。それは監獄囚人向けの食餌給与規定を公布した太政官布達の思い掛けない効果に関する新聞報道であった。布達は明治8年と14年との2度にわたり、1回目は米飯を基本に半分を麦によって代替せよというものであった。2回目は更に具体的な数字にまで規定を広げ、米4割と挽割麦6割または稗・粟を用いるも可という内容であった。報道によると囚人のなかにあったそれまでの脚気発生が沈静化に向かったとのことで、社会に少なくない衝撃を与えたようであった。この記事を目にした堀内は直ちに大阪・神戸の両監獄署を調査訪問して、確かな事実であることを知った。

次いで調査方法を練り、範囲を拡げて、近県の監獄署数カ所に質問状を発送した。生活環境・生活習慣・衛生状態・労働実態・食餌内容・病状経過など、多数の項目からなる調査表を同封した。それをみると衛生学的方法に拠った真剣な研究という意図が明白である。各署からの回答は衛生状態に問題はなく、給食—特に挽割麦6割—の卓効という一点を指すことで共通していた。

堀内はこの予備調査から6割の挽割麦がもつ効力に大きな示唆を得た。以上は幸運に恵まれた調査研究であったと言わねばならない。何故ならば、初めから麦飯という特定食物（挽割麦6割）に的を絞ることができたからである。脚気予防の鍵が天から授かった思いがしたであろう。

2. 本格的研究

以上の経験の上に立って、堀内は麦飯試験研究（1年間限定）を上層部に提案して実行に移した。これらの行動は全て明治17年の内に行われた。実に迅速かつ精力的な展開であった。結果をみると、患者数急減という好成績で成功は疑いないものであった。ただし、混入比不明。ここにも幸運の兆しがみえる。引き続き試験継続の許可が降りた。この研究を堀内は「脚気予防実験」と名付けた。表題を「予防食」でなく「予防」としていることに特に注目したい。さらに続く5年間に通算7～8千名の兵員を動員した大集団実験にも成功した。この段階に至って、麦飯の予防効果に疑いの余地はないと断言した〔註：実際には4割麦飯であったとの一説もある。(『脚気の歴史』)〕。それが大日本私立衛生会総会（明治22年）講演である。先の脚気病院の研究に対して優れた成果なしという公的評価が流布されていた状況の下で、以上の成功は画期的な意義をもった。

試験実施前の陸軍医学会（明治17年10月）において麦飯提案がすでに行われていたこともあって、この成果に対する陸軍内部の反応は少なくないものがあったと推定される。明治18年以降、同一目的の研究が同種の方法によって多数行われていった。陸軍全体（7師団）の実施状況を表38に示す。

なお各師団とも全部隊を含む実施をみるには明治24年まで待たねばならなかった。とは言え、これが当時の旺盛な研究状況を表してもいる。このなかから近衛歩兵隊の研究内容を取り上げてみる。当時の軍医長は緒方であっ

表38　陸軍の脚気予防食研究実施状況

明治（年）	17	18		19	20	21	22	計
実施師団 地名	第4 大阪	近衛 東京	第5 広島	第1 東京	第2 仙台	第3 名古屋	第6 熊本	7 —

註：山下報告より作成。

た。調査開始に当たって緒方は石川島監獄署（東京）を調査して以下の事実を確かめている（明治18年）。主食はモミ殻・ワラ屑が多量に混ざった6割麦飯、副食はほとんどが味噌汁・漬物のみという粗悪食から成り立っていた。念のために、関東5県の監獄署が皆、同一状況にあることを確かめている。その上で上記のように営兵給食に麦飯（3割混入）を試みた。関西と並んで関東においても試行の前に綿密な予備調査を行っていたことがこれで分かる。さらにこの報告のなかでは低劣な食事内容を批判してもいる。この点は後にもう一度触れる。

その後、近衛歩兵連隊は2種類の実践経験をもった。1つは明治21年に行った連隊（1,400人）規模の試験で、米飯と4割麦飯とを各連隊別々に割り当て、その効果を比較する方法を採用したものである。結果は麦飯を摂った連隊の脚気がゼロであるのに対して、米飯の連隊からは50ないし60名の患者を出した。

さらに厳密な判定を可能にする方法にまで歩みを進めて、再び試験を繰り返した。対象に2大隊を選び、演習中の各大隊に米飯と麦飯とを交互に摂らせ、2大隊の全員が米飯と麦飯とを別々に経験する計画を採用した。そして両大隊とも麦飯の予防力が確認されるという好結果を得た。このときの麦の割合を示す記述が見当たらない。先の試行例から推して考えて、4割であったとみられるが、これも確かではない。

以上の2師団が挙げた優れた実績を経年統計の上に写し取った結果が表39である。この数字が実践的研究の経年認識の意味をもつ。

年と共に患者数の顕著な減少——つまり脚気予防効果——が印象的である。同時に各地の連隊に所属する第一線の軍医たちが麦混入比について真剣に検討したであろう。各連隊の成功は独自の研究成果として創出されたものであったと考えられる。その研究過程が明らかにされねばならない。

その後の状況に目を移すと、明治27年兵食改正が行われて副食内容が改善された。これは朝鮮半島出兵に際して行われたもので、時代の進行方向を示す兆候も認められる。すなわち保存食形態による鳥獣魚肉と野菜類の増加が目につく。同時に1日白米6合の復活もみられる。前半は改善、後半は改悪であり、戦線での給与が必ずしも規定通りに行われなかったこと、保存食

表39　麦飯の脚気予防効果（患者発生数）

明治年	大阪鎮台	備考	東京近衛連隊	備考
16	428.21		498.53	
17	355.33	12月より麦飯	486.82	
18	13.21		269.82	12月より3割麦飯
19	5.60		29.11	
20	7.93		98.36	
21	3.03		27.26	12月より4割麦飯
22	0.97		9.60	
23	0.25		2.52	
24	0.77		1.27	
軍医	堀内利国		緒方惟準ほか	

註：数値は千分比。『脚気の研究』より一部訂正の上、引用。

のもつ欠陥などから脚気多発の新たな根源となった。兵食改善が軍の安定した政策になっていなかった証拠と言える。

筆者の考察

以上の実践的研究に筆者の考察を加えておく。

1. 実践的方法のなかから次の3つの優れた成果を生み出すことができたと考える。

第1の成果を予備調査のなかに確認できる。現に、堀内・緒方らは試験に取り掛かる前の段階において監獄署を衛生学の方法に従って調査した。そして、当時最も強く主張されていた伝染性疾患説を問題のなかから消去できる事実を把握して、兵食問題に主題の位置を与える決定を下している。これがその後の研究実践を正しく方向づける意義をもち、その先行実績を作った。それは多くの脚気を経験している国の役割に相応しく、世界の先駆け（1880年代）・高水準（大集団）の知識を獲得した偉業であった。高い評価を与えて当然であろう。

第2は監獄署の経験を参考に計画した独自の脚気予防食試験のなかに見出される。実施の際の科学的予見力と強い意志に感動すら覚える。先の監獄署において生起した事実は、いわば偶然の一事に過ぎなかった。他方、堀内らの場合には、脚気予防への貢献を実践的に見通した上で生み出した成功であった。

米飯から麦米飯への転換と脚気消滅との関係、それに麦の混入割合の重要性、副食の及ぼす影響など少なくない要因の介在が予想される。それらをあらゆる角度から慎重に検討した結果の決定であったことは間違いない。当然失敗についても考えたことと思われる。その総合判断の末に試験実施を決意した。そして成功した。その事実によって麦に内在する強力な脚気予防力を広く社会に知らせる役割を果たした。

先の監獄署の場合と比べても、全てを計画的に条件を整えた上での成功であっただけに、より大きな信頼が寄せられたであろう。脚気を人為的に予防できるという確信がそこから生まれた。挽割麦の割合を先例の6割から4割（あるいは3割）に減らしての成功であった。

第3に、成功から得られた認識の意義について考えてみる。多量摂取の性格を有する主食に注目すると、米飯から脚気が発生し、麦米飯がその予防的効果を示した上記の成功例は、あたかもEijkmanのニワトリ飼育の実験における白米と玄米との関係に対比できる。後者にあっては、この実験成功が抗脚気因子ビタミンの存在を解き明かす緒口となったことで高く評価された。同様に、前者にその先取権が認められてもよいであろう。以上が当時の優れた実践的研究にみられる成果である。ここには高水準の理論研究を創り出す旺盛な活力が認められるだけに「実践的」であるからといって軽視することはできない。

2. 次に試験方法の水準を検討する。堀内の最初の試験においては、囚人給食の先例に習って大阪師団の全兵員を対象に麦飯を一律に給与する方法を採った。そして結果の判定は旧米飯と新麦飯の効果を対比する方法に従った。いま、それを計画された1組の試験とみなせば、次の型式に区分した方法と同じ意味をもつことになる（表40参照）。

第1条件：主食が量的に著しく多量であることから効果への影響が甚大であると容易に推定される。従って結果は主食が支配的条件下での状態を示すと考えられる。麦が高比率で混入した場合もそれに準ずる傾向をもつであろう。

第2条件：副食に注目すると旧食と新食との間に予防効果が極めて貧弱な

表40　米飯と麦飯：副食の効果比較（囚人食）

	主食		副食	備考	予防効果
旧食	米飯	多量摂食 効果なし	少量摂取・効果少	副食共通の 性格	なし
新食	麦飯	多量摂食 効果大	少量摂取・効果少		あり

共通性を持つところから、結果への影響は僅少にとどまったと推定される。以上の2つの条件の相乗効果によって、囚人食の場合には米飯と麦米飯との単純比較という性格を強めたとみてよいであろう。そして予防効果の大きさは麦米飯のなかの麦の割合によって支配されたことは間違いない。その点で6割混入という比率の大きさが決定的な差を生み出すという偶然の好構造を作り出した。そこから挽割麦の劇的効果が生じたと考えられる。堀内がその点を素早く推理し得たことは、医師としての優れた観察眼によるものと評価してよいであろう。

この分かり易さが、堀内に次ぐ後続行動を次々に生み出した大きな原動力であったと考えられる。それらは全て、同一被験対象（隊員）に経時的変化を与える方法に特有の現象である。それに対して、同時的変化を観察するという優れた方法が次に編み出された。東京近衛連隊（緒方）が採った試験方法のなかにその姿が認められる。内容は先に述べたように、大隊単位でそれぞれに米飯と麦米飯とが時期を変えて給与されることにより、被験者のなかの多様性・偶然性が消去される可能性を大きくしている。その結果、一層正確度の高い判定が可能になった。この水準に達して、試験の性格は後半の欠乏症実験に近付いたものとして、筆者は欠乏症実験の祖型とみる。

3. 麦米飯の優れた効果が明らかになればなるほど、麦混入率の重要性が注目されるに至った。試験が全師団に波及する6年間に、各師団が選択した麦の割合には多様な分布が認められたと『陸軍衛生制度史』（大正2年）がまとめている。最上の効果を求めて各地の研究が活発に進められたことを示す証拠として重視する必要がある。各連隊の軍医たちが積極的に取り組んだことが強く示唆される。

4. 他方の医学に目を移すと、上記の成果が続出した当時も、またその後の原因論議のなかでも、その意義に対する消極的評価あるいは無視、さらには反対の見解が強く主張されてきた。その傾向が日本の脚気研究の進展を遅延させたことは疑いない。この事実を反省の材料としたい。

〈陸軍の補〉

脚気激発の最中に陸軍軍医部は兵食改革を陸軍本部に上申した。明治15年のことで、基本の考え方がそこにはっきりと明示されていた。その根本思想は西洋諸国の陸軍に足並を揃えるよう求めたものであった。ここには西洋医学の反映が認められる。なかでも最も端的な証拠の1つに彼の国の陸軍兵士1人1日分の食餌分量表添付があった。それに対して軍本部は無言の拒否で答えた。

軍医部は、引続き同年、全国の軍医官に対して兵食に対する意見募集を行った。対する当時の大阪陸軍病院治療科勤務の小池正直が応答している。内容は近代栄養学の成果を採り入れた米食改善策から成り、タンパク質・脂肪の過少と炭水化物（米）の過剰状態の解消を強く訴えたものであった。このように軍医部内の議論が進むにつれて、先に述べた各地の連隊を基盤とする独自の実践的研究が起こって成果を挙げた。下部にみられた動向は近代栄養学とは別の知識から出発して新たな栄養学へ向かう傾向を帯びていたと推定される。

3. 高木兼寛（海軍）の研究 ―明治期前半の特徴―

陸軍とは相対的に異なる道筋をとりながら進んだ海軍の研究を以下にみていく。まず、出発点が明治初期の脚気激発中に在ったことは、陸軍と同じであった。他方、高木個人の経歴による面も小さくない。幸運にも、残された多くの証拠から詳しくその跡をたどることができる。

1. 予備的経験的学習 ―脚気認識の確立―

海軍軍医の新任後間もない明治5年、海軍病院の診療中に多くの脚気患者と出会った。患者の大半を下級の水兵・海兵が占め、特に夏には重症が多く、一夜に4～5名の死者を出すこともしばしばであった。この経験が高木に強い問題意識を育てた。明治6年から11年の間、患者全体の1／3強が脚気に罹った。明治14年には入院患者の75％が脚気の主症状を呈す程の危機的状況に陥った。

東京海軍病院だけに限っても、毎年200名の患者を抱え、海軍全体では病人の3割が脚気で占められ、死亡率2％台という高水準を保ったまま明治11年から16年まで続いた。この基盤からは、夏期の艦船行動計画も組めないという重大な問題に直面した。当時、上層部の間では海軍存亡の危機という言葉さえ囁かれたという。

高木は上記の深刻な体験の後、海軍派遣留学生として数年間を英国に学び、彼の国では海軍に脚気患者がみられないことを深く心に刻み込んだ。この経験は高木に洋食の高栄養（特に脂肪・タンパク質において優れている）の効果を確信させた。

2. 実践的研究の第1段階 —現状調査—

明治13年、海軍病院長時代に調査の第一歩を踏み出した。来院患者の背景にある生活構造を調べてみて次の諸点が明らかとなったという。停泊中の艦船営の違い、遠洋航海中では航路の違いなどの外的条件、および艦内生活条件のうちの環境・衣服などの衛生面に問題なしで最後に食事が問題として残った。さらにその先へ進むと、給食状況に大差のあることが確かめられた。特に下級層の兵士に問題が集中している事実が明らかになった。このようにして高木は、当時強調された細菌説から離れて栄養説へと進んでいった。

次に停泊中の艦船営の調査・巡視を行い、糧食の分析を行い、栄養状態の評価を試みた結果、一定の結論に到達したと確信した。その内容は、タンパク質僅少・炭水化物過剰の一大傾向——栄養不良——であった。さらに近代栄養学の方法に習ってそれを窒素・炭素比として数量的表示も可能と推定した。そこから実際に1:22～23で脚気未発生、1:28～30で大発生という区分を試み、基準値1:15を提案した。これが高木説と言われるものの実体である。

3. 実践的研究の第2段階 —洋食の予防効果試験—

明治15年に大事件が続いて起こった。遠洋航海の2隻と仁川出撃作戦中の5隻における大量の脚気患者発生がそれである。これを契機に高木は洋食化による糧食改善を急遽上申した。それに対する返答は小規模洋食試験を病院食として行えというものであった。直ちに同年末に東京海軍病院において脚気患者10名に和洋食の比較試験を行った。期間は4週間と定められた。

発表された結果によれば、脚気患者治療目的ではなかったと感じられる。経過良好が認められたという表現がそれである。何よりも「洋食に耐えられた」という評価がまず下されたことも根拠の1つになる。この報告によって強制条件を伴う人体実験を意図した結果と読みとることができる。研究の主目的から外れた実験であったと判定せざるを得ない。

この間に、大規模試験を目標とする糧食改善試験実施細則を考案して、次回の遠洋航海に実施するための準備を万全に整えた。それは明治17年の布達とともに実行に移され、品目別規定量が1人1日量として提示された。糧食（予防食としての洋食）実施状況調査（摂食日数・食数・各食品名と使用量・価格・1食分の費用と食物ごとの数量基準細則設定）、実施艦内の調査体制の設置（艦長以下4名の士官による）という綿密な計画内容であった。

現実の10カ月間航海からは「発病者16名なるも死亡ゼロ」という好成績を得た。発症の理由が特定されたところによると明白な洋食拒否であった。同時に行われた国内艦船営についても脚気激減という好結果を得た。これらの実践的研究によって脚気予防効果と洋食不適応の二面的性格が明白となった意義は小さくない。

4. 実践的研究の第3段階 —和洋折衷式へ転換—

先に設定した基準が直ちに新たな矛盾を生む原因となった。明治17年2月の糧食改訂以降の窒素対炭素比率基準に導かれて、パン・乾パンおよび肉の給与量増加が顕著になった。肉魚類の例でみると、従来の2.5倍の増加である。先の糧食（調査）表にある米とパン・乾パンは当初選択制として提示されていたが、実際の艦船営ではパンだけの給与に固定された。ここから、食文化の矛盾が一挙に表面化した（表41参照）。

それに対して、明治18年3月1日実施の「5割麦飯の暫次的適用」という改正を提起した。このときに高木は「日本古来の麦飯で対抗する」方針を立てたといわれている。事実、明治18年2月25日の実施前説明会において次のように訴えている。「目下、脚気病予防策には、麦飯をおいて外に求むべきものはない。米飯に対して麦飯はいかにも粗食にみえるが、食えないことはない。脚気予防上の目下の窮策には麦飯食用の右に出る計はない。（中略）国家のため、脚気の予防に充分の協力をお願いしたい」。洋食化に対する強い反発に出会い、麦飯採用にも強制に対する言い訳を用意せねばならなかった。

その上の麦飯実施であった。そして前年の西洋食をはるかに越える脚気急減という成果を挙げてようやく愁眉を開くことができた。だがこれだけでは高木説の単独勝利とは言えない。そこで折衷説が改めて旗上げされた。この新方式が単一理論から成り立っていないことは明白で、「兎にも角にも実績の一歩前進」のため苦しい妥協であった。以後、二本立て理論に基づく実践上の工夫が絶えまなく続くことになる。何といっても真の敵は目前の脚気であった。それに勝ち続けることが実践的研究の本命と考えたにちがいない。表41は20年間に及ぶ試行の跡を鮮明に映し出している。そこにみられる麦飯実施の効果に疑いの余地はない。

表41　全軍脚気予防の前進

明治（年）	患者千対比	備考
13	348.60	研究開始
14	250.59	
15	404.49	
16	231.20	
17	127.35	2月西洋食実施
18	5.93	3月麦飯実施
19	0.35	脚気鎮静
20	0	
21	0	
22	0.34	
23	0.33	海軍糧食条件
24	0	

5. 明治20年代以降の推移

明治23年の改正によって、18年以来の麦飯が中止になった代わりにパンが中心の位置に戻った。パン食と麦飯の1日回数を比べると、航海艦船で2:1、碇泊艦船で3:1であった。続く明治31年には、再び3割麦飯が復活して1日2食となり、パン食1回の“麦飯優位”状態に戻った。このように海軍における糧食政策の模索が続いた。先の高木理論が安定的でないことを示している。それに対しては、脚気患者発生の推移にきめ細かく対応した結果であったという註釈が付いた。

筆者の考察

第1に糧食改正以前の実体調査、問題分析が活発に行われたとみる。先の航海艦船営および淀泊艦船営の糧食調査が数度に及んだことがそれを示している。特に明治17年の遠洋航海（龍驤艦）の例を先に挙げておいた。脚気

表 42　糧食改正の推移

明治（年）	主要改正点
17	主食はパン、副食充実（肉・魚・卵・牛乳・豆類・小麦・野菜）
18	主食は5割麦飯とパンの二本建て
23	主食はパンが中心、僅かな米飯（麦飯廃止）
31	主食は3割麦飯の2食とパン1食

の原因究明がそのなかの中心的問題として取り扱われ「龍驤艦脚気病調査書」が高木らによって構成された調査委員会から海軍卿あてに提出されている。このような研究活動のなかから糧食改良に必要な知識が整理されていったと考えられる。やがて改正案の細目や新糧食の品目構成が具体的な形をとって現れた。その全てが脚気対策を中心的課題として組み立てられていったことを示している。

第2に明治17年以降、積極的に提起された「脚気予防のための」糧食改正は10余年間に4回にもわたり、その内容は多彩であった（表42参照）。

明治17年の改正のなかに高木は洋食化の本質を巧みに採用した。それが主食のパンと副食の充実であったことは明らかである。次いで食文化との矛盾に出会って、止むを得ず主食を変更した。ここにおいて高木説は、理論性を大きく失い、実践的一方法の位置へと退いたとみることができる。タンパク質中心の栄養学に有効性の限界という影がさした。

さらに明治23年には主食にパンを当て、麦飯は廃止。戦時には麦飯再開の修正を行った。表43は背景にある脚気の状況を参考までに一見したものである。脚気に対して麦飯という大槌を振るい鎮静期に洋食の小槌をという具合である。

表44からは明治17年と18年とで配合の考え方に明らかな変化が認めら

表 43　脚気患者発生推移

明治(年)	17	18	19	20	21	22	23	24	25	26	27	28	29	30	31	32	33
新患比率	127.35	5.93	0.35	0	0	0.34	0.33	0	0.31	0.11	2.64	1.08	0.69	1.27	0.81	0.26	0.39
死亡人数	8	0	0	0	0	1	0	0	0	0	2	1	0	2	1	0	0

註：新患比率は千人比、『脚気の歴史』から引用。

表44　下士卒1日糧食（平均、単位は匁）

明治(年)／品目	17	18	19	20	21	22	数量増減
米	249.99	153.45	120.06	78.39	68.07	79.36	減少
麦	0	60.55	78.76	43.65	31.17	31.50	減少
パン	2.56	37.11	53.15	108.72	119.88	120.06	著増
肉	53.39	59.00	58.68	64.14	64.35	60.60	安定
魚	53.28	30.57	43.81	24.57	21.06	26.58	減少
牛乳	1.88	8.06	11.23	28.95	32.79	33.66	増加
鶏卵	23.87	19.40	16.15	10.50	9.36	9.21	減少
豆	0.39	0.92	1.10	0.42	0.63	0.60	減少
野菜	104.49	127.66	136.92	123.45	132.27	150.12	安定
漬物	60.97	62.90	58.29	31.95	22.32	24.24	減少
味噌	16.30	16.94	19.47	9.39	10.17	14.97	安定
正油	24.37	26.46	24.99	21.12	22.60	23.54	安定

註：『脚気の歴史』を一部修正、明治22年は高木在任中。

れる。明治18年以降の変化に注目すると概ねの傾向を読み取ることができる。なかでも際立つ品目に米・麦・魚・鶏卵・豆・漬物の減少とパンの急増と牛乳の増加、肉の高位安定、味噌・正油の低位安定である。この傾向が高木の洋食化思想をよく表している。実体は麦飯と洋食化の折衷であったと言える。

補論：精白技術を超える雑穀食文化を

1. 新しい定義からみる

主食とは主に食するものである。食事中の主という意味ではない。その後の記述をみると、雑穀と塩水、黒米とみそのように、徐々にエネルギー源に米が入り込んでくる。古代には一品食もあったからである。たとえば筍のみ・果実のみなど、みつけたとき食べる習慣の名残りをとどめる。後年、回数が2回に定まり農耕生活に基づく計画食になる。つまり穀類が中心に据わってくる。以上の事実は個々の食物が多少の差はあれ栄養面に広い有効範囲を有すること（つまり栄養の多面性）を意味する。食事とはその雑多な食物の“重ね食い”のなかから形成された経験的知識である。この認識は大変重要である。

この視点から米食史をここで振り返ってみる。

2. 雑穀の歴史

『日本米食史』（岡崎：大正２年）によれば採集生活から栽培生活へ進んだ段階における古代人の食糧認識は雑穀観から始まったと言う。保存性と栄養性への注目からと言われる。それが五穀へと集約されたとみる訳だが、この場合の「五」は必ずしも数字の五ではなく「多」であったという感が深い。ちなみに五穀に規定されたとみられる米・麦・粟・稗・豆にしても単なる代表例としての趣が濃い。

イネ科の黍は当然古文書にしばしば顔を出したりする。タデ科の蕎麦についてもその名の通りソバムギであったり、またその形からの連想による「三角米」でもあったりする。何といっても南北に２千キロを越える細長い日本列島の豊かで多様性に富んだ生態系を反映している。それらのなかから時代とともに次第に米が中心の位置を占めるようになった。これ自体が数千年の歴史的・文化的試行過程に外ならない。現代はその先端に在る。

この認識からは主食の本質がいかに幅広いものであるかを教えられる。その多様性が生みだす食の豊かさを歴史の遺産として現代人は十分に賞味しているかどうか、科学的に評価しきっているかどうか、頭を冷やしてもう一度じっくり考えてみる必要がある。途中色々な事情があったにせよ米穀依存を過度に進めてきたきらいがある。この傾向が安定的生活展開の可能性を寧ろ狭めてきたという見方もできる。米文化から雑穀文化への転換が今こそ必要なときではないかとも考えられる。生態系への適応にはまだまだ研究の余地があると思われる。

3. 精白の歴史

次に角度を変えて典型事例としての米穀について考えてみる。刈り取り以降の米穀の姿は籾の状態を出発点に、穀粒としての玄米から後は精白度の違いによって多くの段階を経て白米に到達する。その間に剥離される部分はまとめて糠と呼ばれる。玄米以降は全て可食部分から成り立っているのにである。噛むのに困難を伴った第１段階の壁を火の力によって何とか越えてから長い年月が経つ。それだけに長年に及ぶ軟質化加工の変遷を精白技術あるいは精白文化と呼ぶ。その意味は精白の多面性を可否両面から深く考えることによる。霊長類の祖先が森のなかに定着してそこに実る新たな可食物への適応能力を開発しつつ、自らのテリトリーを開拓するのに要した歳月の長さに種としての生命を懸けた必死の努力と比べて、ホモサピエンスにとって現在は進化史の異なる初期的段階にあるのかもしれない。

一応落ち着いているようにみえる今の食生活であるが、この数千年の変化は余りにも目まぐるしい。その大半の要因が社会、つまり人間関係の激変に左右されて新規の試食段階を次々と展開しつつ現在まで走り続けてきたものである。生態系への影響はずっとアンバランスである上に、体内生態系の安定もいまだに未達成であるかのように思える。新しいアイデアに強く惹かれるホモサピエンスである。新しいことが進歩的だと信じ込んでいるきらいがある。近代の分析中心の科学がその性向を増長させている。米についてみれば、その栄養効果を基礎栄養素の１つか２つに重きをおいて評価しようとする傾向に流されてきた。まずタンパク質とカロリーが食感化された結果白米食へとたどりついた。その目的に合った量産化と簡易処理を主目的とする機械化技術の発明が、家内作業の米つきからバッタリ・水車式・動力式へと進むにつれて村の水車小屋から精米業・製糠業を次々と独立させてきた結果、白米生産体制が支配的な現在に至った。とにかく、急ぎに急いで走った過去数千年に及ぶ米食化の歴史は米利用についての単線型社会発展史を１つの特徴として持つ。そこで微量栄養素ビタミンB_1の欠落という問題に出会うことになった。

日本で言えば戦国時代までの武士は、玄米食を強引に推し進めてきた後の比較的平和が続く時代に玄米食から白米食へと転換した。その結果、武家支配という社会制度そのものを消滅させる方向を選択することになった。明治時代の大工場労働者と数十万の兵士を擁する大規模軍団の創出が機械制精米業を産んだ。この先端部分に脚気病が大量発生した。これを日本歴史の教えとして胆に銘じておく。

第4章

ビタミン栄養学

序

20世紀栄養学について述べる前に、以下の点について簡単に触れておく。1つは1906年に発表されたHopkinsの論文で、動植物中に含まれる微量成分研究の重要性を強調したものと言われている。その評価に誤りはない。しかしその時代の特徴を摘出するにはもう一歩の深い探りが必要であろう。何といっても、20世紀は微量元素栄養学が大きく姿を現す時代である。具体的にはじめの30年間を取り上げてみる。そこではビタミン栄養学と並んで新たに誕生した微量元素栄養学が相互に競い合うようにして急成長を遂げつつあった。

とりわけ生体微量元素研究というテーマには無機界はもちろんのこと、生物界においてはなおさら、新たな生命観を創り出す基盤づくりとして、一層大きな意義が感じられた。当時の科学者がその事実の発見を驚きと喜びのうちに受け入れた様子を、数十年を経た現在においても文献を通して強烈に感じることができる。たとえばMcCollumの控え目な次の意見を挙げよう。「昨今の各種試験法の発達により、この10年あるいは20年のうちに、現在の栄養問題はほとんど全部解決されるであろう」。これは1930年代に述べられたもので、栄養素としてビタミンおよび微量元素の生理性に関する相次ぐ発見を自ら体験した科学者であって、はじめて持ち得た感慨でもある。

もう1つが同時代のVinogradov（1935）の次の提言である。「宇宙や地球に存在する元素のほとんど全てが生物体のなかに発見できる」。この短い文章に含まれる真理の強いアピールは、21世紀の化学進化説に確固とした基礎を提供してくれる。人類は、いま、この地点に立って生命の進化を考えることができる。それは20世紀のOparinの仮説とも異なる生命像を形づくるに違いないと思われる。「汎元素進化説」がそれに相応しい名称といえよう。

筆者はさらに、無機界と生物界との相互関係あるいは物質代謝を解明するという一大テーマをこの領域に想定する。その目的を実現する過程で、科学の大きな飛躍の可能性が強く期待される。以下の2つがその理由である。1つは対象が極めて微量のレベルで起こる現象であること。あるいは対象とする系が大きな規模で存在するという両面をもつこと。もう1つは多数の微量物質同士が相互に複雑な作用——たとえば競争的・共同的あるいは対抗的・相補的といった——を及ぼし合うことである。

そのために、研究方法・手段・理論の全てにおいて水準の飛躍的前進が成し遂げられねばならない。その意味で微量元素栄養学は生物地球化学とともに微量元素科学の重要な出発点となるであろう。

顧みると、19世紀後半は植物栄養学の後を追って動物栄養学が実験的手法を大きく発展させた時期に当たる。ビタミン栄養学の誕生を考察するに当たって、この視角が極めて重要であることを意識しておこう。

4.1　20世紀前半McCollumの研究輪郭 —動物栄養学の一傾向—

ここでMcCollumの研究動向を20世紀はじめから1930年までの40年間を通して概観する。当時彼の活動は最盛期を迎えていた。それだけにこの時期の栄養学が担った主題の推移を色濃く反映しているとみることができる。

1. タンパク質

1907年に飼料中タンパク質の栄養価に関する実験を開始し、その成果（1912･1921）と多量摂取障害（1923)、体内蓄積（1929）などについて報告した。

2. 無機質

リンに関する報告（1912)、カルシウム・リンに関する実験（1921－1922）に続いて、カルシウム・リンおよびマグネシウムのあいだの相互作用を含む本格的な研究に取り組んだ。動物の骨格中に集中して蓄積する重要栄養素であることが主な理由であった。つまり、骨の成長に関する研究とみることができる。必然的に、必要量は比較的多量の水準にある。他方、必須性が早くから知られていたナトリウム・カリウム・塩素に関する実験が1930年代の後半に行われて、ナトリウム・塩素に関して（1937）、カリウムに関して（1938）報告が出された。これらは微量元素研究の本格的進展のなかで再び活性化された新しい問題とみることができる。

3. ビタミン

はじめは未知の油溶性成長因子Aと名付けられて後にビタミンDと確定した領域と、同じく未知の水溶性成長因子Bと名付けられて後にビタミンB群と確定した領域の研究に、1912年から1917年にかけて取り組んだ。さらにそこから独立領域を形成したビタミンAとビタミンDなどの継続的課題に関して、1921年から1923年にかけて努力を集中した。

次に1920年代後半に入ってビタミンEを取り上げ、成果を1927年と1938年に報告している。

4. 微量元素

1920年代に入ってこの主題と積極的に係っている。報告の公表という事実を手掛かりに研究状況を整理してみる。ストロンチウム（1922・1923）、フッ素（1925・1933）、アルミニウム（1928）、ケイ素（1931）、ニッケル（1931）、マンガン（1931・1932・1938）、亜鉛（1933）、ホウ素（1937）と旺盛な研究を展開した。

以上の研究動向をMcCollumの言葉を借りて表現すると、タンパク質からスタートを切った研究が急速に無機質・ビタミン・微量元素へと領域を拡大して、多くの問題を手掛けることになったということになる。その実態は三大栄養素を中心とした多量栄養素から未知の微量栄養素を発見する方向への展開を示し、研究進展には微量栄養素に適した方法の開拓を伴ったとみることができる。

さらに、栄養学のパラダイムの点についていえば、固定的な三大栄養素という概念が崩されて四栄養素説に移り、さらに20世紀にはビタミン・微量元素を含む多様な栄養素の実態が掘り起こされ、物質も分子から原子レベルへと高度化し、多様性をさらに強める方向に進んだ。そして今やそれらの栄養素群が複雑に関係し合うという全体像を呈するに至った。生命現象へ確実

表45　McCollumの研究歴（論文主題の発展状況）

年代	タンパク質	無機質	ビタミン	微量元素
1912	栄養価	P		
13				
14			油性A	
15			水性B	
16				
17				
18				
19				
20				
21	栄養価	Ca、P		
22			D（抗クル病）	Sr：新領域
23	多量障害			Sr　↓
24				
25				F
26				
27			E	
28				Al
29	体内保留			
30		〈新傾向〉		
31		↓		Mg、Mn欠乏、Si・Ni
32				Mn
33				Zn、F
34				
35		Ca、P、Mg		
36				
37		Na、Cl		B
38		K	E	Mn
39				

に一歩近付いた状態と表現することができる。なかでも特徴的なビタミンおよび微量元素には、それぞれ新パラダイムの概念が相応しいと考える。

ここでMcCollumの研究動向を1930年代末までまとめておく（表45）。

表からは以下の2点が明瞭である。

1. タンパク質・無機質の栄養からビタミン・微量元素のそれへと展開していった状況が明瞭に読みとれる。しかも後発2群には微量レベルで発揮する必須栄養という特有の機能が備わっている。

2. 無機質研究の本格化によって複数の微量元素間に働く複雑な作用機構の解明に成功をもたらした。1930年代がちょうどその時期に当たる。

4.2　ビタミンパラダイムの誕生

1. Liebigの例をまつまでもなく、19世紀の栄養学は化学と密接な関係を保って進歩した。その1つの分野が飼料の栄養成分分析であり、また消化吸収プロセスと動物組織内における代謝プロセスの解明であった。その種の研究を代表するものに飼料のタンパク質分析があり、豊富な知識が蓄積された。タンパク質以外にも炭水化物・脂質・塩分が集中的に取り上げられて、続く20世紀にはそれらの成果を実際の家畜栄養に活用する段階が訪れた。

化学分析のデータが蓄積するにつれて、飼料植物の種類ごとに栄養成分含有量の著しい違いが意識される一方、20世紀の畜産業の発展からは合理的かつ経済的な飼料への要請が強まった。なかでも最大の目標は家畜肥育の期間短縮および泌乳量増加であった。いきおい飼料中のタンパク質の質と量とに注目が集まった。20世紀はじめにFischer（1900）が必須アミノ酸を確定し、Osbornは飼料植物中のタンパク質が数種類から成り、個々のタンパク質には必須アミノ酸の1、2が欠ける事例を見出したことから、飼料のタンパク栄養価を基礎に据える考え方が強まった。

畜産業の強い要請の下に多数の飼料のタンパク質分析を手掛けてきた実績の上に立って、農業試験場が飼料のタンパク価分析を20世紀初頭の研究主題に設定した。こうして各飼料植物から加工される化学的に純粋な栄養成分を意図的・計画的に配合調整することによって動物栄養に「科学的」・「系統的」方法を導入する研究が勢いを増していった。ここでも研究の基本的方法として化学が大いに活躍した。その動向が19世紀後半から盛んになるとともに、新しい問題をも自覚させた。配合飼料中に含まれる精製栄養成分（純粋栄養成分）に関する栄養学的適否の検討がそれで、20世紀初頭までの一時期、動物栄養学の主流の座を占めた。

この時期にMcCollumはウィスコンシン大学農業試験場において、Babcock・Hart・Humphreyらによって開拓されてきた動物栄養学（家畜栄養学）

の方法を継承した実験に取り掛かった。次いで精製タンパク質・炭水化物・脂肪・塩類から成る「精製成分配合飼料」によるラット飼育実験という新しい方法を研究に導入した。開始後、間もなくのことで、以下の背景と独自の考案によるものであった。

家畜飼料の栄養試験を始めるに当たってMcCollumは多数の文献に目を通した（1907）。ドイツのMaly年報（1873－1906刊）がそのなかに含まれていた。掲載論文のなかに、精製四栄養配合飼料を使用した小動物（マウス・ラット）の飼育実験報告が見出された。McCollumが当時、手掛けていた飼育動物は大型動物であっただけに、報告内容には目を見張るほどの新鮮さが感じられた。

同時に、研究主題に関しては、化学分析で完全飼料と評価される精製四栄養素構成がことごとく飼育失敗を招くという結果に驚かされた。世界中で意欲的な先駆者たち十数名が数十年間苦闘した原因を探究することに強く惹かれた。当時、この問題に正確な答えを示すことができる研究者は1人もいなかった。精製四栄養素説の限界がここに露呈しているのではないかと考えて張り切った（『自伝』）。

次の2例は、その一団に属する人々が共有した苦い経験の20世紀初頭版から成り立っていた。

1. Henrique・Hansen（1905）は、コムギタンパク質のグリアジン・炭水化物・脂肪・塩類からなる飼料によってラットを飼育したが、1カ月少しの寿命を保ったに過ぎなかった。
2. Willcock・Hopkins（1906）も同様の実験を試みた。純タンパク質にトウモロコシのゼインを当てたが、マウスは数日で死亡した。次にタンパク質の改良を目指してトリプトファンを添加のうえ実験を繰り返した。ゼインがトリプトファンに欠けていたためである。結果は寿命の僅かな延長のみで、長期の成長は実現しなかった。

McCollumは以上の研究から大きな示唆を得たと感じた。小動物の使用に動物栄養学を発展させ得る優れた性格を見出したことが1つである。これは実験方法を改革させる要因の洞察であった。さらにもう1つは「完全飼料」が失敗する原因について考えているうちに得られた着想で、19世紀型の精製四栄養素配合をベースにして天然食料が含有する純粋成分の1、2を追加する方法によって成功の可能性が開けるのではないかと考えた。栄養学は正にフロンティアに到達し、新領域開拓が間近いと感じた。

以上の内容はMcCollumの『自伝』（1964）に記載された文章の一部である。他方、同じ著者の『栄養学史』（1956）によれば、Hopkins（1906）の有名な講演のなかに据えられた重要な柱の1つが同様の見通しであったことに間違いない。それを読んだときに受けた強い衝撃が意識下において働いたであろうことは十分に推察される。講演のなかでHopkinsは同一主題を生理学進歩の顕著な指標と述べた。

その時点では実験結果によって示したのではなく、観念的な表現をもって提起しただけである。しかし多大な波及効果が世界的規模で広がって、後に続く実験による証明を成功させた（1912）。

McCollumは、直ちに天然食料中の未知成分の探究に意欲的に立ち向かった。ウィスコンシン大学農業試験場において研究を開始して間もない頃の体験で、以後の研究方向はここに定まったという感じが強い。ほどなく成功の兆候が訪れている。転換期を迎えつつあった当時の栄養学の特徴が濃厚に表出されている場面である。

動物栄養学の転換期を呼ぶ神の采配はすでに振るわれていたものとみえる。Hopkinsの講演と同じ頃、オランダの衛生学者Pekelharingは予想される新しい栄養素を牛乳のなかに見出していた。カゼイン・アルブミン・米粉・豚脂・各種の塩を加えてパンに焼き上げ、水を別に補給する方法でマウスに与えると、はじめは活発な食欲がみられたが4週間で死亡した。飲料水を牛乳に変えると健康状態が続いた。さらに牛乳の代わりにホエーを与えても同様の成功がみられたと報告して、以下の考察を行った。

「実験結果からみて牛乳およびホエー中に、健康を持続させる未知物質の存在が確かである。全飼料中の栄養素成分に比べて牛乳のそれは少量であることが明らかであり、ホエーの量は牛乳に比べて極めて少ない。未知物質はそのような極微量の水準で決定的な働きをすると考えられる。この事実の発見以後発表に至るまでの数年のあいだ未知物質の分離・確定に努力したが未だ明らかになっていない。したがって、今のところ未知物質を示唆するにとどめる」と。

以上の記述から推定されることは、新発見が1900年前後という事実である。McCollumはこの成果に対して先のLunin・Bunge、Socin・Bungeの成果を指摘している。Socinは栄養成分配合餌実験（1891）の対照群として卵黄・デンプン・セルローズの配合餌を用いて99日の生存をマウスで確認している。結論には卵黄に栄養上重要な未知の成分が含まれているに違いないと指摘されていた〔Hoppe-Seyler's Zeitschrift〕。Bungeのグループからはもう10年も早い成果が現れている。それが次のLuninの実験結果である。

Luninはマウスに関する2つの実験を行った。第1に牛乳のみを与えて60日以上の生存、第2にカゼイン・乳脂肪・乳糖・塩類・水によって早死という結果を得た。結論において次のように述べている。「牛乳に第2餌の成分以外の必須栄養素が存在することは間違いない」と（ドルパト大学・学位論文:1880)。

McCollumは以上の実績を紹介した後で、Bunge著『生理化学と病理化学』が多くの読者を獲得した割には、Luninとの討論から得た上記の見解に注目を集めることに失敗したとの評価を下している。またBunge自身、その後の問題追及を考えなかったようだとも述べている。幸運の女神到来を予感しつつ書かれた評論といえる。

時期を接して20世紀初頭に活躍したHopkinsが、この19世紀の先駆的経験をすでに眼底にとどめていただろうと推定される発言をしている。次はこの問題に移ろう。

1906年のWilcock・Hopkinsの実験は精製ゼイン粉末をデンプン（2）対ショ糖（1）の混合物に対して2.5倍量と定め、さらにオート麦と犬用ビスケットの混合物を灰にした成分を加えて基本飼料にした上で、種々の成分を個々に添加して被検飼料とした。実験動物にはマウスを使った。先にオート麦と犬用ビスケットの混合飼料によってマウスの成長が実現した経験に沿ったものであった。添加成分には炭水化物に紙・木炭、脂肪にバター脂・チーズのエーテル抽出物・ベーコン脂・オリーブ油・タラ肝油、燐酸化合物に少量のレシチンを用いた。

この「ゼイン飼料」でマウスの平均14日間生存、さらにトリプトファンの添加によって平均28日にまで延長させた。この実験結果からトリプトファンという特定のアミノ酸の不可欠性を明らかにすることができた一方、完全飼料の水準には届かなかった。この失敗を考察してHopkinsは次の見解に達した。それが同年の“Analyst”誌に講演内容として掲載された。飼料に関する部分のみ概要を述べておく。

タンパク質・炭水化物・脂肪・必要塩類からなる飼料によっても動物を完全に成長させることはできない。動物の体は飼料となる植物・動物の成分に適合するように調節されている。それらはタンパク質・炭水化物・脂肪以外の物質多数から成り立っている。動物生理学の進歩がそれらの必須性を明らかにしてくれるに違いない。全飼料に多種類の微量成分が含まれていることは確かである。さらに代表的事例として人間の欠乏症として知られるクル病や壊血病の名を挙げた。これに対して、同時代の動物栄養研究者のなかで最も進んだ思索家という讃辞をMcCollumが贈った（『栄養学史』）。

2. 時期を接して他の方向からの新しい知見が現れた。1つはStepp（1909）の発見によるもので、マウスをパンと牛乳によって長期間の成長を確実にした。また、牛乳のアルコール抽出物を牛乳の代わりに与えても成功が変わらなかった。他方、牛乳のアルコール抽出残には成長能力のないことも明らかになった。既知のリポイドがこの種の栄養効果を何ら示さないことから、抽出物をリポイド以外の未知の油脂複合体と推定した。

もう1つの方向からは、先にEijkmanが脚気様欠乏症発見（1897）、糠に抗脚気成分を発見した経験に続いて、Fraser・Stantonら（1907）が糠のアルコール抽出物中に有効成分を確認し、Funk（1911）がその単離に成功して、有効成分に新生命素を意味する「ビタミン」の名称を与えた。

ここに、既存の栄養素と大差をもつ新しいタイプの栄養素が登場して、ビタミンパラダイムを拡げた。特徴の1つは何といっても従来と大きく異なる性格、すなわち微量成分がもつ優れた効力である。これらの盛んな時流にMcCollum自身も加わった。

1912年にHopkinsはそれまでの数年間に行った実験データを公表した。それによると飼料成分はカゼイン・デンプン・ショ糖・豚脂・塩類から成り、個々の成分を粗製品にすると少しの成長、精製品にすると開始後間もなく成長が止まり、衰弱して死亡した。動物にはラットを用いた。それに対して、飼料の４％以上量（2‐3mℓ）の牛乳補給により正常な成長状態を実現したと発表して牛乳中に「補助栄養素」を推定した。これが有名なHopkins仮説である。

20世紀はじめに現れたPekelharing、Hopkinsの２例の実験を19世紀末のそれらと比べると、両者の間に大きな飛躍があることに気付く。それは牛乳のなかに未知の微量栄養素を推定できる確実な証拠を手に入れたことである。Pekelharingはホエーにその源を見出し、Hopkinsは仮称を与えるほどの確信を得ている。ホエーはそれから間もなくOsborn・Mendelらによって問題解決の鍵ともみなされる出発物質として採用され、精製後に「無タンパク乳」の名で使用された。

またMcCollum・Davisらは「バター脂」に着目して研究を成功裡に進めることができた。これらはビタミン発見の１つの緒口となったが、牛乳という天然性食料がその手掛かりを与えたことに注目しておきたい。このようにしてHopkinsの予言通りに未知の微量栄養素ビタミンの探求が20世紀動物栄養学の重要かつ目前の標的として強く意識され、確かな研究活動を生み出した。

上記に続いて、栄養学の着実な前進がOsborn・MendelチームとMcCollum・Davisチームの活躍によって確実となった。いずれも先の２人と時を前後して競い合った研究であった。両チームともほぼ同時にラットの飼育実験を開始している。まずは前者の場合を取り上げる。

コネチカットのOsborn・Mendelらはタンパク質の栄養評価研究のなかで問題に直面した。飼料配合は四成分説に基づくもので、精製タンパク質・デンプン・豚脂・塩類をもって構成した。このなかの精製タンパク質部分に被験成分を当てる方法によった。実験が失敗から成功にたどりつくまでの過程を考察すると、そこには以下の５段階が認められる。

第１段階：実験がいずれも幼ラットの成長を実現できずに打ち切り。

第２段階：塩類のみ内容を改良したが不成功。

第３段階：上記の基本飼料に補助栄養素として“無タンパク乳”を全体の28％まで加えてはじめて成功する。“無タンパク乳”は牛乳から脂肪・カゼイン・アルブミンを除去した残部の蒸発乾涸生成物で、乳糖・塩類・種々の生体物質を含む。そのなかに未知物質の存在が推定された。

第4段階：前段階の配合に、第2補助栄養素としてバターを全体の16.4％加えて再び成功。

第5段階：バターの成分を分割してバター脂のみを加え、補助栄養因子をそのなかに確認。

以上の最終結果が1913年に発表された。上記の補助栄養素はいずれも“補助”には過大な給与量であること、および補助栄養素の実体が未確定の状態にあることなど、研究初期に行われる「可能性探り」の水準にあることが明白であった。しかし四栄養素説へと飛躍を遂げるための必須な手段として補助栄養素探究に対する確かな認識を生んだ。

次にもう1組の研究チームを取り上げる。前者と同様に強い衝撃力を発揮したMcCollum・Davisらの研究である。精製成分の四栄養素配合の成功を目標に、Voit（1881）、Pavlow（1891）らが提唱した味の向上に工夫を重ねて、なお成功に至らぬまま次の試みを始めた。

精製成分としてタンパク質にはトウモロコシのゼイン・タイマ種子のエデスチン、脂質にはバター脂・ベーコン脂・コレステロール、デンプン類にはトウモロコシデンプン・コムギデンプン、糖類には乳糖・ブドウ糖・ショ糖、多種類の灰分が試みられた。以上の原型は言うまでもなく四栄養素説に則った方式であった。各種類の配合飼料を毎日取り替えることで摂食行動を刺激するように条件を整えた。このなかから60日間に幼ラットの体重を2倍にまで成長させるという成功例が現れた（『新栄養学』第2版）。このときの配合は精製タンパク質・デンプン・ショ糖・配合塩・バター脂か卵黄のエーテル抽出物という成分構成であった（『栄養学史』）。

McCollum・Davisらは以下の3種類の配合飼料によってバター脂の効果を再確認するための実験を行った（表46）。動物はラットを使用した。結果の成長曲線を図3に示す。

図3の成長曲線から3配合の特徴が明白となった。No.Ⅰによって80日までの間、正常よりは少し低い目の成長率が現れた。No.Ⅱに変えると低滞状

表46　配合3群の成分比

成分 ＼ 飼料NO.	Ⅰ	Ⅱ	Ⅲ
配合塩	6	5	5
カゼイン	12	12	12
豚脂	20	—	バター脂＊ 10
乳糖	15	20	20
デンプン	42	デキストリン 61	51
寒天	5	2	2
計	100	100	100

註：＊バターのエーテル抽出物。
出所：『新栄養学』第2版。

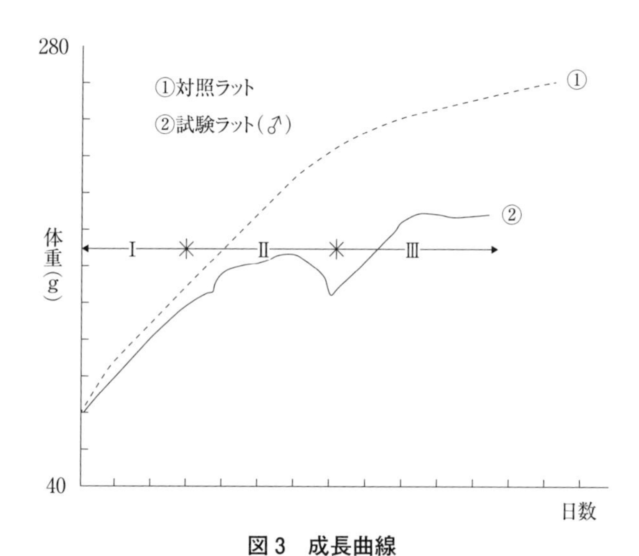

図3　成長曲線

出所：『新栄養学』第2版。

態が著しく、続いて低下を示した。さらにNo.Ⅲに変えると盛んな成長が復活して35日間続き、体重をさらに50g増やした。バター脂の栄養効果がこの実験によって確定した。

McCollum・Davisらはバター脂に含まれる成長促進物質をここに認定して、1913年に発表した。Osborn・Mendelに先行すること数カ月であった。しかし、この実験の一部つまり配合した乳糖に予想以下の低純度の問題が後日発見された。そのなかから新たな成長促進性物質が発見されることにはなったものの、当時の研究を一時混乱させたことも事実である。ここには研究途上の段階の特徴が明日に表出されている。

これ以後はビタミン栄養研究の次の段階に入り、バター脂および乳糖などの栄養補助効果の根源探究への一歩前進がその基本的性格となる。この時期にFunkのビタミン説（1914）が登場して注目を集めた。

Funkによる精白米を用いた脚気様症状発症実験結果（1912）を読んだMc-Collumは、精白米と発症との関係に気付き、自らのコムギ実験同様の成分配合飼料とともに成長因子を含むバター脂を加えた実験を計画した。精白米・純タンパク質・カゼイン・塩分・バター脂の成分から調製した飼料を用いた。結果は若いラットが成長しないだけでなく数週間後には脚気様状態に陥った。予想に反したこの結果を生んだ原因の究明が次の課題になった。

先に1912年までに試みた実験のうちの成功例に、カゼインタンパク質18％・粗乳糖20％・バター脂肪5％・複合塩プラスデンプンで58％という組成があった。粗乳糖を欠いても、他の成分に変えても全く成長しなかった。粗乳糖の水溶液から再結晶を繰り返して十分に精製した乳糖に変えると、先の成功とは反対の結果に終わり、再結晶残液を濃縮して加えると再び成功に結びついた。この事実は、粗乳糖水溶液のなかにも成長因子成分が存在することを示している。しかも極めて微量の存在であった。

次にMcCollum・Davis（1915）はFraser・Stantonの方法に従って飼料用植物の多くについてアルコール抽出物をつくり、先の実験に使用した標準飼料（カゼイン・デキストリン・塩類・バター脂）に加えて飼育実験を行った。そして、先にFunkが取り出したハトの脚気様症状を治癒しうる成分がそのなかに含まれているという結論を得た。さらにMcCollum・Davisはコムギ胚のアルコールエキス中にもその存在を確かめることができた。結果として、先に確かめたバター脂中の有効成分とコムギ胚のアルコールエキス中の有効成分の2成分を手に入れたことを知った。その両方の添加によって、は

表47　ビタミン発見史

ビタミン類	発見者（年）
ビタミンA	Stepp（1909－1912）、Osborn・Mendel（1913）、McCollum（1913）：脂溶性成長因子 McCollum・Simmonds（1917）：抗トリ目因子実験
ビタミンD	Mellanby（1919）：抗くる病因子実験
ビタミンB群	Eijkman（1897）：抗脚気因子実験 鈴木（1910）：オリザニン発見、Funk（1911）：ビタミン発見 McCollum（1915）：水溶性抗麻痺因子実験
ビタミンC	Holst・Fröhlich（1907）：抗壊血病因子実験

じめて先の精製成分飼料に成長促進健康維持の効果を期待できる条件が生まれ、一方だけではいずれも効果不十分に終わらざるを得ないことを明らかにした。McCollumは後に両成分をそれぞれ脂溶性A、水溶性Bと呼んだ。いずれも後にビタミン類の確定へとつながる初期の成果である。

この時期の栄養学的認証にとって重要なもう1つの問題はFunk（1914）によって提起されたビタミン欠乏症説である。あるいは広く欠乏症概念ということもできる。壊血病・脚気様症状・ライ病・くる病の原因を栄養欠乏症として究明しようとしたFunkからその潮流が勢いを増した。

ビタミン栄養学形成期にみられたもう1つの特徴は栄養欠乏症実験という方法の着実な進歩である。先に述べたEijkmanの精白米による脚気様症状発生実験に始まって、原因究明の手がコメの精白カスである糠に及び、そのアルコール抽出物の探求から成長因子にたどりつくという方法が開発された。それが未知物質探求の新たな方法の開発へと導くと同時に、より微量な存在へとたどりつく方法を生みだした。つまり微量物質探求法の確立の一段階を画期している事実には注目させられる。

初期のビタミン類のみを取り上げても、上記の表47に記載された数種がすでに決定していた。この時期には多くの栄養化学者の目が微量栄養素ビタミンにしっかりと貼り付いた。McCollumもそのなかにあって新潮流の形成に活躍した。よくも悪くもビタミンに集中していたと言える。McCollumは『栄養学新説』初版のなかでその事実を積極的に主張している。同書のなかで無機塩類の問題をも取り上げている。その後に続く問題究明の発展プロセスは後に述べる。

4.3 『栄養学新説』の生命力

1. 1910 年代のはじめに未知の栄養素 2 種類を確認したことで 20 世紀栄養学の新たな展開を予想した McCollum は、その視点から栄養学の主要な柱を中心に当時の状況を整理した。それが『栄養学新説』という名称の由来である。脂溶性成長因子 A・水溶性成長因子 B の発見を報告後間もなくのことであった。

中心柱には栄養学の新動向を代表する次の課題を据えた。すなわち、食品の化学分析に代わる動物試験によって、栄養価を評価することが可能になった事実を強調することがそれである。当時にあっては動物栄養に関するそのような考え方自体がまだ十分に熟しきるには至っていなかったばかりでなく、実験遂行にも様々な困難が付きまとっていた。それだけに彼自身の研究を通して確信となったその可能性を実験経過に沿って詳細に述べることで読者と新しい認識を共有できると考えた。

内容を一見すると、あたかも実験内容を刻明に紹介するともみられる調子の文脈になっている。その点は一級の専門書を期待する読者には甚だ異質な雰囲気を伝える内容であった。現在の位置から振り返ってみると、それは形成期にあった新しい栄養学の実態を生き生きと伝える叙述法とも受け取れる。たとえば成功例ばかりでなく、失敗例も余すところなく書き表されていた。同じ領域の研究者 Osborn・Mendel との意見の相違が隠すことなく述べられてもいる。取り扱われた題材は上記の脂溶性成長因子 A と水溶性成長因子 B に関するものであることから、それをビタミン発見前史とみることができる。

2. 出版は 1918 年の初版に始まり、20 年余の長い発行寿命を維持したことで広く知られている。また、栄養学という偏った分野を表題にしながら、7 万人近い読者層を開拓するという大きな文化事業を成し遂げることに成功している。その秘訣を探ると以下の 2 つの特徴が明らかとなる。

初版は講演内容をそのまま編集した形態をもつ 200 ページ足らずの小冊子

からスタートし、追い掛けるように450ページへと増幅して、開拓者の苦労話を披露した。第2版を出版した後さらに間を置かずに600ページ余りに内容をふくらませた第3版へと進んで以後その水準を保ったことが1つ。

記述の中心部分には「未知の栄養素ビタミンの発見」と食事性疾患と規定された「欠乏症の発見」という革新的なテーマが当てられて、読者の関心を強く刺激した。医者が治せない病気という主張の新奇性とともに、20世紀に新食事スタイルが急速に広まったことが背景にある。

もう1つの特徴には、4回の改訂ごとに最先端の知識を十二分に取り入れて詳しく解説するという積極的で奉仕精神に溢れた著述の姿勢を挙げねばならないだろう。ビタミンをテーマにした部分の概要をまとめておく（表48）。新しい話題が次々と採り上げられていることが良く分かる。

表48　改訂の主要ポイント

発行年	版	主題
1918	初版	新発見の栄養成分AとBから欠乏症（脚気・夜盲症・くる病・壊血病・ペラグラ）と食物との関係の研究
1922	2版	欠乏症に有効な栄養素を発見、一部をビタミンと決定
1925	3版	ビタミンの効果を次々に確認：A（夜盲症）・B（脚気）・C（壊血病）
1929	4版	新ビタミン発見が続く：D（くる病）・E（不妊症）・G（ペラグラ）
1939	5版	増えるビタミン：B_4（麻痺症）・H（皮膚炎）・K（出血症）・L_1L_2（泌乳障害）

栄養学の最先端を追うという方針は、第5版（1939）の執筆に際してさらに新たな視角を採用させた。1930年代に集中して現れた一連の成果（新知見）がそうさせたもので、食物（植物性・動物性）と人体の両方に多数の微量無機元素（通称：微量元素）を発見して、その生理的必要性つまり栄養性に読者の目を開かせ、さらにそこから新欠乏症の存在へと目を向けさせた。

結果として成長途中にあったビタミン栄養学とは別に、微量元素栄養学の新たな形成が勢いよく進む様子を生き生きと描き出すことに成功した。そこに微量元素栄養説というパラダイムが新生して、栄養素概念の更新を含む未知領域の創出および公衆保健と畜産業への大きな貢献という社会的・経済的波及効果が生み出された。

3. 1917年、McCollumはそれまでのDavisとの共同研究によって挙げた成果――脂溶性因子Aと水溶性因子Bの発見――を携えてジョンズ・ホプキンズ大学医科大学公衆衛生コース生化学教室に移籍した。その後ビタミン研究の一拠点を確立して、栄養学的病因説を医学のなかに深く浸透させた著者の貢献に熱い拍手を贈ることはもちろん、招聘を決定した大学の見識の先進性にも高い評価が与えられてよいであろう。

では、栄養学的病因説とは何か。それまで医学の先端と言われた細菌学に対抗して、全般的な栄養不良とは別に特定栄養素の欠乏によって起こる様々な症状の存在を解明してその因果関係を突き止め、栄養素の補給によって健康状態に復帰し得た事例を多数確認した上に立って、その栄養生理学的プロセスを究明した科学的活動をいう。そのなかで病理学者との共同研究を発展させ、既存の医学と並びうる水準への急成長を実現させた。

他方、食事の多くが長い経験のなかから形成された安定性を帯びた生活習慣とは別に、社会的経済的状況の強い制約を受けて歪められた食事の場合には、緊急の社会的対応つまり公衆保健的救済が必要となる。それを新栄養学の課題に設定したところから本書が編み出された。この特色が広い読者との結びつきを実現し得た要因であったと推定される。事実、当時の知識層に広く歓迎された模様が著者の経験談として数多く語られている。講演会は毎回多くの聴衆を集めて成功したという。これは一種の栄養学ブーム、あるいはビタミンブームと呼ばれる社会的動向で、ビタミン発見によって火が付けられた新たな文化的高揚とみなされる。

しかし新たな出発点からは、間もなく、ビタミン食品およびビタミン剤の生産・販売という経済的・社会的条件づくりが進むとともに、食事の歪みが別の形をとって再び現れることになった。

4. ビタミン説に確かな見通しが立つや、著者はいち早くその成果を取り入れてビタミン栄養学を柱とする構成へと改訂した。それが第2版（1922）で、主な欠乏症――壊血病・脚気・ペラグラ・くる病――を取り上げて、社会的背景を丁寧に検討しつつそれに新しい公衆衛生という学問的性格を与えた。内容をここに見ておこう（表49参照）。

壊血病について残されている古い記録から発生状況を追跡して、その主要

表49　ビタミン確定史（A ～ D）

発見者（年）	ビタミン No.	病名	欧名
Eijkman（1897）、Funk（1911）	B	脚気	ベリベリ
Holst（1907）	C	壊血病	スカビー
McCollum（1913）	油性 A（A）		
McCollum（1915）	水性 B（B）		
McCollum（1917）	A	夜盲症	セロファルミア
Melanby（1919）	D	くる病	リケッツ
Elvehjem（1937）	ナイアシン B 群	ペラグラ	ペラグラ

註：ただし発症因子は多重とみられる。例：クル病には Ca/P 関与がその典型。

な傾向としての集団発生に注目した。軍隊の遠征、探検隊、船乗りなどの長期的行動がその基礎にあり、その上にともすると低質の食料に限定された食事が、直接的な原因であったことを指摘した。特に新鮮な植物性食物の欠乏が重大な要因であることを早くから知っていながら、発病に至ったことを重視した。

脚気はアジア地域の米食民族に広く起こるという事情を土台に持ち、その上に軍隊、植民地や監獄などに集団的な発生を確かめている。囚人についてはアメリカの場合にも特徴的に認められたという。ジャワが植民地であった時代に統治国オランダ兵（原地人）多数に発生し、食物の栄養欠乏が明らかにされた。これがビタミン発見の糸口となった。日本の陸・海軍でも兵員に支給された食物のビタミン B 欠乏に由来することが確認された。しかも集団発生という重大事態を生んだ直接の原因が兵員食の栄養に関する認識不足だけでなく、集団統率者のなかにある兵士の栄養を軽くみる思想がその基礎を成していたことも事実によって明らかにされた。その場合には数百人の患者が一度に発生することになり、高い死亡率につながっている。

ペラグラは、19 世紀末から 20 世紀はじめにかけてオーストリア・チロル地方に多数の重症患者を出し、アメリカでも 20 世紀はじめに南部に約 20 万近い発生をみて、うち 17 万人の死亡記録を残している。そのケースを分析すると裕福な階級に皆無で貧農層に多く、少量食物に限定した食事によって生活を支えていたことを著者が指摘している。公衆保健局の研究の手が伸びたのは大発生という深刻な事態を迎えてからのことであった。原因究明を目的とした人体実験も行われ、酵母・牛肉・牛乳の給与によって予防できることを確かめている。それらの食物が特別に真新しいものでないところにこの問題の深刻さがみられる。

クル病は1910年代にロンドン・ニューヨークなどの大都市に多く認められた。劣悪な生活環境と貧しい食事とが重なってビタミン欠乏症を子供に発生させた。以上の事実を整理すると、そこからは次の推論へとたどり着く。内容を簡潔に表現すると「新型貧困」への開眼であった。しかも厳しい自然条件に身を置かざるを得ない地域あるいは人々にではなく、極めて社会性の濃い状況下の発生であることが明瞭である。それは以下の3点に区分できる。

1. 強い規律にしばられた集団行動のなかの食事の貧困（典型例が軍隊)。
2. 極度の都市化・工業化のなかの食事の貧困（典型例が都市貧困層)。
3. 高度経済効率型農業から生産された食物の質的貧困。

ここから導き出される結論は、欠乏症が20世紀型貧困または社会病の別名であるという認識である。まさに公衆衛生学と公衆保健活動が課題とすべきテーマといえる。この問題をビタミンの知識によって一層冴えた眼力を身につけた栄養学者たちが鋭く告発した。ビタミン発見のもう1つの人類史的意義とみなしてよいであろう。

ビタミン発見以後、解読本は無数とも言えるほどの賑いをみせたが、欠乏症にまで筆が及んでいるものは極めて少ない。そのことが知識を底の浅いものにしている。そのなかにあってしかも開拓者の1人として、欠乏症にまで目を配り、論述の全体に歴史の道筋を通したことはMcCollumの偉業に外ならない。

第5章

微量元素科学
—“必須性と毒性”相互作用の科学—

ここでは当時の研究動向の先頭を切ったHartとMcCollumのそれぞれが率いた2群の研究チームによる成果を第1に、ついでUnderwoodの貢献を中心的に取り上げる。

5.1 Hartの活躍

McCollumがウィスコンシン大学においてはじめて独立した研究を開始したのは1907年、そこで新しくラットの飼育実験法を成功させてビタミン因子の発見という偉業を成し遂げた。それはHartの指導の下での成果であった。その後1917年にジョンズ・ホプキンズ大学に移り、ビタミン研究と合わせて無機元素次いで微量元素の栄養的価値の研究へと対象領域を拡大していった。活動が大きく軌道に乗った1920年代と1930年代には、微量元素研究の領域において両大学がリーダーの実力を発揮して、研究の両翼と評価され、微量元素栄養学・実験栄養学の最先端を占める位置にあった。

まずは、一方のHartを取り上げる。研究体制の面ではSteenbockとElvehjemが中心的な協同研究者として全体を指導した。やがて活動のなかからは、造血機構に関与する銅の存在を発見して、19世紀以来の無機塩から無機元素へと発展した無機栄養素研究のなかに、微量元素パラダイムという新しい礎石を打ち込み、栄養学を新時代へと向かわせた。ElvehjemはHartとともに研究の推進力を発揮し、間もなく「銅の生理作用」概念を大成させた(1935)。すなわち微量元素パラダイムの確立である。

19世紀の研究者Hirschは貧血症が人間の古い病気として周知のものであったと述べ、原因には細菌感染とともに動物性食品の欠乏を挙げた。その後、血液中に鉄が発見されてからは、鉄分欠乏を主原因とみなす考え方が主流の位置を占めた。主張者の1人 Bunge（1889）は貧血者の肝臓における鉄貯蔵量の減少を原因とみなした。20世紀になると、鉄化合物の摂取にもかかわらず貧血症が改善されない事例が多く発生したことから、鉄の摂取状態についての実験的研究が数多く取り組まれた。

1920年代には貧血症研究のなかにウィスコンシン大学のグループが加わった。当初 Hart らは牛乳を唯一の餌にして、それにクエン酸ソーダを補足してウサギに与えて貧血症を起こさせることに成功した。ヘモグロビンと赤血球の数が正常値の半分に低下するまでは成長もほぼ正常に近い状態を保った後の変化であった。次に症状改善を目標に上記の餌に第二鉄塩を補足したが失敗に終わった。さらにキャベツの補給あるいは乾燥キャベツのアルコール抽出液を投与して、はじめて成功をみた（1925）。

次にラットを対象に牛乳限定餌で貧血症を起こさせ、精製した塩化鉄・硫酸鉄・クエン酸鉄・燐酸鉄の補足によっても治らず、レバー・レタス・黄色トウモロコシなどの灰あるいは灰の酸抽出物プラス鉄0.5mg 補給によりはじめて卓効を確認した。その上で灰の溶液に硫化水素を通して沈澱物をつくるとそれにも効力を見出した。とくにレバーの灰に著しい効果が認められた。灰の分析によって効力の源泉物質として銅をつきとめることができた。

こうして次の事実が明白となった。牛乳は鉄利用に必要な有機物質を欠いてはいなかった。ヘモグロビンの前駆物質であるピロール環にも不足はなかった。唯一銅の欠乏がヘモグロビン合成に鉄を使えなくさせていたと。この報告以降、銅以外にマンガン・ニッケル・ゲルマニウム・ヒ素などを使って牛乳唯一餌を条件に、同様の成果が得られるか否かを検討する研究者が多数現れて活発な議論を展開した。こうして一般的な無機元素以外の領域として微量元素栄養学開拓の道が遂に現れて、貧血症の本質へ一歩接近を果たした。それが1930年代の旺盛な研究動向の特徴である。この昂揚の波に対して、後の Mertz（1987）は「新時代が始まった」と述べた。

もう1つの領域にマンガンの問題があった。ケンタッキー州農業試験場では同地方の養鶏農業に発生した低率孵卵の問題を1910年代から研究していて、同地方産飼料のマンガン欠乏による問題であることをようやく明らかにして、マンガン添加の方法により解決した。またコーネル大学ではニワトリの足の脱臼の原因を調査して餌に混合した石灰にマンガン不足をみとめ、マンガンを加えて欠乏症を治した。これらの問題はいずれも1930年代に入って解決をみた。

他方、1930年代に微量元素マンガンの研究が活発になったとき、ウィスコンシン大学ではHart・Steenbockらを中心にマウスを対象とした飼育実験が行われていた。やがてそこから次の事実が明らかにされた。牛乳に鉄・銅を補った餌とさらに0.01mgという微量のマンガンを加えた餌とを比べると、前者の成長遅れ以外にメスの排卵障害が認められた。そのマウスにマンガン補充餌を与えると症状が改善されたが、なお不十分であった。

牛乳に鉄・銅、さらに糖質および牛乳乾燥物（全粉乳）を補足すると成長・排卵・生殖が正常状態に戻った。この結果から、前半の実験で観察された成長不十分はカロリー補給の不足と考えた。ここにもビタミンの場合よりもさらに微量の栄養素の効果を検討する栄養学の新しい特徴がみられる。そして動物の繁殖力にマンガンが不可欠とみられる証拠が次々と明らかにされた。

最後に微量元素亜鉛の研究を取り上げる。亜鉛欠乏症は通常の動物にはほとんど認められていないので、その生理的必要性を解明するためには実験による発生が不可欠である。かつてBertrand・Berzon（1922）がラットに試みたことがあったが、亜鉛以外の元素も欠乏していたため不十分な結果に終わった。Hubbell・Mendel（1927）もマウスに試みてマンガン添加餌の方が状態が良好であったと報告している。

1930年代に入ってHart・Elvehjemのグループは亜鉛1.6ppmという微量濃度の餌の調製に成功した。それでラットを飼育したところ、体力消耗・脱毛という症状の発現が確かめられた。この餌にマンガンを補給することによって、成長の改善・脱毛症予防の実現という成果を挙げた。さらに精密な研究動向が1940年に出現して発展した。ここには、微量元素を主題とする栄養学の定着が認められる。

5.2　McCollumの貢献

5.2.1　成果の輪郭

次にジョンズ・ホプキンズ大学のMcCollumの研究状況に目を向けると、

そこにも微量元素パラダイムの形成過程の跡を認めることができる。McCollum は微量元素の生理学的重要性に関心を持ち始めた生化学者たちが相次いで研究を開始した、と 1920 年代の特徴を指摘したことがある。そこには欠乏症発生という問題とは別の純粋に学術的な意識が存在したといえる。そのような新しい科学意識の勃興の駆動力として植物栄養学における微量元素研究の急速な発展が知られていた。それを以下に述べる。

Mn：1930 年代初頭に McCollum らはマンガンの動物実験をはじめて成功させるという優れた成果を挙げた。低マンガン量餌によって幼ラットを飼育、外見上は正常だが繁殖力の低下が潜在、メスのほとんどが産後に授乳行動をみせなかった。他方、対照群にはマンガンを補給して正常な繁殖力を確かめた。また、マンガン欠乏餌を与えられた親から生まれた幼ラットのほとんどが成長せず、十分な乳を与えても極めて低調な成長にとどまった。体内組織の分光分析によってマンガンの欠けていることが分かった。一方、正常な幼ラットには存在が確認された。オスラットについても生殖器官の退化が顕著であった。以上の観察結果を根拠に McCollum は、マンガンが胎児の発育にとって重要な役割を果たしていると推定した。1930 年代後半には逆に過剰給与の限界を求める実験を行い、最高 0.9980g で僅かな成長遅滞を認め、マンガンとリンとの含有量の関係が重要な要素とみられるとの指摘を行った。つまり相互作用への注意喚起である。

Zn：1933 年の報告によると McCollum は亜鉛についても実験し、餌中の亜鉛を極めて微量にまで減少させることができずに失敗したと述べている。

Ni：1931 年には食用の魚のニッケル含有量を分析し確認したと報告している。

B：ホウ素については、混合餌による正常ラットと精製餌に種々の割合でホウ素を加えた餌で飼育したラットについて、ホウ素の体内分布を分析した。また人間の病変器官中の分布をも分析した（1937）。

Si：魚・ニワトリの組織中のケイ素分布を分析した（1931）。

Sr：1920 年代のはじめに骨の形成とストロンチウムとの関係、ストロンチウムとカルシウムとの拮抗的関係について研究した（1922・1923）。

Al：アルミニウムの研究報告が 1928 年に公にされている。そのなかで動物組織中の存在量は 0.5ppm 以下と極めて微量であること、およびアルミニウムが消化器から吸収されないことを述べた。さらに高濃度の餌によっても成長・生殖および一般生理状態への有害作用は認められなかったと述べた。

F：フッ素については、動物組織中に極く少量存在することが知られていて、栄養価よりも有害性を重視せねばならないと考えて、1920年代はじめに、ラットの飼育実験を行った。そして餌中にフッ化ナトリウムとして0.01％の含有はすでに有害性が明らかであったと述べている（1925）。障害は主として骨と歯において顕著であったという。他方、1930年代はじめには生理性・有用性の可否を検討するラットの飼育実験を行い、フッ素を欠いた餌によっても骨・歯への影響がみられなかったことから、生理的に必要ではないとの結論を下した（1933）。

以上が1930年代までにMcCollumが行った研究の実績である。微量元素領域への積極的進出が顕著であったと認めてよいであろう。

5.2.2.　コバルト研究

微量元素研究には実験結果が相互に矛盾し合う先端研究の特徴が顕著であった。1930年代における微量元素のなかで最も注目を集めた対象にコバルトがある。McCollumは生理的特性という栄養学の面からばかりでなく現実の畜産業にとっても重要性が高い点を指摘して、マンガン・ヨウ素に次ぐ問題に位置づけた。その予想が正に的中して、1954年までに1,200報を越える論文が生み出された。その主題のなかにはいくつもの副主題が含まれていた。

1.　動物体中の存在

1920年代後半から1930年代前半にかけて動物体に存在するコバルトを追って多くの分析が行われた。その結果、微量の存在を主張する意見と否定する見解とが交錯した。前者にはMcHargue・Fox・Romageが属し、後者にはStare・Elvehjem・Blumberg・Raskがみられた。Elvehjemらは牛乳100g中に0.01mg以下を検出し、鉄・銅・マンガンを加えた牛乳で飼育したラットの体内全量を0.01mg以下、豚の内臓中もほぼ等しい量であったと報告した。その後主張をさらに強めつつも、生理的意義はないと述べたが、間もなくその考えは否定された。Raskらの分光分析からは不検出という結果が出た。これらの事実は極めて微量水準にあるコバルトの検出が困難であったことを示している。

2. 毒性試験と血球増多症

Waltnerらはコバルトの給与・注入など、方法の異なる複数の実験によって血液増多症の発生を確認した。それは1929年のことで、ラットの餌に加え、あるいは注射によって症状の発現を得た。いずれにもコバルト塩が用いられた。1930年代に入ってOrtenらもその事実を確認して血球量の増加を推定した。さらにBaronら（1936）は、その発生メカニズムに関して未熟成赤血球の呼吸作用がコバルトによって阻害されるとみる仮説を立てた。他方、牛乳・鉄・銅・コバルト・マンガンの餌によりラットのコバルト中毒が緩和されるとする実験結果とむしろ増進するという反対の結果も現れた。

3. 欠乏症

ニュージーランド・オーストラリアおよびアメリカのフロリダには昔から地方病が牧場の牛・羊に知られていた。症状は食欲減退・衰弱さらに進行性の貧血症であった。はじめは鉄欠乏と考えられて鉄鉱石・水酸化鉄によって治療されて効果を挙げる場合もみられた。

1930年代にUnderwood・Filmer（1935）らは数多くの実験を積み重ねて真の原因であるコバルト欠乏症に到達した。ここにその経過を示す1例を挙げる。彼らは罹患動物の肝臓・脾臓が過剰の鉄を貯めている事実を見出した。この事実によって、まず鉄欠乏説を捨てるとともに、何らかの原因により鉄を利用できない状態がつくられているのではないかと推定した。

次に一部有効性を持つとされた水酸化鉄を主成分とする鉄鉱石から鉄分を除去してヒツジに与え、貧血症から救うことに成功した。重ねてその無鉄部分を数種の成分ごとに分割して、同様にヒツジに与えて、そのなかにコバルト・ニッケル・亜鉛を含む部分に有効性を認めた。この結果から3成分それぞれの純粋な塩を与えて、そのなかの塩化コバルトに真の効力を確かめることができた。この事実によってコバルト欠乏症であることを証明した。

この研究がコバルトの必須性を証拠だてた最初のものとなった。以後、1930年代を通して、Askew（1936･1937）およびDixon（1936･1937）らを始めとする多数の研究者によってその事実が追認された。他方で、アメリカ・フロリダ地方の牧場では仔牛に乾草・トウモロコシ・脱脂乳を与えて起こる貧血症がコバルトを補った餌によって治った。この地方の土壌分析からコバルト欠乏状態にあることが同時に明らかにされた。

前述のUnderwood（1935）とほぼ同時期にLines・Marstonらは先のWalterらの実験にヒントを得て、発病したヒツジにコバルト塩を与えてコバルトの有効性を証明した。ヒツジのコバルト必要量は1日約1mgと極めて少ない量であった。Underwood・Elvehjem（1938）はラットに対して欠乏症の発生を目的にコバルト6μg/kgの餌を与えたが貧血症を起こすことができなかった。次にElvehjem・Hart（1941）はイヌに上記の餌で出血を伴う貧血症を起こさせ、コバルト塩の投与によって造血機能を昂進させることに成功した。

続いて1941年までに、反芻動物であるヒツジ・ウシの飼育実験にコバルト欠乏症の発症成功例が認められるに至った。当時の研究水準において、ようやくコバルトの生理的重要性の確かな証拠が得られた。その1つとしてビタミンB_{12}という複合分子中にコバルトが発見できたことを挙げておこう。このようにして1930年代の貧血症研究から微量元素の銅とコバルトの動物必須性が見出された。矛盾に満ちた実験結果から始まって、1930年代の終わりにはコバルトの必須性確認という高い水準の栄養学にまで登り詰めて、微量元素パラダイムは不動のものとなった。

4. McCollumによる時代の評価

先にも述べたように、1920年代という時代について多くの生化学者たちが微量元素の生理学的重要性を意識して研究に乗り出したとMcCollumは評論した。そして自らも率先してその潮流に参加しつつ幾つかの重要な発見に成功を収めた。

今あらためてそれを振り返ると、その時代はまさに微量元素パラダイムの形成期とみることができる。多くの失敗を重ねながらも前進することを諦めず努力した。

そして、1930年代を通じて、その成果が爛漫と花咲いたかの観がある。ジョンズ・ホプキンズ大学公衆衛生コースに在って、専ら生化学的・栄養学的方法を駆使しつつ微量元素の意義の解明に力を注ぐMcCollumの姿がそこにみられた。コースの専門研究テーマを「栄養における無機元素の要・不要の解明」と設定して、マグネシウム・マンガン・亜鉛・フッ素・アルミニウム・カリウム・ナトリウム・塩素などを取り上げた。微量元素または無機元素に関して微量存在の意義が中心的課題の位置を占めた。

そのなかで立てた目標の第1は生理性の発見と生化学的究明、第2は欠乏によって起こる症状（＝栄養障害）の発見であった。途中からは病理学者との共同研究を積極的に進めた。Richard・Follis らとともに挙げた成果も優れたものであった。病理学との協同は栄養生理学の領域を病態研究にまで広げて、過剰症から毒性研究へと向かうための基盤をつくったといえる。これらの計画を推進する基本思想を McCollum は次のように表現している。「この時期、無機元素の食事成分としての重要性を解明することは栄養学研究のなかでも新生成長因子であって、それだけ重要な分野の1つと言える」。これが大学の公式コースとして認定されたことに、科学的だけでなく社会的にも重要な意義が認められる。

次の1940年代には動物の生理機能の発現プロセスと無機元素の代謝との関連を解明するという目標を立てて実験に主力を注いだと McCollum が後に述べている。この考えによって、大学内部における協力関係の構築にとどまらず外部への働きかけをも積極的に展開した。

畜産業を経営する Pratt への援助がその代表的事例の1つである。Pratt はヴァージニア州の農場所有者であったが、当時、飼育中の乳牛に健康不良・泌乳量低下・高率死亡といった深刻な問題を抱えていた。McCollum はその事情を聞いていくつかの助言を行った。それが微量元素欠乏対策であった。McCollum は、現代の大規模農業経営にとって微量元素の知識に欠けることがいかに容易に悲劇につながるかを丁寧に説明した。そのために世界各地に発生したリン・ヨウ素・マンガン・銅・コバルトなどの欠乏症とその対策の成功に関する知識を伝えた。

Pratt はとくに仔牛のコバルト欠乏症に注目して、コバルトと銅を添加した餌に改めたことにより、見事に問題解決の糸口を見出すことができた。Pratt はこの経験から大いに学んで、ますますその方向に研究の中心を移して飼育に熱を入れ、経営を大きく発展させることに成功した。この段階で、微量元素栄養学の実用的性格が顕著となった。

このことを契機にPrattは微量元素の生理学的・生化学的研究の援助をジョンズ・ホプキンズ大学に申し出た。その結実が「微量元素の栄養」を主題とする附置研究所の設置である。"McCollum-Pratt研究所"および「研究基金」として具体化された。またその後も数度の研究助成金を贈呈して、この分野の発展に少なくない貢献を果たした。科学体制化への一歩前進というこの事実を栄養学の方向からみたとき、微量であるが必要な生理機能性物質とみなす微量元素パラダイムが社会的にも確実に定着したことを認めることができる。

5.　さらなる新パラダイム —生物地球化学パラダイム—

微量元素の栄養研究が獲得した新たな性格は、動物および人間の栄養問題を出現させる微量元素という既存のパラダイムを越える動向を露にしたことである。欠乏症研究が微量元素研究の1つの根に当たる位置を占めたことにより、研究は必然的に動物飼料作物および飼料植物中の微量元素の分布・存在状態分析を第一手段として行われ、次いでそれらの植物を育てる土壌中の分布・存在状態の分析へと向かわせた。そこから、自然界と人間の生活圏とを結ぶ微量元素の自然動態および人為的動態への関心が喚起された。

この科学思想は先行した植物栄養学のなかに早くからみられた。StilesやBowenなどがその分野で活躍し、その潮流は1960年代を通して広く科学の世界に根を張った。アメリカ学術振興会主催のシンポジウム（1968）はその動向を代表するものであった。そのなかでは次の主張が特徴的である。「微量元素という言葉は一般にはいくらか耳新しいと思われるが、水質研究の対象として今まであまり注目されてこなかった」。またこうも説明された。「自然水の性格を完全に把握しようとするには、30あるいはそれ以上の微量元素の濃度を測定する必要がある」。また、この時代に環境汚染問題が多発したことも、大きな刺激となった。

このような時代へと正にさしかかっていたこともあり、McCollumが晩年に同種の発言をすることは何も特異的な響きを持たなかったかもしれない。しかし、三大栄養素なかでもタンパク質から始めて、塩類そしてビタミン、微量元素と精力的に新しい栄養素の研究に一生を通じて邁進してきて、最後の微量元素を手掛かりに生物地球化学というまさにグローバルなテーマを発見したことの意味は、一人 McCollum だけでなく動物栄養学を志した研究者たち全体が帯びた思想遍歴であったことにより、その意義はさらに大きいものがある。「食料としての植物・動物を求める人間が大地から奪い去ったあと、廃棄物として海へ放出している。この無駄な方法を早急に改めるようにしたい。さもないと悲劇に見舞われることになる。そのための科学を強く求める」。

以上の表現に込められた深遠な思想の衝撃性は極めて少数の人々に影響を与えるにとどまったものの、その本質が 20 世紀初頭以来細々と発展してきた生物地球化学に在ることは、もはや疑えない。恐らく、これが McCollum の一生の最後を飾る新パラダイムになったであろうと思われる。科学はようやくここまで包括性を育てながら McCollum の思考のうちに訪れたといえる。

――これで McCollum の時代をおえる――

5.3　Underwood の時代

微量元素栄養学の本格的展開は McCollum の時代から Underwood の時代にかけて活性化した。先のビタミン栄養学の成長期に続いて、ここでは微量元素栄養学時代の幕開けの様子を確かめる。

McCollum はビタミンを中心に研究しながらも、微量元素へと次第に重点を移していた。当時の先端的動向を代表する McCollum の著書に『栄養学新説』第 5 版（1939）がある。研究成果が蓄積しはじめた時期に当たる出版であっただけに、叙述内容は 1930 年代の認識状況の特徴を極めて正確に反映したものとなった。「第 11 章微量無機元素」の冒頭部分数行にその証拠が認められる。ここに再録しておこう。「動物体および排泄物中に多種類の無機元素が存在することは普通の化学分析によって実証されているが、さらに分光分析によって他の多くの痕跡的無機元素（微量元素：筆者註）が検出された。しかし発見された微量無機元素が生理的機能を果たすために存在するのか、あるいはそれを含んだ食物を摂取する結果付随して入って来ただけのものかは未だ決定されていない。現在では人類におけるこれらの微量元素の生理的意義を指摘した文献は非常に少なく、専ら動物栄養の立場から考察しうるのみである。保健に関する微量元素の問題は、動物組織に栄養上必要か否か、また逆に有害であるか否かの二方面から考えなければならない」。

記述のなかにみられる新しい成果として次の２点をあげておく。

第１は微量元素発見を意欲的に追跡したことである。同時に事実の整理から理論化への過渡期の様相があらわであることも止むを得ない。

第２に結論を導き出す方法として、必要性・有害性の二面から解明を強く主張していることが分かる。なかでも有害性究明を重視する方向には期待がもてる。ここから微量元素の特性解明の作業が進むと予想されるからである。

McCollum と平行して、同時期のオーストラリアでは Underwood が微量元素研究に取り掛かり、以後、20 世紀の後半を通じて動物栄養学の推進に指導的役割を果たした。その研究蓄積を表す最初の著書となった『人間と動物の微量元素栄養学』（1956）は、時代を代表する総括的文書としての性格をすでに十分に備えていた。

この２書を比較する作業を通して、微量元素栄養学というパラダイムの確立を明らかにすることができると思われる。それは以下の通りである。

第１の証拠は、上記の著書における微量元素の扱い方の違いにみられる。McCollum はそれに１つの章を割り当てたに過ぎないが、Underwood は全体の主題としての位置を与えて豊富な事例で内容を埋め尽くしている。２つの発行時期を挟んで知識の開発と蓄積が大きく進んだことが分かる。

第２の証拠として、微量元素発見状況を解説した次の部分を取り上げてみる。上記のような「多種類の無機元素」の外に痕跡的無機元素を取り上げた結果、栄養素として新たに 15 元素の名を挙げることができた。

他方、Underwood の指摘は次の３点であった。

1. 高性能・高感度の微量比色法および触媒法など分析法の進歩に支えられて極めて多数の元素がすでに確認されている。
2. 確定元素数が多量元素 11 と「微量元素」27 に達した。

多量元素：C・H・O・N・S・P・K・Na・Cl・Mg・Ca

微量元素：Fe・Cu・Mn・Zn・Au・Ce・I・Co・Mo・Ni・Al・Cr・Sn・Ti・Si・Pb・Rb・Li・As・F・Br・Se・B・Ba・Sr・V・Ag

3. 今後の分析法の進展如何ではさらに確認数の増加が予想され、ほとんど全ての元素を生体組織中に見出すこともできる。

両書の間に介在する20年という時間が生み出した元素分析技術の進歩は、単なる元素確認数の大差にとどまらず、全元素の存在に向けられた歩みともなるかのようであった。

第3の証拠は、微量元素の生理的機能解明の水準にみられる。McCollumは次のように4区分した。「生理的機能がすでに明らかにされて食物中に不可欠な無機元素にI・Fe・Cuがある。さらに効果がほぼ明らかとなった元素にMn・Zn・Coがある。ついで効果不明の元素としてAl・Sr・V・Br・B・Si・Niが残されている。有害元素にはF・Seを挙げることができる」。

この点に関してUnderwoodの記述は一層精密になるとともに複雑な実態を反映したものになった。「少数が必須性確認済みであるが、他は生理的重要性を認めはするが、決定的証拠に欠ける。たとえばFe・Cu・Mn・Zn・I・Coの6元素は高等動物にとって必須栄養素。Mo・F・Ba・Srの4元素は必須性を正当化できるいくつかの証拠をもつ。同様に高等動物にとってFe・Cu・Mn・Zn・B・Si・Moの7元素が必須栄養素と認められている。低級動・植物のある種についてはVが追加される。

動・植物では微量元素の重要性に関して質的大差が認められる。ある意味では栄養必須性に限定して論ずることもできるが、他の意義をもたせることもできる。たとえば植物にはI・Coが組織中に現存するが不必要とみなされている。動物にとってB・Siが同様の取り扱いを受けるが、動物組織中にはそれらが普通に存在する。このような動植物間にみられる存在量の差、必要性の差は動物・植物それぞれの種間にもみられ、事実重要な意味をもつ」。このように後者には知識量の著しい増加が特徴的である。

第4の証拠として次の記述を挙げておく。それは以上の認識に関する評価領域に属する問題である。McCollumは次のような結論を下した。「微量元素は生理的機能を果たすために存在するのか、あるいはそれを含んだ食物を摂取する結果に付随して入って来たものであるかは未だ決定されていない。現在、人類におけるこれらの微量元素の生理的意義を指摘した文献が非常に少なく、専ら動物栄養学の立場から考察しうるのみである」。

Underwoodは、次の4点にわたって基本的な評価を与えた。

1. 植物・動物の組織中に常に存在する多数の微量元素のうちの少数のみが現に必須で他は単なる汚染物（混入物）だと考えるべきではない。必須微量元素がこのように少数であるのは分析技術の未熟さによって極微量存在の水準にある元素が未発見にとどまっているに過ぎない。1、2の具体例をあげると、動物の成長実験を行う場合、比較的最近になってビタミンの純品が使えるようになった。もう1つは極く近年になって放射性同位元素が使えるようになった。その結果、土壌・食物・水・大気中に存在する微量元素を体内に摂取した場合に生体はそれを受動的に許容し、協調する（注：傍点筆者）ことによって恒常性を保っていることが明らかである。
2. 現存する元素については、存在即有用性ときめつける訳にはいかないが、さらに高純度の栄養的適性度の高い餌が調整されるようになり、生理学的にも分析面でも技術が進歩すれば、そのなかから必須性が発見できるであろう。ほんの数年前にCu・Mn・Zn・Coが汚染物（混入物）と考えられていたにすぎない事実を忘れてはならない。現在の必須元素と非必須元素の差は未だ固定的ではないと考えるべきである。たとえばFeはある研究者にとって微量元素とは認められていない。血液中の存在量の大きさがそう判断させている訳だが、多くの酸化酵素の成分としてみると、FeもCuも同じように微量の存在であるし、代謝過程にみられる特徴もCuとFeは同様の関係にある。また、多くの体液や組織のなかでFeとZnとは同水準の存在量を示している。ここからはFeの微量元素としての側面の重要性が理解できる。それ故、本書ではFeを微量元素として取り扱うことにした。
3. 微量元素の特徴の1つに存在量の大きな違いがある。哺乳類がその好例で、Cu要求量はI・Coの何倍もある。動物の組織中のZnがMnの何倍も大きい。証拠となる1例として人間の血液中の存在量を表50に示す。

表50　哺乳類の必須微量元素存在量

元素	全血	血清
Fe	50,000	80－100
Zn	700－900	300
Cu	100－120	100－120
Mn	12－18	4－6
I	8－12	5－6
Co	—	0.8

註：単位はμg/100mℓ。

4. 血液中や組織中には未だ明白な機能が定まらない元素が必須元素より多数存在する。Br・Si・Rn などを好例として挙げることができる。Rn は多くの動物にも人間にも組織・器官中に見出されている。胎児の組織中にも乾物量で数十 ppm も存在するが、その生理的機能は不明である。

微量元素間の吸収過程における相互作用は研究領域ばかりでなく実際の経験的分野でも無機元素間の現象として古くから知られていた。特に植物に関しては動物より早くから知識の蓄積が進んでいた（Hewitt）。動物についても、すでに多くの研究者による事実の報告がみられる。ここでは McCollum と Underwood の記述に触れながら締めくくっておこう。

McCollum は家畜栄養の分野に長い歴史をもった使用経験がみられるとして、成長促進目的に様々な塩類の使用の経験について述べている。欠乏症対策についてもこの方法が頻繁に用いられていた。20 世紀に入って小動物栄養法が現実の問題になったときにも、相互作用の利用が主要な方法の位置を占めただけに、相互作用概念は微量元素栄養学のなかでもしっかりと定着していたという。1 つの例として貧血対策をみると、Ca と P の比率について Wendt（1905）、Sherman（1967）らの貢献が知られている。また Fe については、Cu および Co が補助的に働くことも早くから明らかにされていたことを指摘している。

Underwood はヒツジ・ウシについて慢性銅中毒が Cu 以外の Mo 欠乏時に発生することを認め、家畜の軽症慢性中毒が環境中の多様な微量元素の存在状態に左右された複雑な相互作用の結果、起こりもするし緩和されもするとみて、それらの間にある種の調整則が推定されると述べている（3 版）。実例として 1950 年代初期にオーストラリアで発見された事実（Dick）すなわち Cu・Mo・硫酸塩の間の「代謝相互関連性」を挙げている。

さらに要求量や耐容量について検討する場合に、目標とする元素以外にも影響を与える全ての元素を食餌のなかに探し当てねばならないと述べ、吸収・滞留に影響する他の元素の存在程度に応じて食餌中の基準値が定まるとみなした。

以上のように経験的に形成された概念としての相互作用は、その本質として絶対的・固定的な一元論から多元論へのパラダイム転換を示すキーワードとみなしうる。無機栄養における多量元素が特定のいくつかの主要元素の機能へと還元された段階から、微量元素の相互作用重視への発展としてこの事実を評価することができる。ここから、生命活動が多元的因子の集合系として正しく理解できる水準へと向かう、と推察される。

第3部

必須・毒の制御統合機構栄養学

—連続するパラダイム転換—

鉄栄養学にとって19世紀の必須説台頭から20世紀末の毒性説誕生までは、パラダイム転換が続く激動の150年間であった。その実態を栄養学説の変遷とみる視点からは、生理機能説から生体制御機構説を経て生体防御機構説へと向かい、さらに異なる機能をもつ複数機構の統合体説に至り、生命観が一段と輝きを増したと理解される。それはあたかも認識の三段階から成る歴史的発展を意味するかのようである。そのなかでは、鉄毒性に対する生体防御機構認識の重要度が既存領域の水準を遙かに越えると筆者は考える。その根拠を以下の史実のなかに探る。

第1章

生理機能説時代（ヘモグロビン研究―必須性の証明―）
―19世紀Liebigから20世紀Warburgまで―

1.1　酸素運搬体ヘモグロビンの研究（1840s－1860s）

ここには有害性への視点がみられないことも確かめておく。すなわちLiebigの『動物化学』（1842）の知識から歴史をたどってみる。そのなかに出てくる初期の基本的認識は以下の通りである。「血液は鉄化合物を含む。赤い血液には常に鉄が存在することから、鉄は動物の生命にとって絶対に必要であると結論しなければならない。生理学は血球が栄養過程に関与していないことを示しているので、血球が呼吸過程に役割を持っていることは疑いがない。血球中の鉄化合物は酸素化合物として挙動する」。

続けて、ある種の鉄化合物が酸素を取り込むことを論じ、その産物が酸素を放して還元されることを述べた。「動物血の血球は酸素で飽和した鉄化合物を含んでいて、生きている血液は毛細血管を通過するとき酸素を失う」と。しかし当時にあっては、鉄化合物の本体を解明するところにまではまだ至っていなかった。上記の文章は「呼吸の理論」として述べられた部分であるが、鉄の生理的必須性を説く基本姿勢に貫かれているところに特徴がみられる。

次に1860年代における知識の前進に焦点を当てると、主な3種類を挙げることができる。

1. 血液の色調変化は酸素化と脱酸素化によるという基本メカニズムの承認。
2. 血液中の酸素の大部分がたやすく解離する状態で存在するという認識および酸素結合能力の定量化方法の確立。
3. 呼吸過程において酸素と結合する血液中の鉄化合物に関する化学的・分

光学的研究の進展。つまり関連物質の研究を通じて実体解明が進展。

最後の点のみ補足すると、Hoppe-Seylerは単離した結晶を使って、酸素が緩い結合状態にあること、特徴的な分光スペクトルをもつことを確認した。Stokesは還元剤を用いて同様の変化を確かめた後で次のように結論を下した。「血液中の有色物質はインジゴのように二様の酸化段階で存在し、色の違いやスペクトルの違いによって識別できる。適当な還元剤により、強く酸化された状態から弱く酸化された状態に移行し、空気中の酸素を再び吸収する」。

以降、酸素と結合する鉄化合物の実体に関する化学的・分光学的研究が大きく発展した。そこではヘモグロビン関連物質についての詳細なデータが蓄積された。そのなかに、血液中に存在するタンパク質結合色素に関する重要な情報が含まれていたとFrutonが整理している。ヘモグロビン関連物質の化学的性質と分子構造との関係が大きく論じられたことを意味する（『生化学史』）。

1.2　生体内酸素活性化説（1840s－1860s）別名生体酸化説

1.2.1　Schönbein と Traube

はじめての現象発見に基づいてSchönbeinが酸素活性化説、Traubeが生体酸化説を立てたとみなしたのはFrutonである。筆者のモチーフからは前者をここに採用したい。

Schönbein説は以下の発見事実を積み重ねながら1840年代から1860年代にかけて出来上がっていった。

オゾンの発見：1840年にオゾンを発見した。電気装置周辺に発生する異臭の源を探究する過程で発見し、原因となる気体の採集に成功したといわれている。オゾン特有の貴重な化学的性質をヨウ化カリ－デンプン紙の青変という事実によって認め、酸素にはみられない強い酸化力によって酸素が活性化した状態と判断した。

グアヤックの酸化反応：Schönbeinはグアヤックチンキがオゾン化した空気によって、あるいは過酸化水素によって青変することを実験により示した。グアヤックチンキの青変という現象については、種々の植物から得られる物質たとえば西洋ワサビなどによっても青変することおよびその際酸素の存在が不可欠であることが、以前（1820）から知られていた。Schönbein はそれが酸化反応であることを実験によってはじめて明らかにした（1845）。

ジャガイモに酸素活性：次に、ワサビの代わりにジャガイモによってもグアヤックチンキの青変を確かめ（1848）、ジャガイモに含まれるある種の成分が大気中の酸素と結合してオゾンまたは過酸化水素をつくる結果であるとの考えを述べた。

Schönbein は Berzelius の触媒説によってこれを触媒反応とみなした。さらに青変したグアヤックチンキが硫化水素や第一鉄塩などの還元性物質によって脱色されることを実験によって示し、グアヤック色素の変化が既知のインジゴ白とインジゴ青との間の相互転換と同様に酸化・還元の関係にあると述べた。以上の実証事例に刺激されて、1950 年代にはオゾンの医学的研究が盛んになった。

キノコの酸素活性：1855 年に Schönbein はキノコを使った実験を行った。キノコの一種の１片をつぶして青に発色させ、次にそのキノコ本体をアルコールによって抽出した無色のアルコール液に先のつぶして搾った液を加えて青変させた。このプロセスは先のグアヤックチンキに似ていることに気付き、広く植物中にキノコの搾り汁に含まれる成分と同様に大気中の酸素を活性化させる物質の存在と、それによって起こる酸化反応を予想した。

赤血球に酸素活性因子：Schönbein は 1857 年に赤血球が過酸化水素の存在によってグアヤックチンキを青変させるという実験を行って成功させた。この事実によって、先の植物の場合と合わせて動物体にも酸素活性化成分の存在を推定した。以後、動物・植物の多数について抽出処理後、過酸化水素存在下でグアヤック青変反応を試みて成果を挙げた。この成功に基づいて、それらが過酸化水素を分解して活性酸素を生成するとみる酸素活性化説を立てた（1863）。

同時にこれらの動・植物性抽出液が加熱によって酸素活性化力を失うことから、その根源物質はタンパク質から成る酵素であり、このようにオゾンをつくる（＝酸素を活性化させる）酵素が生体酸化に関与していると述べた。同時代に、グアヤックの青変反応を使って白血球に同質の効果を証明した

Klebs（1868）とStruve（1871）が続いた。

酸素活性化説の影響：1860年代に現れた顕著な動向を2点挙げておく。生理学者Schmidtの著書『血液中のオゾン』（1862）とKühneが『生理化学教科書』のなかで述べた見解「オキシヘモグロビンはオゾン反応を呈する酸素を含んでおり、普通の酸素よりずっと強力な酸化剤となる」（1866）がそれである。ここには当時の活性酸素をオゾンとして捉えるオゾン説であったところに特徴が認められる。しかもオゾンの存在自体に対しては化学者から強い疑念が表明されていた当時のことでもある。1860年代後半に入って、オゾンの実在がSoretにより客観的なデータとして示された。他方、オゾン説そのものは1870年以降に力を失うことになり、代わってTraubeによる細胞内酵素を源とする分子状酸素の活性化説が力を増したとFrutonが述べている。その頃になって、Hautefeuille-Chappuis（1882）がオゾンを青色液の状態で単離することに成功した。ここに有機合成化学は強力な活性酸素剤を手に入れることができた。

19世紀の後半、1870年代から1880年代にかけてHoppe-SeylerとTraubeは生体酸化反応機構について盛んに議論を闘かわせた。前者はSchönbeinに習って酸素分子が活性化されるためには分割されなければならないとの仮説を立てた。さらにこの点から出発して、酸素分子が有機物質を酸化して過酸化水素を生成するためには、活性化された原子状酸素が水に添加されねばならないと考えた。

他方、後者にあっては、有機物質の酸化に際して過酸化水素が生成するのは、水の酸化によるのではなく、水素原子が酸素分子に添加した結果であるとの仮説を立てた。また、酸素分子による酸化反応は酸素分子の分割による原子状酸素が作用するのではなく、分子状酸素が有機物質に緩く結合した状態を経て進むという説を主張した。このような違いがあるものの、有機物質の酸化過程で過酸化水素の生成を考えるという共通性がみられた。

Traubeの流れを汲むReinke（1883）の例をみると、生体酸化は特定の有機物質の酸素分子酸化によって過酸化水素が生成し、それによって種々の物質が細胞内酵素の存在下で代謝されると述べている。

1.2.2　研究領域が拡大

後に、この過酸化水素の生体酸化関与説から酸化反応機構のモデル研究という化学領域が発展した。Fenton（1894）は第一鉄塩を触媒に用いて、過酸化水素による酒石酸の酸化を実験的に成功させた。20世紀に入ってからも、1900年代にManchot（1902）およびDakin・Neubergらが第一鉄イオン触媒の下で過酸化水素による脂肪酸およびアミノ酸の酸化反応を開発するなど、後に続く盛んな動向を形づくっている。この分野の先行的成果が100年後に「活性酸素説」として再評価されることになる。

上記以外にも、酸化反応を純粋な理論問題として取り上げて成功する化学者が1890年代およびそれ以降に現れた。Traubeの唱えた自動酸化反応における分子状酸素による緩い結合体としての有機過酸化物（中間体）理論がEngler（1897）・Bach（1897）により提起された。またBayer・Villigerら（1900）がベンツアルデヒドの自動酸化により、ベンゾイルパーオキサイドが中間体として生成することを示した。

Traubeの理論に関心が薄い生理学者たちのなかにあって2つの萌芽がみられた。1つは生理学から薬理学を独立させたSchmiedebergの流れのなかに酸化酵素研究への着手がみられることである。Taquet（1892）はベンジルアルデヒド・サルチルアルデヒドなどの化学構造をもった分子を酸化する酵素を動物組織のなかに見出した。それは組織を水によって抽出するという簡単な方法で成功した。この事実が生理学者に与えた刺激は決して小さくなかった。そのなかに師Schmiedebergの名を加えてもよいであろう。

もう1つは、生体酸化機構論に属する分野にみられた。動物組織や食物を構成する個々の化学成分が最終的に水と二酸化炭素とに分解する過程、すなわち生体酸化に関する新知見であった。それまでの爆発的一回酸化に代わる多段階酸化過程の連続と理解されるようになったことである。Hoppe-Seylerがその考え方をすでに提唱していた。

続いてHofmeisterが『細胞生化学』（1901）において次のように詳述した。「原形質において合成と分解がひと続きの段階として起こり、それらは常に異質の化学反応から成る。同時にそれらは細胞内において規則正しい系列を成し、個々の化学的作用物質の活性、産生物質の一定の運動方向に従うもので、化学的体制の下にある。この化学的体制から反応系列の機能・速度・正確さが定まっている」。ここには新たな生命像としての生化学的ダイナミズムを読み取ることができる。

1890年代に顕著となった学術動向として植物生理学の分野を取り上げると、ここにもTraubeの強い影響を認めることができる。1880年代という早い時期にも、酸化酵素の発見という成果をこの分野では挙げている。すでに19世紀前半より続けられたSchönbeinらの研究の内容を熟知していたからである。

1.3　酸化酵素発見

Traubeが提唱した「酸化酵素」を実際に発見する時代が訪れた。その第1報が吉田（1883）によってもたらされた。日本産ウルシの樹液を黒化・固形化する酵素の発見で、大気中酸素の存在により酸化を促進した。次にBertrandがインド産ウルシに同様の酵素を発見した（1894）。それはピロガロールのようなポリフェノール類を酸化することと、他にチロシンを酸化する独自の酵素も確認した。

さらに酸化作用を受ける基質に特異性をもち、分子状酸素を活性化する酸素が広く存在することを示して、それら全てにオキシダーゼ（酸化酵素）の名称を与えた（1897）。また先のインドウルシを酸化する酵素が酸素活性に不可欠な金属を補酵素として結合していると述べた。

以上の新動向に刺激されて植物・動物中にオキシダーゼを探求する研究が急成長し、1910年までに発見数多数という実績を積み上げた。こうして押しも押されもしない酸化酵素時代が到来した。以後生体酸化の議論はこれを前提にして展開されることになる。

ここに議論の幅を広げた2つの事実を挙げておく。1つはLinossier（1898）の問題提起で、多くの植物や乳汁中に存在する新しい酸化酵素ペルオキシダーゼの発見である。もう1つはLoew（1901）の研究から生まれた新しい発見である。Loewは過酸化水素を水と酸素とに分解する酵素を広く動植物組織中に見出し、カタラーゼと命名した。

これに対する賛否が述べられたなかに、もう1つ新しい認識の萌芽も認められた。それは有機化学者 Wieland（1922）の見解で、有毒な過酸化水素が生体内に蓄積しないための防御体制の一部としてカタラーゼが機能していると指摘した。生体内酸化・還元反応機構に関する自身の大論文を下敷にして述べたものと推察される。ここには、それまで主流であった生体酸化説より一段高い認識の片鱗が認められる。

最後に、生体酸化のこれまでの認識をさらに一歩前進させる動向が1890年代に現れた。Spitzer（1897）の次の見解はそれらの雰囲気をもっとも的確に表わしているように思われる。彼は動物組織の抽出液のなかに生体酸化反応の促進要因を発見し、その活性物質を鉄タンパク質として単離した。このような成果は当の時代的背景として細胞内鉄化合物に対する関心の高まりを背景にしたものであった。彼はその物質の機能を、鉄が有機物に結合した状態で行う酸素運搬と規定した。

類例は20世紀冒頭にもみられた。Warburgの精力的な活動が注目を浴びる以前のことである。Burian（1905）は動物組織中にキサンチンオキシダーゼを発見した。鉄・モリブデンを含むフラボタンパク質である。キサンチンを酸化して尿酸にする働きを有した。他方、Battelli・Stern ら（1905）は動物組織の呼吸活性をキサンチンオキシダーゼの活性によって説明しようと試みた。そして酸素活動にとって細胞の存在を必要とする主要呼吸と、細胞を離れても営まれる副次的呼吸の2種類に区分した。ここには鉄タンパク質からなる酵素の活性解明という方向が顕著に存在する。それを鉄役割説または鉄酵素説と呼ぶことができよう。このように、細胞内酸化において果たす鉄の重要な役割への関心が、20世紀前半のWarburgの活躍を通して着実に増大していった。

1.4　鉄役割説の本格化（Warburgの時代）

以下にWarburgが発展させた2つの主題を取り上げる。

1.　第一次大戦前（1908－1914）の鉄触媒型生体酸化反応

テーマ1: ウニの卵および赤血球の酸素消費量（＝呼吸量）の定量的研究のなかで、鉄の触媒作用によりレシチンが自動酸化を受けるという Thunberg（1911）の報告を確かめるとともに、独自に綿密な実験を行った。その結果、呼吸量は細胞構造に左右されるが細胞内物質の化学的作用をも大きく受けることを明らかにした。その上で、ウニの未受精卵を潰しても呼吸量の減少は少ないが赤血球では大きな減少となることを確認した（1914）。実験結果から鉄塩存在下での脂質酸化によると断定した。さらに原因確定のために卵中の鉄分析、卵への鉄塩添加、レシチンなどの鉄触媒による酸化反応を調べ、上記の結論を正しいと判定した。具体例として、レシチンの成分であるリノレイン酸などの高度不飽和脂肪酸の場合を挙げた。特に潰した卵への鉄塩添加による酸素消費量の上昇と、他方にエチルウレタンによる酸化反応阻害をたしかめている。

テーマ2: 種々の有機物質の自動酸化に対する鉄塩の促進効果を調べ、システイン・チオール化合物・アルデヒドなどの酸化を鉄が触媒することを発見した。以上の試みは、化学者の先行実験を再確認した上でTraubeの自動酸化説を発展させる目的で行ったものと思われる。総括的結論を次のように述べている。「卵の酸素呼吸は鉄触媒作用によることが明らかである。この呼吸過程で消費される酸素は、先に溶解または吸着の形で第一鉄塩によって取り込まれる。またシアンは拮抗作用を示す」。

このなかの脂質酸化の事例が数十年後に重要な鉄毒性発現機構として再認識されるに至った問題であることをここに指摘しておく。

2. 第一次大戦以後の鉄触媒酸化反応理論（1921－1924）

生体内における鉄触媒作用過程を単純化する意図の下に、鉄を含む活性炭を触媒として用いた。はじめは血液、後にはヘミンや鉄分混入粗製アニリン色素の焼成物を用いた結果、この活性炭存在下でシスチン・チロシン・ロイシンなどのアミノ酸が強い酸化作用を受け、シアン・ウレタンがそれを阻げた。ここから2つの仮説を導いた。

第1: 分子状酸素が第一鉄を第二鉄に酸化する。第二鉄は有機物質によって還元されて第一鉄に戻る。この反応過程で分子状酸素は直接に有機物質と反応しない。これをサイクリックプロセスと呼んだ。

第2: 上記の反応が2つの要素の相乗作用から成るという説を立てた。すなわち触媒の表面力という非特異的要素と化学力という特異的要素の2つの側面を有する。そしてヘミン活性炭にも生体物質の場合にも共通していると考える。両系ともに、非特異的な表面触媒と同時に特異的な鉄触媒としての挙動を示すとみる。これは「呼吸酵素の酸素運搬体成分としての鉄について」(1924) という論文の結論部分である。ただし、この「呼吸酵素」は細胞内に存在して触媒作用をもつ全ての鉄化合物を意味すると考えられた。ヘミン活性炭についての当時の理解は「窒素と結合した鉄」という水準であった。

第2章

生体制御機構説時代

2.1　生体制御機構研究の前半
—酸素運搬系：ヘモグロビンの構造・機能研究—

2.1.1　Underwoodの認識概観

1950年代の出発点をその著書『微量元素栄養学』（1956）にみることができる。そこでは、微量元素各論の大部分が冒頭に「研究の歴史」をもつ構成を示しており、内容の充実が十分に確かめられる。さらに長い蓄積によって知られた鉄の研究が最初の位置を占めていることも極めて印象深い。まずはその内容を次の数項目に整理しておく。

第1に古代からの実践例が多数に及ぶ。第2に17世紀の科学的思考法誕生以来貧血治療が長足の進歩を遂げたことに注目。第3に18･19世紀の赤血球と鉄との関係を軸とする物質科学の前進が、赤血球・含鉄生化学物質の定量を確実にした。また鉄塩による貧血治療が合理的水準を一段と向上させた。これらの事実をもって19世紀を生理学的栄養学の時代とみなした。第4はこの歴史的基盤の上に高さを誇る20世紀前半の鉄研究が続いたことを指摘している。

その特徴をUnderwood自身は次のように表現した。「歴史的考察からは、鉄が保有する生体特性の解明を本命として進められてきたことが明瞭になる。なかでも一連の鉄－ポルフィリン化合物を介して生じる生命力の物質的根源に多くの関心が集中した。それらは生体酸化プロセスと呼ばれる酸素運搬（ヘモグロビン）・筋肉内酸素貯蔵（ミオグロビン）・細胞代謝（シトクロム・カタラーゼ・パーオキシダーゼ）などの諸系から成る。それともう1つの系をトランスフェリンとフェリチンなどの非ポルフィリン・鉄タンパク結合物質が代表する。これらの単離と性状解明が近年になって大きく前進した」(初版、第1章)。

この文章全体が鉄に関する「生体制御機構」を表したものともみなされる。なかでも後半部分にはさらに「鉄毒性防御機構」の新たな知見をも予想させるような記述へと続く。その証拠となる事実を他の文献にも依拠しながら追跡しておこう。Underwood の生体制御機構認識がそこから直ちに明白となる。すなわち Underwood のヘモグロビン研究からスタートすると、酸素運搬を担うヘモグロビンの機能に関する認識が初版本 (1956) のなかにすでに見出される。ただし該当する記述としては、Rimington が "Lancet" に投稿した論文 (1951) からの短い引用がみられるのみである。「ヘムとグロビンとの結合は、グロビンタンパク中のプロピオン酸とヘム表面に位置を占める塩基との間のイオン結合と、グロビンタンパク中のヒスチジンのイミダゾール基と鉄原子との間の相互作用とによると考えられる。この構造が二価鉄酸素との結合を安定に保つ結果、ヘモグロビンの酸素運搬体としての機能が保証される」。

以上が、先に述べた Fischer (1929) のヘム全合成と 1937 年から 1960 年にかけて行われた Perutz のヘモグロビン X 線構造解析研究の途中成果を部分的に援用したものであることが容易に分かる。

次に、第2版 (1962) から第5版 (1987) までの上記に相当する部分の記述を探すと、引用文献が Ingram (1956) へと変わったもののほとんど同一内容のままで、新しい知見による補充がみられない。つまるところ Underwood にはヘモグロビンの構造とそれが担う生体制御機構の関係をより深く究明しようとする意図をもたなかったと思わざるを得ない。

他方、1960 年代には精製が容易なミオグロビン・ヘモグロビンの構造研究が先行して、1960 年代のはじめに Kendrew がミオグロビン、Perutz がヘモグロビンの構造解明に成功を収めている。このようなタンパク質構造解析の成功から 1960 年代後半の5年間には毎年1例、それ以降の5年間は2・3例の足踏み状態、そして 1970 年代後半からは急激な上昇カーブを描いて成功数を積み上げるという新分野開拓に特有の研究動向が現れた (Perutz)。それは構造解析研究がようやく軌道に乗ったことを示していた。構造というスタティックな側面から機能のダイナミズムを解き明かす方法がこのようにして前進を遂げた。

そのなかに、ヘム群ではシトクロム類・ヘムリスリン、非ヘム群ではフエレドキシン類などがみられ、鉄以外には亜鉛を成因とするカーボニックアンヒドラーゼ、銅を含むプラストシアニンなどが含まれた。続いて“クレパス”・“ポケット”などと呼ばれるようになったヘム周辺の特異的構造とそれらが示す生理的機能の関係に注目が集まり、1970年代にはその物理化学的解明を目的とするモデル研究が発展した。Dayhoff や Schulz らの成果がそのなかに加わった。このような背景をも視野に入れると、主な問題領域の研究進展状況を考察するためには、さらに広範囲にわたる文献検索が必要となる。ポルフィリン関連研究とタンパク質構造研究の2領域を補足することで、20世紀後半期の到達点まで視野を広げておく。

2.1.2　ポルフィリン関連研究

次にみておくべき研究領域としてポルフィリンを取りあげることが適当であろう。そこでは酸化酵素・生体酸化・ポルフィリン構造などの主要領域が短期間のうちに開拓されていったことが明らかとなる。

酸化酵素研究

「生体の科学活性はそれを有する発酵素の作用の結果であり、かつ化学作用に関する限り、有機体制をもつ発酵素と有機体制をもたない発酵素の間には区別がない」という考え方に立って Traube が純粋な酵素を単離しうると主張したことにより、酵素学の先駆者とみなしうると Fruton が述べている。あるいは「酵素が分子状酸素の細胞内における活性化の役割を果たしているという考え」をその理由に挙げることも適切であろう。

そのような予見が実現する時代の到来として19世紀末から20世紀はじめにかけて顕著な昂揚をみせた一連の研究を短く表51にまとめた。ちなみに吉田、Bertrand らの成果が与えた衝撃からは、多くの議論と新たな研究動向が生まれた。Bertrand のオキシダーゼと Linossier のペルオキシダーゼとの異同に関する論争、Loew のカタラーゼ発見を契機に展開された酵素の生

表51　生体酸化酵素研究小史

1853	Traube	細胞内酵素による酸化作用説
1883	吉田	ニホンウルシに酸化酵素
1893	Bertrand	インドウルシにラッカーゼ、キノコにチロシナーゼ
1897	Bertrand	酸化酵素にオキシターゼ命名、含有金属を補酵素と呼称
1898	Linossier	植物・乳汁にペルオキシダーゼ
1901	Loew	動・植物にカタラーゼ
1905	Burian	キサンチンオキシダーゼ

理的役割に関する多くの研究が酵素研究の本格化を表示するものであった。上記のLoewをも含めて複数の酸化酵素を動物組織中に発見するという成果が1910年までに現れた。その時代を代表してBurianのキサンチンオキシダーゼ（1905）を追加しておく。

生体酸化研究

細胞内酵素によって起こる分子状酸素の活性化が生体酸化の基本であると考えるTraubeによって、細胞内呼吸が次のように表現された。「動物体の全ての臓器が動脈血を必要とすることは、血液だけでなく全ての臓器が呼吸することを示している。つまり呼吸現象はこうして複雑な過程となる。呼吸とは栄養のため、または保持のためにせよ、行われるそれぞれの臓器の酸素消費の総和である。……全臓器に生起する起動力は酸化過程がおこす装置特有の構造や化学組成の結果であって、熱の形ではなく、それぞれに特有な未知の生命機能の形として出現する」。

他方、Schönbeinは動植物体成分中に過酸化水素分解能を見出して、生体酸化理論の足元を固める役割を果たした。ここに19世紀後半を特徴的に彩る研究が積み上げられた。その中心に鉄の触媒作用に関する認識の深まりがあった。1890年代は細胞内鉄化合物に対して、この視点から関心の昂揚がみられる。その成果を継承して、生体酸化に対する過酸化水素の役割が大きく問題にされた。それは1900年から始まり、Warburgが活躍した（表52参照）。

表 52　生体酸化研究小史

年	研究者	内容
1863	Schönbein	赤血球および動植物成分に H_2O_2 分解作用
1885	Bunge	細胞核タンパク質に鉄存在
1892	Miescher	細胞核タンパク質（含鉄）の生理的機能
1894	Fenton	Fe^{2+} が H_2O_2 の有機物酸化を触媒
1897	Spitzer	動物組織中に生体酸化性の鉄タンパク質を単離、触媒の実体を示す
1902	Manchot	Fe^{2+} が H_2O_2 の有機物酸化を触媒
1903－10	Neuberg	Fe^{2+} が H_2O_2 の有機酸化を触媒
1909	Dakin	Fe^{2+} が H_2O_2 による脂肪酸の酸化を触媒
1910－25	Warburg	細胞内酸化に果たす鉄の触媒作用

ポルフィリン研究

ポルフィリンへの注目はすでに19世紀中葉と早いにもかかわらず、実際的効果を挙げる程の研究は化学領域において先鞭がつけられた。それが1910年代の構造決定である。そこからポルフィリン化学がスタートした。何といっても、4個のピロール環が4個の炭素原子によって結合して16員環（環状分子）を形成するという、当時にあっては未知の大きな構造であっただけに多くの興味深い問題が含まれていた。構造決定は他方で合成法研究を大きく刺激し、間もなく多数の合成中間体・関連化合物の一群がつくり出されて構造研究を豊かにした（表53参照）。

1940年代に入ると放射性同位元素の利用が進み、代謝過程の研究が活発になる。そのなかでSchoenheimerとともに重水素利用を開拓したRittenburgは生物実験によって重水素ラベル酢酸からポルフィリン環側鎖が合成される事実、および ^{15}N ラベルグリシンからヘミンが合成される事実を明らかにした（1945）。同年Sheminも ^{15}N ラベルグリシンから同一結果を得た。またShemin・Neubergerが ^{15}N・^{14}C ラベルグリシンを使って、テトラピロール環の全窒素がグリシンに由来すること、プロトポルフィリンの炭素が酢酸に由来することを明らかにした（1945･1951）。このようなポルフィリン生合成の知識蓄積の上にやがてポルフィリン生合成に関する全過程が明らかとなった。

表53　ポルフィリン研究小史

年	研究者	内容
1853	Teichmann	ヘム結晶単離
1864	Hoppe-Seyler	血液と酸素の結合：オキシヘモグロビン
1867	Thudicum	非鉄ヘム単離（ポルフィリン発見）
1871	Hoppe-Seyler	ヘマトポルフィリン命名（非鉄ヘム）
1901	Loew	カタラーゼ発見（ポルフィリン含有）
1915	Fischer	ポルフィリン構造決定
1929	Fischer	ヘム構造決定
1935	Galvin	ポルフィリン金属醋体研究（短期間）
1945～56	Shemin	ポルフィリン生合成証明
1950～		ALAシンターゼなど生体合成系酵素研究
		ヘム生合成系全酵素確定
1970～		ヘム合成遺伝子研究（生合成調節機構）

1950年代には、中間物質のなかでもδ–アミノレブリン酸（ALA）およびグリシンなどが重要な役割をもつことを、NeubergerやSheminが明らかにした。続いて、ALAシンターゼなど個々の段階の酵素に関する研究が進展し、ヘム生合成全酵素群が確定をみた。

Sheminグループの研究からはδ–アミノレブリン酸デヒドラーゼ・δ–アミノレブリン酸シンターゼが発見され、Granik・Bogoradらの研究からはポルホビリノーゲンからⅢ型ポルファリンの生成に必要な酵素が確認され、ポルフィリノーゲンに鉄を組み入れるフェロケラターゼも同定されている(菊池)。

Sheminらの研究成果をまとめて林（1995）が提示した動物系でのポルフィリン・ヘム生合成経路の概要をここに挙げておく。全過程には8種類の酵素が関与する。生合成最初の中間体はδ–アルブミン酸とされている。図4にそれを示す。

20世紀末までに、ポルフィリン・ヘム全合成経路および関与する酵素の研究が完了している。そのなかで、ALA生合成のC_4経路の実態も明らかになった。化学進化研究との関係で表現すると、地球上の化学進化の段階においてポルフィリンの基本的な構造がすでに組み立てられ、以降の生物進化のなかでALAシンターゼによるALA生合成（C_4ルート）とグルタミン酸からのALA生合成（C_5ルート）の存在が明らかになった。前者は比較的新し

↓δアミノレブリン酸シンターゼ
δ-アミノレブリン酸（ALA）
↓ポルホビリノーゲンシンターゼ
ポルホビリノーゲン
↓ヒドロキシメチルビランシンターゼ
ヒドロキシメチルビラン
↓ウロポルフィリノーゲンⅢシンターゼ
ウロポルフィリノーゲンⅢ
↓ウロポルフィリノーゲンデカルボキシラーゼ
コプロポルフィリノーゲンⅢ
↓コプロポルフィリノーゲンオキシダーゼ
プロトポルフィリノーゲンIX ┐
↓プロトポルフィリノーゲンオキシダーゼ │
プロトポルフィリンIX │ ミトコンドリア内
↓フェロケラターゼ │
ヘム（プロトヘム） ┘
↓アポタンパク質 ┐ 細胞質リボゾーム系内
ヘムタンパク質 ┘

図4　ヘムの生合成

く少数生物種、後者が多数で古く形成されたものである。1例を挙げるとC_4ルートは非硫黄紅色細菌、C_5ルートは紅色硫黄細菌・ラン藻から高等植物にみられる（菊池）。

その後の研究進展を次に補足しておく。すなわち日本におけるポルフィリン生合成研究は1950年代はじめの放射性鉄を使ったヘム生合成（吉川）にみられる。次いで1956年には早くも生合成経路の詳細をまとめた総説（上代・菊池）が出ている。また、その後の研究の到達点を以下の記述のなかに認めることができる。

「進化の過程でタンパク質にヘムが取り込まれた結果、ヘムの特性を生かした多様な機能がタンパク質に付与されるようになった。その機能には、酸素との可逆的な結合反応、酸化還元反応、さらに酸化還元反応を利用した酸素の代謝などがある。しかし、それを遂行するにはヘムとそれを取り囲むタンパク質の協同作業が必須である。近年その実態が急速に解明されてきた」（註：傍点筆者）。

以上は石村（1995）がヘムタンパク質の構造・機能研究に関して最近の成

果をレビューした際に述べた基本的認識である。そこからヘム・タンパク質相互作用という観点を読みとることは容易である。すなわち化学進化は両物質の関係をも進化させる道程であった。

2.1.3　タンパク質構造研究諸説

Dayhoffの機能制御説・生化学的進化説

タンパク質のX線構造解析が緒についた1960年代にあって、アメリカのジョージ・ワシントン大学のDayhoffは次々と公表されるデータを手掛かりに、構造成分保持機構の解明に向かった。ついで同年代末には生化学的系統進化仮説にたどりついた。そのなかでグロビン構造の普存性（ubiquitous）についても早くから理解することができた。アイデアはヘモグロビンとミオグロビンの構造解析の結果から導き出されたもので、上記の2つのタンパク質に共通する折りたたみ構造が発見されたことに由来する。

後にこの点を高く評価したSchulz（1979）が次の2点を特に強調した。「第1に、このように立体構造解析の初対象となったこれらのタンパク質では、すでに立体構造の非常に強固な保存性（註：傍点筆者）が示された。第2に、それと同時に異なる機能をもち、異なる組織分布性を示し、異なる生物種に存在するタンパク質がお互いに類似すること、またそれ故に共通の起源をもちうることが示された。これらの発見はタンパク質の構造、とりわけ一次構造を手段として生体高分子レベルでの進化を跡づけようとする研究に大きな刺激を与えた」。

これがDayhoffらによる1960年代の成果『タンパク質配列・構造図解』を指すことは容易に推察できる。上記の評価以外にも、その成果が与えるインパクトの直接的影響は、すでに日本の科学陣のなかにまで及んでいる。『進化の生化学的基礎』（Dayhoff）を訳した成田による以下の短い文章からもそれがうかがわれる。

「我が国においても、タンパク質の既知の一次構造の情報を手軽に知るために、あたかも辞書のように座右の書として広く利用されている」（1975）などはその1例である。筆者にとっては、上記の意義もさることながらDayhoffの本題の方により多くの興味がそそられる。それに当たる部分を次の記述のなかに見出すことができる。

第１にDayhoffは生化学的進化研究におけるヘモグロビンの重要性を次のように指摘した。「世代から世代へと染色体の情報が伝えられていく間に、稀に起こる誤りが進化の道程を現実のものにしている。その誤りの分子的性質についての直接的証拠が、現在、ヒトの集団について急速に累積されている異常タンパク質・異常染色体構成・異常な制御機構などについてのデータ中に見出される。そのなかの定量的データの大部分が異常ヘモグロビンに関するものである。これらの変異型ヘモグロビンは自然淘汰研究にとってよい材料となっている。これらの“誤り”の様式は、過去数億年間あるいはさらに長い期間のわれわれの進化の歴史のなかに現れた多様なタンパク質の誤りの様式を代表していることは間違いない」(1972)。

第２に、自然淘汰過程の分子論的研究領域のいくつかの基本概念が、異常ヘモグロビン研究のなかから成果として打ち立てられてきたと述べて、そう主張する根拠を挙げた。「１つは、大多数のヒトではそれぞれのヘモグロビン鎖の一次構造が同一であることがすでに明らかとなった。したがって多くの異常ヘモグロビン鎖はそれを所有する個人に対して、少なくとも有害性を認めることが一般的傾向である。しかし、変異性ヘモグロビンのある種のものが正常型と同様の機能を果たすかもしれないという可能性をもちつつ、偶然に遺伝子プール内では優位にならなかったに過ぎないのかもしれないとも考えられる。異常型ヘモグロビンに見出されるアミノ酸の置換現象は、タンパク質の機能とその分子構造に対する突然変異の影響を詳細に研究する端緒を開いたと言える」(1972)。

先のLehmann・Perutz・Greer・MuirheadらがＸ線構造解析の方法によって突然変異に起因するヘモグロビンの化学構造の変化と機能崩壊を究明した業績に対して、Dayhoffは上記の視点から高い評価を与えた。

実際にPerutz本人も成果の１つの特徴を以下のように解説している。「異常ヘモグロビンのほとんどは、グロビン遺伝子の１個のヌクレオチドが置換され、それによって一対のグロビン鎖のどちらかのアミノ酸残基が１個置換されたことによって起こる。H. Lehmannと私は、異常ヘモグロビンの生理学的性質とＸ線結晶学で明らかにされた立体構造の変化との間にはっきりとした相関関係のあることを見出した。たとえば、外側のアミノ酸残基の置換は一般に有害ではないが、内部の残基の置換は症状をひき起こす。このような相関関係は、結晶内のヘモグロビンの構造が赤血球内のものと異っていたら成り立つはずがないであろう。臨床学的症状が原子レベル（註：傍点筆者）で説明されうることはまた希望のもてることである」（Perutz・Lehmann：1968）。

さらに、この説明に続けてサラセミア（溶血性貧血）と鎌状赤血球貧血という頻繁にみられるグロビンの病気を挙げている。「サラセミアは一般にヘモグロビンの構造が変化したというよりは、α–またはβ–ヘモグロビンのどちらかの合成が不足して起こる。鎌状赤血球貧血はグルタミン酸6βがバリンに置換されたことによって起こる。この置換はタンパク質の外側で起こり、ヘモグロビンの内部構造には重大な変化を与えない。しかし、赤血球内でのデオキシヘモグロビンの重合をひき起こし、長い繊維状になって沈澱する。ヘモグロビンの濃度が高く、またイオン強度が非常に高いか非常に低い場合には、正常のヒトヘモグロビンもまた、長い鎖となって重合する傾向がある。これらの鎖は集まって完璧な三次元結晶となる。鎌状赤血球細胞のヘモグロビンのフィラメントも、正常なヘモグロビンの結晶にみられるものと同じ長い鎖をもっているが、2本の鎖が対をつくり、その7対が凝集して長い繊維を形成する。対は一方のバリン6βの側鎖によってつくられる疎水的なプラグが、もう一方の疎水的ソケットに入ることでつくられている。このユニークな疎水的相互作用が鎌型細胞のヘモグロビンの低い溶解度の唯一の原因であるらしい」（Perutz『タンパク質』1992）。

以上はDayhoffの自覚的主題設定に沿った内容であるが、筆者が重視するもう1つの問題をここに補足しておく。上記の引用にもあるように、タンパク質成分の違いに起因する部分構造の変化がタンパク質全体の機能に変化を与えることがすでに明らかになったことである。これは構造解析の重要な成果の1つである。このようにして、タンパク質の機能制御力に対する分子構造の寄与に大きな関心が集中し、新たな構造概念が次々に創造されていった。この傾向を筆者はタンパク質構造説の強まりとみる。その実態を物語る実例について以下にみていく。

ミオグロビン

Dayhoff は Kendrew によるマッコウクジラミオグロビンの解析結果を次のようにまとめた。「ミオグロビン中の約 75 %のアミノ酸残基は 8 個の α-ヘリックス部分、すなわち残基番号 4-16、21-35、38-43、52-57、59-77、84-95、101-118、125-148 に存在している。59-77 と 84-95 の 2 個の α-ヘリックスは、ヘム基が位置する“ポケット”（註：“　”は筆者）を形成している。ポケット内には、ヘム基と多くのアミノ酸側鎖との間の多くの疎水結合による相互作用が存在する。ヒスチジン-93 はヘム基の鉄原子に直接配位しており、ヒスチジン-64 は酸素化型ミオグロビンでは酸素分子を介して、メトミオグロビンでは水分子を介して鉄原子に間接的に配位している。非酸素型ミオグロビンでは、酸素結合部位が空席になっているようにみえる。ヒスチジン-93 とフェニルアラニン-43 に相当する 2 カ所の位置は決して変化せず、これらの 2 つの残基は分子の活性中心であるヘム基のタンパク質への配位に使用されている」と。以上の構造解析からも分かるように、ヘム基が位置する部分のタンパク質構造に“ポケット”という名称を与えて重視した。

ヘモグロビン

Dayhoff は Perutz らによるウマヘモグロビン α 鎖と β 鎖のそれぞれについて立体構造図を挙げて解析結果を述べている。

α 鎖

構造の頂点近くにヘム基が位置すべき“ポケット”が観察される。もしもヘム基が存在していると、ミオグロビンと同様にヒスチジン-87 は直接に、ヒスチジン-78 は間接に鉄原子に配位する。ヘム基とグロビン中のアミノ酸側鎖間には、約 60 カ所の無極性相互作用が形成される。ヘム基のプロピオン酸基がヒスチジン-46 と唯一のイオン結合を形成する。ミオグロビンや β 鎖と同様、7 カ所に α-ヘリックスが存在し、それらの位置はアミノ酸位置 4-16、21-34、37-40、52-76、80-88、96-112、119-137 である。

α 鎖では、残基 43-51 はヘリックスを形成していないが、β 鎖やミオグロビンのこれに相当する部分は α-ヘリックスを形成している。折れ曲がったポリペプチド鎖の内部は無極性のアミノ酸側鎖で占められていて、これらの側鎖はいたるところで van der Waals 接触をしている。中性 pH でイオン化しうる全てのアミノ酸は分子表面に露出している。

β鎖

ヘム基が位置すべき“ポケット”は構造の頂点附近にみられる。ミオグロビンにおけると同様に、ヘム基はヒスチジン-92と直接に、ヒスチジン-63と間接に配位している。ヘム基とグロビン分子中のアミノ酸側鎖とによる多くの疎水性接触に加えて、ヘム基に含有されている2個のプロピオン酸残基のカルボキシル基は、それぞれセリン-44、リジン-66とイオン結合している。

8カ所のα-ヘリックス部分は、アミノ酸残基5－17、20－34、37－41、51－56、58－76、86－93、100－117、124－142に存在している。β鎖と一方のα鎖との主要な接触は30－35、51－55、108－113の部分であり、他方のα鎖との接触は36－40、97－102の近辺である。

正常動物のβ鎖の同一位置に種々のアミノ酸が見出されている9カ所のアミノ酸位置（4、10、19、56、69、76、87、124、125）はタンパク質分子表面上に、またはその近くに位置していてヘム基からはかなり離れている。

ポリペプチド鎖に生ずる突然変異は明らかに生理的な影響を与える。たとえばヘム基とタンパク質間の相互作用に関与しているロイシン-88がプロリンに変化すると、ロイシンのγおよびδ位炭素原子とヘム基との間に形成されていた相互作用はなくなってしまい、両者の結合が弱められてしまう。

この相互作用の消失は、ヘム基に直接配位していたヒスチジン-92側のヘム基が落ち着くべき溝を広げてしまう結果、水が中に入り込んでヘム基が離脱するものと想像されている。この現象は異常ヘモグロビン Santa Ana の臨床的所見にみられる貧血症と関連している。

以上の解説中の中心部分は次のように一般化できる。すなわち生物活性を示すタンパク質は球状をなし、タンパク分子の表面には構成アミノ酸残基の親水的な側鎖が露出しており、内部は疎水側の側鎖が集まった形をしている。活性部位は表面からやや入り込んだ“割れ目”あるいは“穴”のなかにある。金属酵素などでは、金属イオンがその割れ目のなかで特定のアミノ酸残基の側鎖などで保持されているのが普通である。基質はこの活性部位のなかに選択的に取り込まれ、数箇所で周辺のアミノ酸残基や金属イオンと相互作用をもち、反応が立体特異的に進行する（中原『錯体化学からみた生体系とそのモデル』1978)。

Schulzのおくるみ説（1979)

1970年代末にドイツのマックスプランク研究所のタンパク質構造学派Schulz・Shirmerらによる『タンパク質構造の原理』が世に出た。従来の生化学中心のタンパク質化学とは異質のX線解析による構造学的分析からは、少なくない新知見が産み出された。その中心部分を占める位置にヘムタンパク質の構造に関する"おくるみ"構造説がある。

1960年代以降、X線結晶構造解析の領域においてヘム基とタンパク質との構造的な関係を示すポケット・凹み・割れ目、あるいは埋没・没入・潜り込み・包み込みなどの表現が広く使われてきた。

今回Schulzらが新たに"おくるみ"を提案した意図のなかには、ヘム基とタンパク質との関係をヘモグロビンの機能面から表現しようとしたことが背景にあったと推察される。事実、酸素を安定した状態でつなぎとめておく役割の要となる鉄をポルフィリンとともにタンパク質が分子構造内に深く保護しつつ抱き止めている様子を適切に表現しえて妙である。

以下にSchulzらの構造学的検討の例をいくつか取り上げる。そこではヘモグロビン・シトクロムb・シトクロムcが共通性をもった1群として対象に選ばれている。3物質の構造に光を当てると、グロビン類では約150個のアミノ酸残基、シトクロム類ではおよそ100個のアミノ酸残基から成るというように、ポリペプチド鎖の長さに違いがみられる一方で、これらの全てが基本骨格としてIX型のプロトヘム（＝鉄ポルフィリン）を持つという重要な構造を特徴としている。

さらに、3物質の最大の類似点は非極性アミノ酸残基の側鎖が集合して形成した"ポケット"のなかにヘムが納まり、アポタンパク質の原子とポルフィリン環の原子とがvan der Waals相互作用を及ぼし合っているという関係性にある。ヘモグロビンのサブユニットの例でみると、その数が60個にものぼる（Perutz：1970）。

このように言うSchulzらは、“おくるみ”構造の基本的要因ばかりでなく、ポルフィリンにとって他の様々なミクロ環境要素が受け持つ機能調整効果をも含めた全体に対して、その規定を与えたものと考えられる。以下に新知識のなかでも重要ないくつかをみておこう。

ヘムとタンパク質との関係

ヘムの果たす機能への支援体制に関するものが最も重要である。ヘモグロビンについては、鉄原子に分子状態酸素を結合すること、その2価イオンが3価にならないよう保護する役割が最も良く知られている（Wang）。例を示せば、シトクロム b_5 では、他の電子伝達系の1構成成分として不飽和脂肪酸の合成その他の化学反応への関与であり、このシトクロムcではエネルギー代謝経路のなかで一連の酵素タンパク質と連動することによって起こる鉄原子の酸化・還元の支持である（＝電子運搬：Dickerson）。

ヘム側鎖に注目すると、アポタンパク質との間の相互作用がみえてくる。シトクロム b_5-hbfでは、プロピオン酸基の1つがフェリ型になった場合に、鉄原子上に1個増える正電荷を中和するように働く。またフェロ型のときには、別の正電荷と結合することにより、酸化・還元のサイクルに直接関与すると考えられる（Argos：1975）。

シトクロムcでは、2個のビニル基がアポタンパク質部分のシスティン-14とシスティン-17に共有結合している。解離したプロピオン酸基は1個が分子表面に出て、他の1個がタンパク質内部と水素結合しており、何らかの機能的な意味をもつと考えられる。

ヘム鉄にヒスチジン・メチオニン残基の側鎖が配位する場合をみると、シトクロム b_5 では鉄原子の周囲の配位は対称的で、八面体の頂点の方向にある6個の配位子のなかの4個はヘムのピロール基の窒素から、それに直交する方向すなわちアキシアル位の2個はヒスチジン-39とヒスチジン-63の ε〔3（τ）〕窒素からなる。このヒスチジン-39と、ヒスチジン-63の δ〔1（π）〕窒素は主鎖中のカルボニル基と水素結合し、結果としてこの2つのヒスチジン残基のイミダゾール環はがっちり固定される（Mathews：1971）。

ヘモグロビン・シトクロムcではアキシアル位のリガンド中の1個がそれぞれ分子状酸素もしくはメチオニン残基の硫黄原子と置換している。これを除けば、他のリガンドはシトクロムb_5の場合と同様である。分子状酸素がついていないときには、ヘモグロビンの6番目の配位子座（=リガンドポケット）は空席となる（Watson：1969・Nobbs：1966・d'Ans-Lax：1967）。細菌のシトクロムcでは、アキシアル位は両方とも空席であるとみられるが、この場合ヘム面の上と下にリガンドが接近しないようにポリペプチドがうまく取り囲んでいると考えられている（Maltempo：1974）。

ヘムがタンパク質に及ぼす影響

シトクロムcをみると、伸びた二次構造をもつポリペプチドが、ポリペプチド鎖1本分の厚みの殻を作ってヘムの周囲をおおっているような構造と考えることができる。ここからヘムを取り去ったアポシトクロムcでは、構造がほどけている。単に鉄原子を除いただけでも球状構造が熱変成を受け易くなる（Anfinsen：1973・Stellwagen：1972）。このように共有結合ヘムの存在がタンパク質の構造保持に不可欠である。

アミノ酸配列既知の70種の各種シトクロムcを比べると、最も不変に保存されているアミノ酸残基は、ヘムのビニル基と鉄原子に結合する残基およびヘムの周囲にあって疎水性の“ポケット”を作っている残基である。この事実から、シトクロム全構造の一部としてのヘムの役割の重要性が認識される（Dickerson：1975）。

シトクロムcではヘムがポリペプチド鎖でできたもろい“おくるみ”のなかに入っていたが、ヘモグロビンではそれと対照的に、ヘムが入る部分はαヘリックスの集合からできており、ヘムがなくともそれ自身で安定な構造を作っている。ポリペプチド鎖が折りたたまれるときにヘムが鋳型として必要という訳でもない。たとえばアポミオグロビンの場合、ヘムがあればこのタンパク質の構造は安定性を増すが、ヘムが存在しなくとも三次構造はできる。

ヘモグロビンの場合に、ヘムとタンパク質部分の相互作用の条件が余り厳しくない事実がグロビン族のアミノ酸配列を比較したときに明らかで、ヘムと接する部分は無極性でありさえすればよいという条件だけが守られている。そこでは、三次構造上等価の場所が別のアミノ酸で置換されていても、無極性でありさえすればかまわないようである。

アポトクロムｂの場合、グロビン族の場合同様に、タンパク質上でヘムが結合する足場は強固にできている。ヘムが納まる“穴”の壁は２本のほぼ反平行αヘリックスからできており、“穴”の底はβシートからできている。このように基盤の構造がしっかり出来上がっているので、ヘムが入る“ポケット”を非極性残基によって内張りするときにある程度の自由度が残されているようである。

タンパク質内のミクロ環境で起こるヘム鉄上の化学反応

ヘムタンパク質では、ポリペプチド鎖がヘム基に対して特殊なミクロ環境を作り出しており、ある特定の化学反応のみが起こる仕組みになっている。ヘモグロビンでみると、ヘム単独の場合には鉄が２価だと水溶液中で酸素と結合するが、直ちに酸化されて酸素と結合しない３価になってしまう。

ところが水中におけるよりも２価鉄イオンから電子を引き離しにくい非極性環境（たとえばベンゼン中）にヘムをおくと、ヘムは酸化されずに酸素化される。このようにヘム結合“ポケット”が非極性であることの主要な意義は、ヘムの周囲から水を排除することによって鉄の２価状態を保護することにあるといえる。

Bayer・Halzbach（1977）らはヘモグロビンモデルを人工合成して、上記の仮説を確認した。

ヘモグロビンと結合する酸素と一酸化炭素の反応性を比較すると、前者の高反応性に対して後者の低反応性（約１／100）がみられる。それはヘムのアキシアル軸に対して、酸素と一酸化炭素とでは結合軸の傾きの差によるヘムの拒否に合うためと考えられている。つまりタンパク質が作り出すミクロ環境による反応分子選択が起こるためである。これにはもう１個のアキシアル位のリガンドである遠位のヒスチジンの存在に起因する電子論的効果と分析されている（Rougee：1975）。

シトクロム類では、好ましくないリガンドからヘムを守る鉄原子の酸化・

還元電位をある決まった値に保つなどの働きをする。シトクロムcの例をみると、その役は鉄に配位しているメチオニン−80とされている（Dickerson：1975）。メチオニン−80が存在しないとシトクロムcのヘム鉄はアスコルビン酸でたやすく還元されて制御不能となる（Kominsky：1972）。ここからポリペプチド鎖の存在の重要性が理解できる。電子伝達系として働けるとみる。

シトクロム b_5 では各種リガンドに対して著しい非反応性を示す。この理由は、ヘム“ポケット”が強固でアキシアル位に入るリガンドに対して抵抗要因となるからである。

シトクロムcのヘム鉄の酸化・還元電位はアキシアル位のリガンドによって決定される。アポタンパク質が酸化・還元電位に及ぼす影響を検討したWilliamsら（1977）は、上記の仮説を立てた。たとえば、シトクロム b_5 では、アキシアルリガンドが2個ともヒスチジンでシトクロムcはヒスチジンとメチオニンであることによって、前者は後者よりも低い酸化・還元電位をもつと。

また、いろいろなシトクロムcを比べると、Fe-S結合の長さの違いによって酸化・還元電位が変化することも分かった。0.1Å短くなるだけで酸化・還元電位が400mV低下する。メチオニンの硫黄原子の電子供与性の増大によるとみられる。以上の全ての要素が含意する機能をまとめて“おくるみ”構造という。そこではタンパク質が全構造要素を動員してヘム鉄の特異的な機能を保護する役割を果たすと考えられる。

その他の構造研究

1. フェレドキシンの構造（Jensen：1972･1973･1976）

非ヘム鉄タンパク質の生物界における分布は、ヘムタンパク質とともに広範囲におよび、多種多様な生理系に関与する電子伝達機能をもつ。そのなかでも生体の酸化還元器官に存在する電子伝達系として多くの種類が知られている。鉄・硫黄タンパク質のなかから8Fe-8S型のフェレドキシンを取り上げる。

8Fe-8Sの化学式をもつフェレドキシンの立体構造はJensenによって明ら

かにされた。その状態は互いに独立した正立方体型のFe-S発色団2個が約12Å離れて存在し、周囲はペプチド鎖によって“包み込まれ”ている。鉄原子の1つ1つがそれぞれ3個の硫黄原子と1つのシステインと結合している。

N末端からC末端に至る間にペプチド鎖が2回往復し、N、C両末端は互いに接近した位置にある。発色団を取り巻くアミノ酸は全て疎水性で、そのほとんどが共通の残基か類似の残基で占められている。

2. プラストシアニンの構造（Collman：1978）

プラストシアニンはポプラのなかに存在する光化学系Ⅰの反応中心に対する電子供与体で、P-700によって酸化され、シトクロムfによって還元される。構造的には、1本のポリペプチドが7カ所で折りたたまれ、8本のポリペプチドが大体平行に並んだ40×32×28Åの円筒形を成している。

大半のポリペプチドはβシートで、僅かに51－54残基が1カ所だけαヘリックスであるに過ぎない。分子内部には疎水性アミノ酸残基が多く、外表面にはカルボキシル基側鎖をもつアミノ酸が数カ所集中しているところがある。円筒形の分子の上端に“凹部”があり、その周りを疎水性アミノ酸が取り巻いている。

“凹部”の内側6Åのところに銅原子が存在し、システイン-84のチオール基とメチオニン-92のチオエーテル基と、ヒスチジン-37とヒスチジン-87のイミダゾール基が配位している。その構造は非対称的で平面構造から大きくずれており、また銅原子はヒスチジン-87のイミダゾール基によって外部の水とは隔てられている。

3. Wang・中原らの“埋め込み”構造体合成

話の筋が少し前後するが、ミオグロビン・ヘモグロビンの構造解析に成功する以前の段階にあって、すでにヘモグロビンが酸素分子と可逆的に結合する事実が知られていたことをFrutonが指摘している。

その結合にとってヘム基の存在が決定的であるが、それ自体と酸素分子との結合を水溶液中で試みるとしても一瞬のうちに酸化されてしまう。この点をWang・中原ら（1958）が究明する目的で、特定空間をヘム基の周辺に作り出すための実験を行った。つまりヘモグロビンモデルの合成である。目標とする条件を疎水性と低誘電性と定めた。

その結果、類似のモデル合成に成功した。その特徴はポリスチレンフィルムのなかに目的とする錯体が“埋め込まれた”状態において非可逆的酸化から二価鉄を保護できたことにある。このモデルの理論的有効性がPerutzおよびKendrewらによってやがて証明されることになった。

4. Collmanらのピケット・フェンス（棚立）構造体合成

1970年代に入って、Collmanらは先の疎水性空間構想の具体案の1つとして4個のビリバリン酸アミドのフェンスをヘム基の平面に垂直に立てる試みに成功して、ピケット・フェンスモデルを合成した（1974·1975）。それによって深さ0.54nmの疎水的空間が形成された。効果はフェンスなしに対して10倍以上の酸素親和性を高めることができたところにみられる（土田「酸素運搬能をもつ金属錯体」1978）。

2.2　生体制御機構研究の後半 —鉄代謝機構研究—

血液循環を第1課題にしてきた歴史はヒトの生理機能制御機構説の根幹部分を占める領域であっただけに、その先行は科学の発展にとって当然の道であった。その中心にヘモグロビンの構造と機能の解明という課題が存在した。これが生体制御機構説の時代である。鉄の生理的機能の解明がその分野で集中的に取り上げられた。同じ頃、血液成分の転換過程が次に問題とされた。

血清中の鉄代謝の問題がそれで、ヘモグロビンとトランスフェリンとの間の相互転換過程全体の制御がこの領域における主題であった。このなかで鉄の体内動態制御の諸相に関する知識開発が精力的に行われた。合わせて、制御不順による鉄過剰が問題視された。

この分野を新たに包括することによって、鉄中毒から生体を防御するという機能が制御機構の本質に根差す現象と考えられるにいたった。それを短く縮めて表現すると「生体制御－防御機構」と規定される。この概念のなかではじめて生体の防御的制御という統合形式が意識できる。

こうして微量元素科学の生体防御機構説時代が1950年代から始まった。そこに至る初期的段階をここで取り扱う。

2.2.1　基礎認識の確立

まず、1950年代はじめまでの研究到達点を以下の3種の特徴的な成果によって確かめておく。

1. 血清鉄を取り巻く代謝機構が次のようなモデルとして整理された。

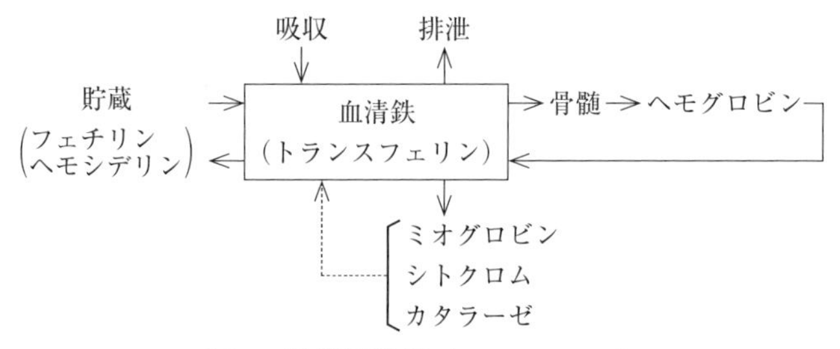

図5　鉄代謝機構（Kaldor：1953）

2. Drabkin（1951）は正常成人の体内鉄分布を次表のように解明した。そのなかで代謝制御機構中のトランスフェリンやフェリチンの重要性にも光を当てた。

表54　鉄の体内分布（正常成人）

存在形態	ヘム化合物		ヘム	酵素	非ヘム化合物		合計
	ヘモグロビン	ミオグロビン	シトクロムc	カタラーゼ	フェリチン	トランスフェリン	
存在比(%)	72.9	3.3	0.08	0.11	16.4	0.07	92.9
機能	酸素運搬	酸素貯蔵	酸素利用	過酸化水素分解	鉄貯蔵	鉄運搬	—

註：他にシトクロムc以外のシトクロム類・鉄タンパク質・無機鉄・ヘモシデリンなどの合計7.1％。

先発したFischer（1929）の赤血球中のヘモグロビン研究の成果、続く後発の血清中のトランスフェリン研究すなわちWarburg（1927）およびFontes（1927）による発見、Laurell（1947）の命名、そして上記のDrabkin（1951）による体内分布の確定は、鉄制御機構の全体像確立に向かう一大プロセスであったことが分かる。

表54からは鉄の存在形態および生理的機能の大枠決定後の機能細部へと研究が進んだことが推察される。その主要領域に血清鉄の代謝がある。過剰症はこの領域に属する問題であった。

3. 次に血清鉄関連指標に関するWintrobe（1949）の成果（表55）を引用する。

ここには防御系探求の方法論構築を意図した指標数量化への試みがすでに認められる。以上の諸データを足掛かりに鉄代謝機構研究の実態を鉄吸収機構からみていく。

表55　血清鉄異常の病態（Wintrobe）

被験者（人）		血清鉄（mg/100ml）	全鉄結合能（mg/100ml）	平均飽和率（%）	症状
鉄欠乏貧血症	35	32（　0－ 78）	482（304－706）	7	あり
健常者（男）	35	127（ 67－191）	333（259－416）	33	なし
血色素症	14	250（191－290）	263（206－330）	96	あり

註：血色素症では臓器中に起こる鉄沈着からガン発生などをひきおこす。

2.2.2　代謝制御機構説

先のヘモグロビン研究が呼吸機構のなかで鉄の受け持つ役割（生体の動的側面）に関する認識の向上を目指したとすれば、生体制御機構研究の後半部分では、それを全体の力を動員して支え、生命の恒常性つまり静的側面を整えることを目指した。その実体は動的平衡というダイナミズムが支配する領域の解明である。このダイナミズムが20世紀の新生命観の一特徴を示すものであることを先に述べた。この領域の研究動向が先の鉄の生理機能研究の延長線上に位置する実体構造を問題視することは明白である。

その後にみられる1950年代前半の知識に関してUnderwood（1956）は次の2点を強調した。

鉄プール説：血漿鉄はヘモグロビンやフェリチンなどの鉄化合物の合成・再合成など、それぞれの反応速度に応じて出入できる鉄のプールとして機能していると考える。

複数ルート説：吸収された鉄の大部分は、種々の代謝経路を経て体内へ連続的に分布していく。それらの経路のなかで血漿→骨髄→赤血球→老廃赤血球→血漿の経路が量的に最大の割合を占める。他にも一連の補助的な経路が存在する。そのなかには血漿→フェリチン・ヘモシデリン→血漿の経路、血漿→ミオグロビン→含鉄酵素→血漿などの経路が含まれる。血漿中の鉄は明らかにこれらの経路それぞれの関連を円滑に行わせる役を担っている。

すなわち血漿鉄の存在が生体恒常性維持上、重要な役割を果たしていると認定したことになる。これは生体制御機構の想定に外ならない。通称「血漿鉄プール説」と言われる。この記述からは先の制御系認識が数量把握の水準まで進んだことが理解できる。

2.2.3　吸収制御機構説

1950年代前半期の研究成果を整理したUnderwood（1956）は、生体制御機構の重要部門として胃腸管粘膜細胞の制御機能を描き出した。その概要は以下の通りである。

1937年にMcCane・Widdowsonが吸収制御機構に注目して吸収制御理論に先鞭をつけた。「腸は体内における鉄の欠乏・過剰に関する情報を受け取り制御機能を駆動させる」がその内容である。すなわち動物体は必要とする鉄の正常量を安定に保つことが可能になるとともに、長期にわたる鉄吸収過剰に対する防御機能を備え持つことになったと考えた。「二機能統合説」の出現である。これを契機に吸収機構研究が一気に高揚期を迎えた。

そのなかに当時新分野として開拓されつつあった鉄アイソトープを用いる一連の吸収実験がみられる。この方法からやがて確実なデータが多数産生された。ヒトの臨床試験例を1つだけ挙げると、そのなかで健常成人は食物中に含まれる鉄の5％から15％という少量を吸収するに過ぎないことが明らかにされた。

次いで、1943年にHahnは粘膜が吸収遮断の機能をもつとする仮説を提案し、実験により証拠を手に入れたと報告した。まず仮説について述べると、粘膜細胞への鉄吸収と粘膜から血液中へ出て行く過程の2段階を想定している。第1段階は粘膜細胞中の鉄の存在量によって吸収が制御され、細胞が生理学的に鉄で飽和されると、もうそれ以上の吸収は起こらない。

たとえば数時間かけて摂取した後の12時間から24時間は、新しい吸収が起こらない。粘膜細胞中の鉄の存在がアポフェリチン産生を刺激し、急速にフェリチンが形成される。モルモットの実験では一定量の二価鉄経口投与後に起こった胃腸管中のフェリチン存在量の変化が、吸収遮断の発現と消滅の動向と極めてよく同調していることを示したという。つまり、1回投与で粘膜細胞内のフェリチン量が急増後急減した。

この種の実験結果は以後多くの研究者によって確認されている。Granickが1940年代から1950年代にかけて行った研究のなかにも含まれている。フェリチンに捕捉されていた鉄が解放されて血漿中に出ていくまでの間、鉄吸収が遮断されることを明らかにした。このメカニズムに対して、Underwoodは体内の有害な鉄沈積を回避することを示したものとして注目した。

他方、同時期に現れたもう1つの研究動向に、同制御機構が崩壊された状態についての実態解明がある。1940年代から1950年代にかけてのものでBothwell・Finch、Cartwright・Wintrobe、Mooreなどが、そのなかで新知見を拡げた。

続く1960年代の代表的成果の3報告を挙げておこう。Crosby・Conradは鉄吸収制御を担う部位が小腸上部の上皮細胞で、そのなかの鉄存在量が決め手になることを突き止めた。P. S. Davisは正常な胃中に鉄結合タンパク質のガストロフェリンを発見した。血色素症患者に存在せず、出血性貧血患者では量が少なく、ヘモグロビン濃度が正常水準に戻るとガストロフェリンも正常濃度に戻った。ここから鉄吸収制御にはガストロフェリン産生が関与するという仮説を立てた。ガストロフェリンは鉄の過剰吸収を阻止し、鉄存在量の低水準時には吸収を促進する働きをもつと考えた。

この仮説から、先天性機能障害者がガストロフェリン産生機能に欠陥をもつことで血色素症になると説明した。一方A. E. Davisは胃中の膵液が鉄吸収を阻害することで制御（防御）するとの仮説を提起した。事実、血色素症患者は膵液分泌欠損の状態にあり、鉄と膵液を経口投与すると鉄吸収の低下が認められた。ラットの実験でも同一結果を得たと述べている。

この研究領域では正常状態と鉄過剰症とが共通基盤の上で論議されている

ことが分かる。生理学と病理学の両方向からの実態解明と理論化が進められているところに特徴が認められる。ここにも鉄の栄養性認識と毒性認識の統合とも言い換えられる新しい認識方法がみられ、正に画期的である。

次に制御の第2段階は、粘膜細胞から血流に入り込む鉄の通過量制御の問題で、立証に使える情報が少ないとUnderwood（1956）は率直に認めつつも、Drabkin（1951）の次のモデルを承認している。すなわち、

第1段階：十二指腸において二価鉄状態で粘膜中細胞内に取り込まれ、酸化を受けて三価鉄となってアポフェリチンと結合し、フェリチンとなる。

第2段階：粘膜中の血管末端においてフェリチンから分離して二価鉄に還元され血液中に取り込まれて自動酸化を経た後、トランスフェリンのタンパク質と結合して血漿鉄となり、運搬されていく。

2.2.4　吸収機構に附随する毒性防御の性格

1. 吸収制御機構に新事実

新しい事実のいくつかを以下に加える。すなわち日々の鉄排泄量は極めて少量に過ぎない。したがって長期的には体内に吸収された鉄が過剰に至らないための制御機構が形成されている。さらにその制御は精密の程度を上げ、組織中に適量のみが供給される水準を保持している。体内の変動に合わせて必要量が吸収されるよう調節されているとも言われている。

その制御は胃腸管の粘膜細胞のところで特に行われることをはじめに主張したのが、McCane・Widdowson（1937）らであったと先に述べた。続く多くの実験が次々と新たな証拠を見出したことで、上記の仮説を不動のものにした。

一方、鉄欠乏症の状態では著しく高い同化吸収量に達する例がみられる。Chodos・Ross（1953）らによれば、成人への放射性鉄給与実験では摂取量の10％以下がヘモグロビンに変化するのに対して、欠乏症患者では40から60％が同化されることを示したという。Hahn（1939－1945）はヒトの胎児・乳幼児およびイヌについての実験から、貧血状態のイヌが正常状態の20倍近い吸収量を示したことを報告している。

身体の必要量に合わせて制御調節が安定的に維持されるかというと、そう

でない場合も起こる。特に一旦様々な血液病の状態に陥ると、吸収量が激増する事態も生まれることを多くの事例研究が示している（Cartwright・Wintrobe・Bothwell ら：1944－1953）。そのなかの１つに Peterson・Ettinger ら（1953）の血色素沈着症患者にみられた吸収激増とそれに伴う肝臓鉄巨大沈積がある。

生体制御機構は本来、多義性を特徴とする。しかし、いまだにその全貌を明らかにする水準に達していないこともあり、ここではその一部分としての防御的側面についてのみ触れておく。理由は従来、この側面に全く光が当たらなかったことによる。

20 世紀後半期なかでも 1960 年代までの研究成果を整理した Underwood は、微量元素全体にみられる基本的性格として次の２点を摘出した。１つは 20 世紀前半の到達点と言われた酵素類似の触媒作用で、かつて Green（1941）が指摘した認識である。通常次のように言われている。「酵素の触媒作用は生体内で微量に存在する水準にあっても、すでに顕著な生物学的効果を生む」と。そして研究が大いに進んだ現在、この事実を多くの証拠が支持している。

もう１つは、特に新しく見出された知見によるもので「微量元素の機能形態と元素特有の濃度とは、どちらも狭い範囲内に維持される必要がある」と表現された。この規定が生体制御機構の成立要件であることは疑う余地がない。それに対して Underwood はさらにもう１つの表現型を加えた。「保護（または防御）機構」がそれである（1971）。この部分の不足からは生化学的欠陥が生起し、生理機能に影響が現れるか構造上の不調が起こると補足した。この発言は、従来の制御説の補完部分として防御説を追加したとも理解できる。筆者の立場とも一致する。この視点から、以下に再整理する仮説的知見をベースに防御機構説を立てることが可能であろう、と言わせる理由がここに見出される。

2. 運搬制御機構に新事実

鉄運搬の仕組みは２つの要素の組み合わせから成り立っている。

第１：鉄は遊離の状態にとどまることのないように完全に結合した形で体

内を運ばれていく。つまりはトランスフェリンによる無害化機構の認識である。その形態をとったまま細胞膜をも通過できる（Gitlow・Beyers：1952）。

第2：数量的なバランスの面からみると、血清による鉄運搬能力はトランスフェリンの存在量によって規制されている。正常な状態ではトランスフェリンの結合能力つまりは結合部位数が鉄の存在量より多い状態に保たれている。そのことによって鉄の無害化が図られているとみることができる。

正常な動物についてみると、トランスフェリンの結合能力の1／3が用いられ、残る2／3は潜在能力として空席のまま保たれていることが、それを証明している（Cartwright・Wintrobe：1949）。過剰鉄の吸収はトランスフェリン鉄の量的増加を生み出すことが知られている。トランスフェリンは鉄の運搬とともに中間的貯蔵の役割をも担い、体内の鉄存在量の変動をも吸収する（鉄プール説）。したがって、日変動をも含めて多様な変動が実際に認められる（Vahlquist：1941）。その上に病的状態に陥れば変動幅はさらに増大する。そこから現実には予防機構の限界を越える事態もしばしば起こる。鉄過剰症がそれである。

3. 貯蔵制御機構に新事実

この領域にも最低次の二面性が存在する。1つは鉄毒性防御または解毒機構の存在である。そのなかではフェリチンのタンパク質が大きな役割を演じている。もう1つは早くから指摘されてきた鉄貯蔵の機能である。これにもフェリチンのタンパク質が関与している。つまりフェリチンタンパク質と鉄との結合は上記2通りの役割を果たしていることになる。両者の間ではもちろん、前者が一義的な重要性をもち、後者はそれを待って発揮される。

1940年代にHahn・Michaelis・Granickらが行った研究のなかに鉄同位元素を用いた実験的知見がある。静脈注射によって注入された鉄は短時間で肝臓内フェリチンに高度の集中を示した。この事実とフェリチンの特異的形状、可溶性、無害形態などから貯蔵機能が推定された。後年Farrant（1954）は、水酸化鉄の集合体が4個のタンパク質に別個に“くるまれた形態”を成すと指摘した。この働きが上の第1の機能を保証することも明らかになった。

もう１つの事実は、上記の1940年代の研究成果として明らかにされたものである。胃腸管から吸収された鉄が赤血球分解の過程でヘモグロビンから放出され、肝臓・脾臓中のフェリチンによって主に捕捉されると結論された。

その後Finch（1953）らによって貯蔵機能がフェリチンおよびヘモシデリンによって担われており、両者はともに密接に関係している証拠が得られた。それによると、組織中の鉄はフェリチンがヘモシデリンを僅かに上回り、増加速度はヘモシデリンが大きく、高濃度では追加量がヘモシデリン側に大きく偏り、高濃度の状態では投与量・組織中濃度に依存して多様に変化するという。

1960年代の主要課題としてフェリチン・ヘモシデリン生成機構の解明が進んだ。ShodenとMorganが両物質の生成比を次のように検討した。ラット・ウサギ・ヒトに関するデータによると、生成過程において一定の濃度または速度に達するまでは、肝臓・脾臓中に両物質がほぼ同量に貯えられる。そして鉄は両方からほとんど同程度に赤血球生成や、胎盤から胎児への移行に、支障なく利用される。

鉄増量餌をラットに与えた場合にも、標準餌に対して３倍という大きな値にはなるが、両物質の相対比に変化がみられない。病的状態の例をみると、慢性または急性の溶血性貧血症の場合にも器官における両物質の比にはほとんど変化がみられない。P. N. Davis（1968）が行ったヒヨコの鉄欠乏餌給与実験においても、同様の結果が得られた。以上の実験データは両物質の生成過程に、安定した状態が広く存在することを示しているとUnderwoodが評価した。

続いて、生成比に変化が生じる場合の例を通して定量的認識が進んだ。そして哺乳類では、全貯蔵鉄量が重要な規定因子であることが分かってきた。

たとえばラット・ウサギでは肝臓・脾臓の鉄濃度が2,000 μg/gを越すとヘモシデリンが多くなる。さらに3,000－4,000 μg/g以上では新たに貯えられた鉄が定量的にヘモシデリンとなる（Morgan・Shoden）。また、ヒトの例では、肝臓・脾臓の全鉄貯蔵量が500 μg/g以下でフェリチンに貯えられる方が多く、1,000 μg/g以上ではヘモシデリンの方が多くなる（Morgan）。

それに対して鳥類では異なる事実が知られている。ヒヨコではラットやヒトの場合より著しく少ない全鉄量でもヘモシデリンの方が多くなる（P. N. Davis）。

血色素沈積症や輸血性沈鉄症の患者では、組織の高鉄量が特徴的な症状として知られているが、そのほとんどの鉄がヘモシデリンとして存在する（Drabkin・Morgan）。先にUnderwoodが第1版で述べた飼料の質に起因する家畜の沈鉄症（Hurtley：1959）およびヒツジの肝臓・脾臓に大量に沈積する事例（先例）も、ヘモシデリンであった。

4. 過剰症認識の拡張

1. Shoden（1949－1962）の研究によると、大きな速度で鉄剤を注入するか、糖酸鉄を経口投与すると、ヘモシデリン生成が大きくなる。鉄デキストラン注入の場合には、高速注入にもかかわらず、長く血漿中にとどまるためフェリチン生成がヘモシデリン生成より大きい。これらの結果から、アポフェリチン生成速度が制限条件となっていることが考えられるという。これはアポフェリチン産生を制御要因とみなす仮説である。
2. 種々の病態によって鉄吸収の効率が変わることを示す事例がある。たとえば無形成貧血・溶血性貧血・悪性貧血・ピリドキシン欠乏症・血色素沈着症・輸血性沈鉄症では吸収増大が起こる。それに伴って赤血球生成の増加、体内鉄貯蔵量減少、鉄代謝増大、低酸素症が併発する。反対に輸血による赤血球増大と鉄吸収減少も起こり、組織の鉄過剰に関係してくる。このように鉄貯蔵量の増減は多くの要因と関連することが分かってきた。

詳細な中毒メカニズムは解明されていないが、過剰による中毒という実態認識がより豊かになったことが上記より明らかである。ここからは、生体制御と生体防御の二機能が分かち難く重なり合った存在であることが分かる。

2.3　生体防御機構説時代を拓く

序

20世紀前半期を代表する微量元素栄養の研究成果の第1は、バーミンガム大学植物学のStilesの著書であろうと先に述べた。その文章には主題に懸ける強い熱意が溢れている。何といっても栄養素として新規登場を果たした微量元素である。内容を一読すると、動物に先行した植物栄養学の趨勢を反映していることがよく分かる。大部分の事実が植物のものによって占められ、動物の領域は少ない。さらに植物についてもマンガン・亜鉛・ホウ素・銅・モリブデンの5元素の欠乏症あるいは必須性に関する新しい知見であることは止むを得ない。他方、過剰症に類する毒性は皆無である。

ここには著者の関心の偏りが歴然としている。続く動物については、銅・ヨウ素・マンガン・コバルトの4元素の欠乏症と、セレン・モリブデンに起因する家畜の過剰症のみにとどまっている。このように動物関係の研究が量質ともに極めて貧弱という問題を抱えている。すなわち開拓途上の新分野に特徴的な傾向があらわである。

もう1つの代表的成果が同じイギリスに認められる。19世紀以来の食品衛生・大衆保健の最前線守備を継承した食品検査官 Monier-Williams の『食品と微量元素』(1949) がそれである。食品中に含まれる微量元素が35種を越えるほどに広範囲の文献を収集・整理して検討を加えている。そのなかにはウランをも含める熱心さである。毒性にも積極的にアプローチしているが、結果として、それらによる食品汚染という性格を濃厚に帯びることになった。この点はうっかりすると貴重な成果の見逃しを誘いかねない。Underwood はその轍を踏んだように思われる。

2.3.1　Underwood 鉄毒性学の出発点

1.『微量元素栄養学』の構造

1. 科学の成果を歴史的観点に立って整理することの重要性を強く主張した Underwood であったから、彼の著作活動30年間をその視点から検討する意味は十分にある。

はじめに初版の状況に着目すると、そこに取り上げた微量元素のうちの重要なものがすでに10種類に上る豊かさであったこと、それによって以降の

表56　微量元素群の毒性認識（初版：1956）

毒性認識確定群	銅・モリブデン・コバルト・ニッケル・亜鉛・マンガン・セレン
未確定群	鉄・ヨウ素・フッ素

栄養学発展の姿をたどるのに十分な素質を有することをみておこう。その結果が表56である。ここには栄養学が課題とする必須性とともに毒性が不可欠の領域として定着していることが明白に示されている。著者によると、それは1930年代までに経験したヒトおよび家畜の欠乏症と過剰症から学んだものだという。従って毒性は微量元素栄養学にとって主要な2本の柱のうちの1つであったと記した。それだけに著作のなかで“欠乏（必須）・過剰（毒性）”という連語を頻繁に用いている。

表57　微量元素の毒性区分（Underwood）

版	発行年	区分あり		区分なし	合計
		実数	比率(%)		
1	1956	8	80	2	10
2	1962	8	80	2	10
3	1971	13	93	1	14
4	1977	17	100	0	17
5	1987	18	95	1	19

註：各版の内容を筆者が整理した。

2. その後の30余年の経過を同書の内容から確認すると、表57になる。知識の蓄積が進んだ微量元素を著者は主要元素と呼んで、各元素に1章を割り当てている。その実数が合計欄である。そのなかにあって、毒性の節を設けた元素を「区分あり」とし、ないものを「区分なし」とすることで著者の毒性認識の実態を示したものである。表が示す特徴の第1は30年間にほぼ2倍化という、微量元素数の著しい増加を挙げねばならない。

第2はその勢いのなかで「毒性区分あり」の微量元素が圧倒的多数を占めるという事実である。ここには20世紀の微量元素栄養学が必須性と毒性の二大領域に正しく目を配りながら知識の蓄積を遂げた実態を余すところなく表出させている。

表の「区分なし」欄の数字「1」は新たに組み込まれたリチウムを指す。同じく数字「2」の2カ所はともに鉄とヨウ素である。ヨウ素中毒は、ヨウ素の必須性とともに19世紀においてすでに経験的知識とみなしうるほどに豊富であったことをMcCollumが指摘している。ところが精密な実験の試みは1960年代半ば以降のArringtonらによると言われている（Underwood）。以上を除くと「区分なし」は鉄のみとなる。ここに鉄の独特な性格がうかがえる。この点に注目しておく。

具体的に第3版（1971）序章「微量元素の基本的性質」の項をみると以下の記述が目につく。通常の理解を基礎に3区分した後にそれぞれについて少し詳しく述べている「1. 必須元素については生体内部に制御機構があるため正規分布あるいは対称的分布を示すと考えられている。2. 必須でない元素は夾雑物から生じ、有意の機能を持たないので組織中の濃度が外部環境によって制御されるため、環境中のレベルに似た分布のパターンを示すものと考えられる。3. 有毒元素と通称される少数の元素・ヒ素・鉛・カドミウム・水銀は生物学的意義が今のところ比較的低濃度でも毒性を示す事実に由来する。しかしこの分類を広く適用することはほとんどできない。その理由は、十分多量を十分長期間摂取すればあらゆる微量元素が有毒であることによる。事実いかなる元素でも、その元素に関する動物あるいは系の摂取量および栄養状態に応じて作用の様相が全域にわたって変化する」。こう述べて、Bertrandによってすでに確立された摂取量依存性法則（1912）を挙げている。

3. 栄養学全体の動向をこのように把握した上で鉄に関する知識の発展に目を向けると、そこにみられる状況を表58にまとめることができる。表からは鉄にとって第4版の改訂が画期的であったことが分かる。

表58　鉄毒性認識の推移（Underwood）

版	1	2	3	4	5
毒性区分	なし	なし	なし	あり	あり

この改訂があって、表57の4版における毒性区分100％という頂点が出現した。しかしこの動向は鉄の改訂が単独のものではなく、毒性への関心が何らかの原因によって強まったという栄養学共通の動向を推定する根拠となる。

その点に関して著者の見解表明はない。従ってここでは鉄毒性に関して新たな領域が開拓されたという仮説を表明しておくことにして、詳しくは後に述べることにする。

次に、鉄を特に重視して文献を精査した著者に習って鉄毒性認識の足取りをUnderwood以前からたどり直してみる。

2. 鉄毒性の初期的認識

まず予備的作業として、早い時期（1920年代）の知識を先のMonier-Williamsの著書に探ってみる。

第1に目につく報告は以下の植物に関する3点である。1. 水成岩性海緑石から成る緑砂土壌が含有する鉄によって植物が傷められるとKellyが報告（1923）している。土壌に酸性液の少量を加えただけでも植物に傷害が起こるという。2. 石灰質土壌に過剰の可溶鉄を加えた場合に植物毒となるとの報告もある。3. 若い植物に対して第一鉄塩は第二鉄塩よりも強い毒性を示すことをMaquenne・Demoussy（1920）が明らかにしている。

上記の2は過剰という性格にみられる認識であるが、3は鉄の本質的な毒性の認識として注目に値する。

第2は、それ自体を毒性と呼ぶには至らないが重要な認識であることに違いないものである。すなわち著者は牛乳およびバターなどの動物性脂肪が第一鉄の酸化的触媒能による変質作用を容易に受けると指摘している。第一鉄は0.7ppmの存在によっても牛乳を30分以内に発臭させる一方、第二鉄は60ppmの存在で24時間後に着臭するという試験結果を明らかにした。後者の比較的低い活性は牛乳タンパク質との特異的な結合によると解析している[1)]。この事実から正常牛乳の品質保証条件には上限0.5ppm鉄が適当という考えを示した。次にバターが第一鉄、第二鉄のいずれも1ppm以上含むと必ず異臭を発生する事実を確かめている。この認識がすでに単なる栄養学

1）①後年Halliwell（2007）は、油脂の酸素吸収量を手掛かりにする油脂酸化研究開始を1920年、酸素による天然油脂変質確認を1922年と特定した。
②1960年代に動物種ごとに異なる乳タンパク質が見出された。特徴はいずれも鉄との強い結合力で、鉄運搬以外に多様な生理機能が検討されているとUnderwoodが記している。

的知識を越えてイギリス農業と食生活の広い経験を土台にしていることが分かる。さらにその上にニュージーランドの「バター品質規制値1.5ppm以下」の規定もみられる。植物油脂に関しても、オリーブ油が極微量の鉄により酸化促進作用を受けること、オレイン酸第二鉄の1ppmですでに確認されていることも述べている。その事実を支持する報告にGarner（1936）の試験結果がある。それによると、多くの植物油脂が多様な鋭敏さをもって鉄の酸化促進作用を受けるという。それ以降、鉄の酸化的触媒作用に関する研究が関心の集中点となり、食品ばかりでなく全ての生物にとって脂肪酸化が重大な生体損傷につながるという認識を作り出した。続いて発がん物質の生成も確認されるに至った。これらの成果から鉄毒性認識の新たな水準が作り出された。

3.　大草原の家畜栄養学

20世紀前半期における鉄過剰症認識の発展をUnderwoodの著述を通してみておこう。ここにはUnderwoodと微量元素の毒性とが生涯の早い時期から密接に関係し合った運命的な出会いがみられて極めて印象的である。

まず家畜栄養学の領域に関して、Underwoodの体験的理解として次の事実が認められる。第一次世界大戦直後に、西部オーストラリア州政府は州の東南部に一大乳牛牧場を計画して始動させた。広大な未開地を開墾して豊かな地下茎をもつクローバを育て、大規模な乳牛飼育事業を目指した。その一定区画ごとがイギリスからの移住帰還兵に割り当てられた。

ところが数年を経ずに、飼育牛の多くが未成長、不妊、低泌乳という症状を起こして衰え、死亡する事件が発生し、牛の「疲れ病」という名が世界に知れ渡った。クローバの生長には何ら異常がみられないことから原因は不明とされた。この問題のために移住者多数の生活がおびやかされただけでなく、州政府に多額の財政的損失をもたらした。その結果、大衆は挙げて対策を激しく求めた。当時、同じような症状を発する「疲れ病」は他の国においても知られており、すでに鉄欠乏症と診断されていた。

1932年にケンブリッジ大学を終えた新米博士のUnderwoodがオーストラリアに着任して早速この問題を取り上げた。5年の歳月をかけた原因究明を経て到達した結論は、単純な鉄過剰の代わりに鉄とコバルトの相互作用という複雑な要素からなる原因説であった。この画期的な業績によって彼の名が一遍に高まった。最終的には土壌へのコバルト塩撒布によって症状の改善に見通しが立った。この事実がその主原因を正しいものとして証明してくれた。そこでUnderwoodは一挙にコバルト研究を生化学領域にまで拡張しようと考えた。しかし当面の問題解決に目処が立ったことによって、大衆の熱意は衰え、基礎研究への道が一旦閉ざされ、研究の再開は30年後へと先送りされた。これは、Underwoodが後年「自伝的研究史」のなかで触れた研究の一端である。

当時の経験をもう1つここに追加しておこう。それは上記の乳牛の問題と平行してUnderwoodが手掛けたヒツジの鉄過剰症研究である。症状は肝臓・脾臓・腎臓への明白な鉄沈着（シデローシス）の発見で、1934年に報告している。研究の進展によってコバルト欠乏をも併発していることが確かめられ、両元素の相互関係の究明という基礎研究の必要性が痛感されたが、畜産業者の関心は極めて稀薄であったという。当時の微量元素栄養学はこのように不安定な社会的基盤の上で、初戦における実践的勝利を収めつつ個別分野での信頼を築くのに精力を傾けていた。以上の問題に対する補足的事実として同時代的傾向を一覧する（表59参照）。

表59　1930年代の主な家畜障害

発生年	状況・経過
1931	放牧場の銅欠乏症がオランダ・アメリカ（フロリダ）に発生した。
1933－1934	アルカリ病・ふらつき病が北米大平原放牧場に発生し、セレン過剰症と診断された。
1935	オーストラリア西部以外に南部でも放牧場の反芻動物が疲れ病に罹った。原因はコバルト欠乏であった。
1937	西部オーストラリアの新生仔ヒツジに特有の運動失調症が発生した。母ヒツジの妊娠中に銅を給与して予防に成功した。
1938	イギリスの一地方に牧草経由のモリブデン過剰症として牛の衰弱性下痢症がみられた。銅投与によって治った。
1940頃	オーストラリア東部でヒツジ・ウシの両方に溶血性黄疸が発生した。牧草経由の銅の慢性中毒または、マンガン欠乏によるものであった。

表59が示唆する点は、第1に家畜に関する当時の主要問題が欠乏症であること、第2に自然条件下でも過剰症を起こす微量元素の存在が強い関心を集めていたことである。第3に新たな兆候として、原因となる微量元素同士が複雑に作用し合い、決して単純ではない状況が次第に明らかになったことである。最後の点に光を当てると、たとえば微量元素間に一方の欠乏が他方の過剰を惹き起こすかと思えば、その逆のケースもみられた。さらに微量元素間の栄養バランスの変化と代謝過程における相互作用が起こす新たな障害も認められた。それらの実態把握と理論的究明が次期の課題と考えられるようになった。

2.3.2　Underwoodの鉄過剰症研究―実態把握に集中―

1. 過剰症の系譜

『微量元素栄養学』初版（1956）においてUnderwoodは、血清鉄を手掛かりにヒトの体内鉄異常を概観した。そこでは貧血症・過剰症と正常状態とを比較する意図が明瞭に示されている。多数の事例のなかから全体の主要な傾向を代表する数例を選んで表を作成した。すでに20世紀前半の時点において、鉄とヒトとが関係する主な領域で貧血以外に過剰鉄による疾病への関心と研究の進展が認められることを表60は示している。

表60　多様な病態にみられる各制御機構の指標数値（Underwood（第1版））

被験者（人数）		血清鉄（μg/100ml）	鉄結合能（μg/100ml）	飽和度（%）	研究者（報告年）
正常・成人・男	(15)	106（87－147）	311（254－432）	34（30－44）	Ruth・Finch（1949）
女	(15)	94（72－130）	288（224－414）	33（22－44）	同上
欠乏性貧血症・成人	(10)	29	346	9	同上
血色素沈着症・成人	(9)	224	247	91	同上
輸血性沈鉄症・成人	(4)	260	260	100	同上
感染症・成人	(10)	44	220	20	同上
再生不良性貧血・成人	(8)	203（130－272）	―	―	Laheyら（1953）
悪性貧血症・成人	(9)	173±55	―	―	同上
欠乏性貧血症・乳児	(12)	31	404	8	同上
同治療後		78	352	20	同上

註：上記以外にも、Underwoodは下記の報告者名を挙げた。Laurell（1947）、Cartwright・Wintrobe（1949）、Ventura・Klopper（1951）、Kelder（1953）、Bendstrup（1953）。

表からは、過剰症患者の血清鉄量が正常者の2倍から3倍、トランスフェリン飽和度の高水準が一目瞭然で、過剰状態の顕著な指標として採用されている。

その後、Drabkin（1951・1953）は組織内の鉄沈積に注目して、肝・脾・腎などの臓器内にヘモシデリン形態の凝集蓄積が正常者の50倍から100倍に達し、重病では全身で50gにも上ると指摘した。沈積箇所も上記以外に膵臓・心筋・副腎皮質を挙げた。

この過剰沈積の原因には早くから吸収制御障害（失調）による過剰吸収説が唱えられてきた。McCune（1937）、Hahn（1943）、Granick（1946）、Bothwell（1953）、Cartwright（1953）、Peterson・Ettinger（1953）などがそのなかにみられる。最後のPetersonらの研究内容をみると、放射性同位元素を用いた実験により、1％から4％（正常者）に対する20％から45％（患者）という過剰吸収を確認している。

悪性貧血や再生不良性貧血の例でも、血清鉄量増加やトランスフェリン飽和度上昇と吸収制御障害による過剰吸収および骨髄のヘモグロビン産生障害を伴うという特徴が知られている。

著者による毒性学の規定はみられないものの、毒物としての鉄の数量的把握を証拠だてる上記の事実は、立派に毒性学の実態の一端を備えていると考えてよいであろう。

2. 鉄毒性黎明期到来

1. Underwoodは第4版（1977）において鉄中毒の1節を新設した上で本格的な検討を行う意志を示した。画期的な計画とみることができる。何といっても必須性微量元素のなかで唯一、毒性研究にみるべき成果が挙がっていなかった当時の状況下でのことであった。収集した文献のなかから以下の2問題について論及した。

第1に毒性判定の問題を取り上げた。通常の必須性確定と同様の方法により最大安全摂取量、最小中毒摂取量を実験的に確認することが第一の課題であるとした上で、それに応える研究結果がみられないと断定した。

次に傍証として信頼できる臨床例数点を挙げた。Monsen（1971）は1日

50mg 摂取によるも中毒症状なし、Finch・Monsen（1972）らは1日25mgから75mgの摂取にもかかわらず安全という報告がそれである。2例とも成人についての結果であった。さらに治療中の患者多数が、多量かつ長期間の投与を受けながら無害状態を維持したとの報告があると補足した。またここまでのまとめとしてUnderwoodはヒトの最大許容量を別の表現形で示すことが必要との最終的結論を下した。

実験動物を使用した中毒研究からはコバルト・銅・亜鉛・マンガンの多量摂取およびニッケル・鉄の欠乏症水準の少量摂取との問題究明が必要、とする複雑な問題をそこに指摘した。

第2に異常な食習慣に起因する中毒問題を新たに取り上げた。すなわちMacDonaldら（1963）とBothwellら（1964）によると、南アフリカ原住民バンツー族には自家製ビールを常時喫飲する習慣があるという。鉄製容器からの鉄汚染が原因で15 mg/ℓから120 mg/ℓの摂取が長期に及び、慢性中毒の鉄沈症が発生した事実を明らかにしている。またCarlton・Bothwellら（1973）による追跡調査の結果からは、可溶性鉄を1日当たり2mgから3mg摂取したと推定された。

もう1つはRoe（1966）の報告で、エチオピア人の超多量鉄摂取の事例を報告している。鉄製の製粉機・調理器・貯蔵器等に起因する鉄汚染穀粉摂食によるもので、1日摂取量を約470mgと推定した。それにもかかわらず中毒症状がみられず、鉄の沈着も発見できなかったとHofvander（1968）が死体解剖の結果を報告している。

筆者のみるところ、上記2例の報告は症状の詳細な説明に欠け、件数としても極めて稀少にとどまるなど、研究初期の水準という性格があらわである。さらにUnderwood自身に関して言えば、鉄中毒接近法に独自の視角を見出していなかったことも推察できる。

2. 10年後に第5版（1987）が著された。一部Mertzとの共作になっているが、鉄に関する部分はUnderwoodのものと思われる内容によって占められている。そのなかで以下の2つの問題が取り上げられている。

第1は、貧血症治療薬としての鉄剤使用に随伴する幼児の誤飲事故である。Greenblattら（1976）、Hoffら（1979）、Leitmanら（1980）、Bannerら

(1981) が相次いで小児科医学雑誌に発表した論文のなかで致命的症例として取り上げ、緊急の治療的対応を要すると述べている。

成人の貧血症治療においても同様の問題がすでに周知のことで、鉄剤使用には慎重な配慮が必要であることをすでに早くからUnderwood自身次のように指摘している。すなわち「慎重な対応が必要で鉄中毒の進行から重症に陥る危険がある」。このように危険認識が専門家の間ではすでに常識であった上に、今回の「致命的事故につながる」という認識が改めて表明されたとみることができる。

筆者はその高度の人為性あるいは社会性に強い関心を抱く。理由は鉄毒性を軽視する一般的傾向の上に貧血治療の普及が突出した社会状況であったと考えるからである。

もう1つの特徴として、小児科医師が度々警告を発した点も見落とせない。以上の2例は先に述べた生体内防御機構の高い構造性と比べて、社会的機構整備の遅れを社会の第一線に立つ専門外医師が指摘したものである。

第2にUnderwoodは初版以来の突発性（遺伝性）血色素沈着症を取り上げ、改めて「遺伝性吸収制御機構失調症」と断定した。Crosby (1977)、Bothwell・Charlton・Cook・Finch (1979) らの鉄代謝理論によったものであった。たとえばこの問題をすでに初版においてCartwright・Wintrobe・Humphreys (1944)、Gulber・Cartwright・Wintrobe (1949)、Dubach・Callender・Moore (1948)、Bothwell・Doornurittkapt・Dreez・Alper (1953) らの報告を基礎に記述している。

その内容は以下の通りである。「血色素沈着症・輸血性沈鉄症・再生不良性貧血症・悪性貧血症・溶血性貧血症・ピリドキシン欠乏症では吸収機能障害により過剰吸収が起こる」と。

それ故に30年後に当たる今回の記述の意義は、鉄中毒として正式に取り上げたところにみることができる。ただし、そこでは遺伝性血色素沈着症以外の疾患が外されている。

他方、新知見として述べている箇所を挙げるとBothwell・Derman・Bezwada・Torrance・Charton (1978) による次の指摘がみられる。「鉄吸収増加が鉄過剰へと進む度合は個人の感受性によるが、その詳細は未解明である」と。ここからは10年余の研究進展を追跡する姿が明瞭であるとともに、当該分野の研究進展の遅れもまた明らかである。

当時すでに旺盛な勢いで進行中であった鉄毒性学がUnderwoodの視野には入ってきていない。

2.4　生体防御機構説に新展開（ILSIシリーズ）—最新栄養学の系譜にみられる新パラダイム—

先にみたUnderwoodの微量元素栄養学は、生体の動的平衡すなわち恒常性維持を枠組みとして、栄養素摂取と排泄、同化と異化を結ぶ代謝の恒常性維持制御機構説から成り立っていた。鉄の栄養問題はその枠内において、主に必須性に対する欠乏症を中心課題に捉えた議論として展開された。

他方、鉄毒性の問題については、早い時代の生物化学的認識に基づいて、遊離状態の鉄つまり二価の鉄イオンが生体に少なくない損傷を与える可能性を既に知っており、それとは別に旧知の事実を通して鉄過剰沈着から致死性の重大症患へと進むことも知っていた。

結果として、生体制御機構の議論はほとんど前半部分の問題領域をカバーする形で展開し、後半部分はその制御機構の失調状態を示す事例として僅かに触れたに過ぎなかった。

したがって鉄毒性を重視する立場からは、毒性発現の実態紹介に終わった観があった。つまり鉄毒性の本質を捉えるところまで究明の手が伸びなかった。Underwoodの栄養学が1980年代の知識水準で幕を閉じたことにより、それ以降の進歩を反映する栄養学レビュー誌として国際生命科学協会発行『最新栄養学』（ILSIと略記）を次の検討素材として取り上げる。

それがUnderwoodの最終版と時期が重なる第5版（1984）から始まるシリーズで、現在第9版まで続行中である。問題の連続性を保つ目的と合わせて鉄を主題とする部分を中心に考察する。なお第5版の執筆者陣には微量元素の章を担当するUnderwood（コバルト）、Mertz・Nielsen（ヒ素・モリブデン・ニッケル・バナジウム）が参加していることを補足しておく。

2.4.1　1980年代前半の認識水準 —体内鉄バランス説—

この時代を代表する1人、Hallbergは鉄吸収機構を中心に多数の研究成果をILSI誌に発表して、鉄バランス説の確立に少なくない貢献をした。ちなみに論文の冒頭部分を鉄の分布から始めている一事にも、当時の旺盛な研究状況がうかがわれる。そのなかでトランスフェリン結合鉄およびフェリチン・ヘモシデリンなどの形態で数々の組織や器官、特に肝臓・膵臓および骨髄中に鉄が蓄えられているという事実を紹介した。ただし、それらの大方は正常状態に関する認識で、他方の過剰蓄積は極めて稀な事例に過ぎないとみなした。当時の体内鉄バランス説の到達点をHallbergは次の3点に整理して述べている。

〈鉄欠乏予防に必要な鉄バランス維持の3機能〉

1. 体内で異化された細胞中の鉄を連続して再活用する仕組みをもつ。多量の鉄を必要とする特別な場合に備えて、体内に鉄貯蔵のできる特定タンパク質フェリチンを用意している。
2. 鉄欠乏に対応する吸収増、鉄過剰に対応する吸収減などの吸収制御機構をもつ。
3. 他方では、次の補足をも必要と判断した。すなわち、体内の鉄分布の恒常性を維持するために用意されたこれらの巧みな制御機構にもかかわらず、鉄欠乏症は絶えない。現在でも世界的規模でみられる最も一般的な欠乏症である。

ここには鉄制御機構に対置される重要課題としての鉄欠乏症という認識が鮮明である。したがってこれに続く本文の主柱が鉄欠乏症に定められて当然であろう。

なお本文の最後尾に「鉄の過負荷」の1節が設けられている。そして以下の10数行をその具体的事例の説明に当てている。

1. 海洋性貧血は低質赤血球造血症で頻繁に輸血を必要とする。その輸血によって過剰症に陥る。
2. 貧血治療の際、鉄錠剤過剰摂取によって起こる過剰症。
3. アフリカ南部に住むバンツー族が多量の鉄を含む自家製ビールを多量に飲むことによって過剰状態を呈する。

4. 遺伝性血色素沈着症により過剰鉄吸収を起こし、種々の器官に鉄が沈着して組織損傷を起こす。

以上のどれもが極く稀な疾病として知られるものであるという。さらに、これらとは別に先進工業国では鉄強化食に起因する鉄過剰の問題が大きな議論を呼んでいることも知られている。

以上の全ての問題は、すでにUnderwoodが指摘したものと同一で、鉄過剰または鉄過剰症と呼ばれたものである。これは生体内の鉄過剰という状態、すなわち量に規定されて起こる問題であって、鉄の本質が直接引き起こす問題とは自ら異なるとみねばならない。つまるところ、この認識と問題設定の状態は鉄過剰症時代の2領域並存がここに確かめられる。

2.4.2　1980年代後半の認識水準 ―鉄恒常性制御機構説―

1970年代から1980年代にかけて鉄欠乏症研究に専念したDallman (1990) によるレビューを中心に取り上げる。本文は欠乏症関連分野が大勢を占め、それ以外に「毒性・過剰」を表題とする1節を設けはしたものの、1ページ未満と極めて少ない。

冒頭において、著者は本文全体の基本視点を極く簡単に提示している。すなわち、体内の鉄の恒常性は、主に吸収によって制御されていると。先に第5版のなかでHallbergが「鉄バランス維持」と表現した部分が、ここでは鉄の「恒常性」となっているものの、その意味は同一とみてよいであろう。その実態として、第1に全身に及ぶ鉄量制御系の存在およびその中心的機構として吸収量制御系の役割を挙げている。

続いて、第2に吸収制御機構の解明に関するBothwell、Charlton、Cook、Finchらの業績を高く評価している。1970年代に大きな進展をみせた彼らの吸収制御機構説が科学的認識として確定をみた意義は大きいと述べた。それが『鉄代謝論』(1979) を指すことは言うまでもない。

以上の叙述からみて、ここに主張されている制御機構に鉄毒性に関する制御が含まれていないことは明白である。著者の制御概念の特徴が鮮明に表出されている部分をここに指摘できる。

次に鉄毒性・鉄過剰に関する認識を取り上げよう。第1に注目される点は第5版の「過負荷」から「毒性と過剰」への変化である。急性・慢性の毒性に相当する概念をはじめて適用しているとみてよいであろう。筆者はこれをもって毒性意識の発展とみた。記述内容に立ち入ると、まず急性と慢性の毒性に区分して、鉄毒性発現の実態を次のように紹介している。

第1に急性中毒が鉄のそれのなかでは最多事例に当たると述べて『小児科臨床』掲載の Banner（1986）の最近報告を引用した。それによると、特に学齢以下の小児に多くみられることに注目している。原因は貧血症治療薬の鉄剤を誤って過剰に摂取したことによるもので、重篤の場合には消化器内面の障害が顕著で出血性下痢と嘔吐を伴い、アシドーシス、肝不全、引き続いてショック死にまで進むという。1950 年代には、このケースが 50 ％の高致死率を占め、30 年後にようやく数％にまで改善されたと述べている。

第2の慢性中毒に当たる症例には遺伝性血色素沈着症と頻回輸血を必要とする海洋性貧血・再生不良性貧血などの稀病を挙げている。いずれも既知の症例である。

貧血症対策として穀粉の鉄強化が行われているスウェーデンでは男性の鉄過剰症発生率が 1 ／ 1,000 未満と推定されている（Lindmark：1985）。

上記以外に、広義の毒性について以下の第3、第4の2例を加えておく。それらは後日、詳細な検討を経た正しい評価を待たねばならない。

第3例：鉄過剰と他の微量元素吸収との関係について Solomons（1981）説を述べている。その内容は亜鉛・銅の吸収にマイナスの影響があるというもので、その他にも Breskin（1983）、Hambidge（1987）の同種の意見もみられるという。

第4例：非経口的投与による鉄過剰がもたらす感染症の危険性が指摘されている（Breskin：1983、Weinberg：1984）。基礎的指標としてのトランスフェリン高飽和度の状態が細菌増殖を亢進させる事例があるという。これも正常な防御機構に対する障害とみて毒性の範疇に組み入れたものと考えられる。

以上の4例に共通する特徴として、鉄過剰に起因することおよび非定量的議論に終始していることが明白である。これを鉄過剰認識の水準とみる。かつて Underwood が量を問題にする段階に達していないと指摘したことと一致する。

2.4.3　中間総括

途中ではあるが、ここに1つの中間総括を挿入する。20世紀前半に、栄養学の長足の進歩を跡付ける意図の下に発行された『ILSI集』であったが、10年の歴史を経て現在の『最新栄養学』に改名の上、初版を世に出したのが1953年であった。以来、第2版（1956）、第3版（1967）と続く間、編集上の基本方針には何ら変更がみられなかった。

第4版（1976）において典型的な栄養素とその欠乏症から栄養科学全領域を対象とする方向に拡張したことで、「過剰栄養」という新しい主題を打ち立てることに成功した。なかでも微量元素および各栄養素間の相互作用に関する生化学の進展を積極的に摂り入れた結果、本誌を評論集としてより一層充実した構成へと飛躍させることができた。これは後年のOlson編集委員長による回顧談の一節である。

この新方式が第5版（1984）に少なくない好影響を与えたようである。その第5版には、20世紀中葉以降に顕著となった生化学の活性化がもたらした種々の新知識、および新概念が随所にみられ、一種の活気に満ちていた。

1例を当時、高い関心度を獲得したビタミンEにみることができる。当該分野を広く概観したBeiriは、自らも携わったトコフェロールの抗酸化作用を含む多くの新しい問題を基礎研究、臨床試験、公衆衛生の分野に亘って見渡した。その上で細胞膜構造と機能、活性酸素、フリーラジカルの生成、関連する酵素の問題の存在を指摘した。とくに細胞内での多価不飽和脂肪酸の過酸化防止に果たすビタミンEの優れた役割とその作用機序解明にフリーラジカル説がきわめて有効であると言及した。

Beiriがその問題を再び取り上げた第6版（1990）においては、先の抗酸化作用に新たな概念を与えて“毒性防御機能”と評価した。適用範囲を大きく広げて、重金属、環境汚染物質、有害物質など多数を挙げた。その上でほとんどがフリーラジカルを発生させるケースに当たると述べて、作用の理論的根拠を補強した。

2.4.4　1990年代に新パラダイム誕生 ―鉄毒性防御機構説―

1. 輪郭

この時期に、いろいろな意味で鉄栄養学の新段階を彩る兆候が多数現れた。以下に代表的な4つの事例を挙げる。

Skolはビタミン E の生理学的機能としていろいろな環境因子にさらされることによって生成する活性酸素種や他のフリーラジカルを解毒するための防御機構（たとえば酵素系と非酵素系の抗酸化物質による複合系）を取り上げた。ビタミン E は脂溶性なのでこの防御機構の主要因子の1つであり、直接細胞膜を保護する、という解析的結論を発表した。

Halliwellは、抗酸化物質について、生物が酸素毒性に対する抗酸化防御機構を生み出すことにより進化プロセスを歩み始めたとするフリーラジカル説を登場させた。

がんと食事についてArcherは、内因性酸化によるDNA傷害が、「がん化」に寄与すると主張した。その上で、果物や野菜に含まれるアスコルビン酸、トコフェロール、カロチノイド、フラボノイドといった抗酸化物質の予防効果のいくつかはこれを防ぐということをうまく説明できると述べて、Ames説（1995）へと論旨をつないでいる。

以上の3説からは、酸化反応が鉄の触媒作用に収斂することを示唆している。

以上と同一の論調を保ちながらYip・Dallmanらは鉄の化学論を展開した。その中心部分を構成する鉄必須説と鉄有毒説に触れたDallman・Yip理論を次に検討する。

本文では、鉄の化学的本質から出発して、生体内における鉄の生理的二面性を解明する方向に論理を組み立てた。その構成意図を以下の4点に整理できる。

1. 化学的本質：鉄は溶液中で2つの酸化状態すなわちFe^{+2}とFe^{+3}として存在する。この二形態の間を容易に移り変わることで、電子供与と受容を介して酸化還元反応酵素と同一の機能を果たす。
2. 生理活性の本質：生体中で発揮される高い反応性や高い酸化還元ポテンシャルに由来する鉄の生理活性は、酸素およびエネルギー代謝に関与する機能として特に重要な部分を占める。これが必須性の根源となる。

3. 鉄毒性防御機構：これが生理学的機能となりうるためには恒常性が保たれねばならない。その保障は鉄の反応性や酸化ポテンシャルを安定させるための機構として、キャリアタンパク質との結合あるいは抗酸化性分子の存在などの多様な因子によって構成され、きめ細かく抑制される必要がある。さもないと鉄の活性は有害性を帯びる。原始生物は進化過程においてこの抑制機構を幾重にも構築してきた。この意味でそれらをまとめて鉄毒性防御機構と呼ぶことができる。

4. 鉄毒性の本質：鉄がFenton反応を触媒することにより、スーパーオキシドや過酸化水素を反応性の非常に高いフリーラジカルに変換する。ヒドロキシラジカルなどのフリーラジカルは細胞膜脂質や細胞内成分を過酸化し、架橋形成を起こさせたりすることによって細胞の老化や死をよぶ。またこうも言うことができる。酸化還元反応が脂肪酸、タンパク質、核酸などの細胞構成成分に重大な損傷を与えることによって、先の毒性防御機構が適切に機能しない状態あるいは防御能を越えた状態において毒作用を現す。

鉄中毒の原因論が未完成の今、問題に即した論考として以下の叙述を補足している。すなわち「生体内部で、鉄の反応性に対する制御力の支配領域を越える鉄量の存在が短期・長期にわたって継続した場合に、急性中毒から慢性型過負荷までの多様な病態を示すに至る」(『最新栄養学』第7版、p.281、1997)。

この理論のなかの重要部分は、鉄の生理的機能を適性に保つために毒性防御機構を先行させるという考え方にある。ここに防御機構説の輪郭を想定してもよいであろう。さらにこの面からは生物進化の長い過程を検討する必要が生じる。結果として、この理論は仮説の位置に止まらざるを得ない。

2. 鉄毒性説（共同執筆：Yip・Dallmanによる）

先の『微量元素栄養学第4版』(1977) においてUnderwoodは、鉄毒性 (iron toxicity) という新領域を提示したが、『最新栄養学』(ILSI 1991) という共同作業の場でもようやく鉄毒性・鉄過剰症が本格的に取り上げられた。

表61　第6版と第7版の節構成比較

執筆者	版	節表題	節数計
Dallman	6	歴史・分布と代謝・必要量・欠乏症（7）・中毒と過剰	11
Yip・Dallman	7	化学性・代謝・生理・必要量・欠乏症（4）・中毒と過剰	9

註：（　）内は節数。

表62　内容占有率比較

版	節表題（節内容占有率）	
6	欠乏症（49）	中毒・過剰（ 8）
7	欠乏症（42）	中毒・過剰（19）

註：占有率はページ数。

しかも前記のように鉄の化学的本質に由来する病理学的特性とみなされた。その観点からは、従来の欠乏症を重点領域としつつも、他方で過剰症・中毒症の問題を意欲的に取り上げようとする新領域拡張動向が表面化して当然と考えられる。

ここで、第6版（1990）と第7版（1996）とのあいだの内容構成の違いを検討する。表61と表62から欠乏症という重点領域の相対的縮小と中毒・過剰の領域拡張および化学的本質論の新設という違いが歴然としている。この変化の主原因に執筆体制の変更が少なくない影響を与えたものと考えられる。後者にあっては新興の活性酸素説という新パラダイムを基準にしていることが明白である。伏流水がようやく地上に姿を現した。この点は後に詳しく検討する。

表63　血液学的指標に反映した栄養状態

指標＼生理状態	過剰	正常	貯蔵・枯渇	欠乏症	欠乏性貧血
血清フェリチン	↑	N	↓	↓	↓↓
トランスフェリン飽和度	↑↑	N	N	↓	↓
赤血球プロトポルフィリン	N	N	N	↑	↑↑
平均赤血球容積	N	N	N	N	↓
ヘモグロビン	N	N	N	N	↓

註：↑は過剰程度、↓は欠乏程度、Nは正常域。

変化の第2は、欠乏症の内容にもみられる。ヒトの生理的状態を示す有効な指標5種類を組み合わせることで、過剰栄養から栄養欠乏までを包括的に捉えられる総合的評価法の確立を試みている。過剰栄養のなかに中毒が含まれるところに一大特徴がみとめられる。完全な数量把握には至らないものの段階区分という定性的認識には達しうる。

表63が示す有効性の1つは、血清フェリチンとトランスフェリン飽和度の上昇を鉄過剰状態を示す指標としたこと。もう1つは鉄欠乏を貯蔵量の枯渇、貧血のない欠乏、鉄欠乏性貧血に3区分する方法を提示したことである。

最大の特徴は中毒症と過剰症に新たなケースを取り上げたことと、従来からの問題についても症状を詳しく記述しているところにみられる。その内容を、通常の毒性区分に従って以下にみておこう。

第1、急性毒性・急性中毒：次の4例を取り上げた。

その1は『小児科臨床』掲載のBarner報告（1986）として先述した症例で、常識を越えた高い濃度で短期間に鉄投与が行われた場合としてよく知られている。鉄中毒が過剰症のなかで最も端的な形であらわれ、数時間から数日におよぶ臓器障害を起こす致死性の障害である。

その2は、ロサンゼルス疾病管理センター報告（1993）で、歩きはじめの幼児の鉄剤誤飲による死亡事故である。鉄の致死量が200から250 mg/kg・日と推定された。これは貧血症治療適量の2から5 mg/kg・日と比べて極めて多量である。

その3は、鉄が血清中のトランスフェリンに結合可能な量を超えるか、または飽和度が100％になった場合に起こる鉄中毒で、重症におちいる。

その4は、最も顕著な局所的鉄中毒として、嘔吐や血性下痢を伴う消化管の出血性壊死がみられる。原因を鉄と胃液中の塩酸との反応によると断定した。全身症状の1つである代謝性アシドーシスに関するWitzlben・Buckらの仮説（1971）によって、第二鉄が第一鉄に還元されて水素を遊離するとともに、鉄がミトコンドリアに障害を与え、乳酸・酢酸の蓄積を起こしてアシドーシス状態に陥るとみなした。これは『臨床病理学雑誌』に掲載されたものである。この報告は1970年代はじめに鉄中毒を取り上げた例として、時代的背景を示す重要な証拠となる。

第2、亜急性中毒による組織障害：ビタミンE欠乏の早産児が鉄強化食か鉄剤投与によって起こす非免疫性の溶血性貧血を、Melholu（1971）・Williams（1975）らが報告している。ビタミンEが十分であれば起こらない。不足でもビタミンE補給を受けていれば避けられるという。溶血は酸化的障害が原因でありα-トコフェロールによって予防できることが分かっている。その他の原因の1つに、乳児食中の多価不飽和脂肪酸の高濃度による障害がある。脂肪酸が酸素障害に敏感な赤血球膜を溶かし出すとWilliams（1975）が解析している。ビタミンEの高濃度化と多価不飽和脂肪酸含有の低減という対策が提案されている。

第3、慢性中毒と長期の過剰鉄蓄積：貯蔵鉄の過剰か否かに係わりなく様々な臓器障害が起こる。ヘモシデローシスではヘモシデリン形態の貯蔵鉄が増加し、ヘモクロマトーシス（血色素沈着症）では臓器組織の局所的線維化と鉄貯蔵増加が進むとともに臓器障害が現れる。

それ以外に鉄過剰症と呼ぶ状態があり、臓器障害を起こす段階からそれ以前の段階までを広く含む。鉄過剰状態の原因は主として吸収過剰あるいは過剰摂取と輸血であるとして、このなかに分類される3症例が以下のように挙げられている。

〔第1例〕：遺伝性血色素沈着症が最も広く知られている。この疾患は鉄吸収制御を支配する遺伝子の損傷から起こる。ホモ型とヘテロ型の2種類があり、ホモ型では吸収過剰が進む。ヘテロ型も同傾向を示すが吸収過剰の程度が低く、過剰症や組織障害の発症には至らない。ホモ型発症率はヨーロッパで千人当たり3人から4人、ヘテロ型は10人に1人の割合という統計結果が出ている（Edwards：1988）。

発症年齢・臨床症状ともに極めて多様、稀に小児期後半にもみられる。鉄過剰による臓器障害の症状発現は30歳から57歳の男性および閉経後の女性にみられ、全身鉄量が20gから40gに及び、健常者の10倍にも達する。その時点で症状がはっきりする。影響を大きく受ける箇所は肝臓・膵臓・心臓・関節・下垂体である。鉄が間質細胞に蓄積して肝硬変を起こし、糖尿病・心不全・関節炎・性的不能を患うようになる。

指標としてのトランスフェリン飽和度はスクリーニングや診断に極めて有

効である。鉄過剰の臨床所見のない人でも、飽和度が 60 % を超えれば血色素沈着症の診断的中率は 80 % とみなされる（Haddow：1994）。

〔第 2 例〕：バンツー族の鉄過剰症は血色素沈着症の極めて稀な例である。長期にわたる過剰鉄摂取にもかかわらず鉄過剰吸収由来の障害が臨床的に認められない。その原因を研究した Gordeuk の報告（1992）によると、この集団の特異な遺伝的素質によるという。

〔第 3 例〕：頻回輸血性鉄過剰症は重度貧血症を基盤に発生する。たとえばヘモグロビン産生の遺伝的欠損者、遺伝性または後天性ヘモグロビン産生異常者、骨髄機能低下や種々のタイプの重度慢性溶血性貧血症などがそのなかに含まれる。溶血性障害では、重度の貧血から胃腸の鉄吸収が進み、輸血による鉄負荷に追い打ちをかける。治療としての輸血を 500 mℓ を 1 単位とし、年に 6 単位から 12 単位行う。1 単位が 150 日から 200 日の食事中の鉄量に相当するだけに鉄過剰は当然と考えられる。したがってキレート治療が併せて行われる。

次に鉄栄養による中毒の 2 例が取り上げられている。

例 1：鉄中毒問題をしばしば取り上げる『ニューイングランド医学雑誌』に Steves ら（1988）、『回報誌』に Salonen ら（1992）が提唱する「高鉄食が冠動脈心疾患を増大させる」とする仮説に関心が集まっている。鉄貯蔵を示すトランスフェリン飽和度・血清フェリチンなどの診断前生化学検査結果から慢性的過剰症の危険が認められるといわれている。Salonen が数年間の疫学調査結果から導いた仮説では、血清フェリチン濃度が 200 μg/ℓ より高いフィンランド人男性の 3 年後の急性心筋梗塞が 2.2 倍になったという。遊離鉄から生じたフリーラジカルが LDL の過酸化を亢進させた結果の動脈硬化と推論されている。

例 2：1990 年代の新領域に高濃度鉄とがんとの関係が登場した。Beard（1993）は『鉄欠乏性貧血』（Wateki 編）中の「鉄原性病」において両者の濃厚な関係を指摘している。疫学の分野では先の Steves ら（1988）が 10 年にわたるアメリカ人追跡の結果、トランスフェリン高飽和度の男性にがんによる死亡率が高いと報告している。

また上記報告以前（1986）に、台湾人男性の肝がん患者に血清フェリチン高濃度が認められたとの知見もある。この原因を慢性肝炎とする定説が存在する一方、かつてFinchら（1974）は肝炎が血清フェリチンを上昇させるとも述べている。鉄過剰とがんとの強い関係は血色素沈着症と肝がんとの間にも認められ、高濃度の肝臓鉄沈着による慢性肝臓障害とみられている。

以上の諸例を紹介したしめくくりとしてYip・Dallmanは、1980年代以降の新傾向として、鉄栄養の中心的関心事が欠乏症から過剰症へと移り、そこに新領域を開拓中であると述べた。冠状動脈性心疾患やがん以外にもいくつかの問題に関心が集中していることが先に紹介されたが、それらのどれもが基本に鉄の特異な過酸化触媒能を原因とする新認識に立脚しつつ成果を挙げているところに特徴が認められる。

2.5　日光・鉄・酸素複合系毒性防御機構説 —統合的な目標に向かう—

1985年、Halliwell・Gutteridgeによる成果が公表された。酸素毒防御機構先行説を主軸に、生命体進化を説いたものである。その斬新性の真髄を以下に考察する。

2.5.1　酸素毒性防御機構進化説

嫌気性生物から好気性生物への進化が内包する真理——なかでも前者が酸素環境適応に失敗して地表から姿を消すに至った原因——を知ることが、好気性生物の防御機能の進化過程を解明する上で重要な手掛かりを与えるに違いないとの見解は極めて魅力に富む。またこの方法が一見間接証明にみえて、実は直接証明に近い部分を包含していることを知らされる。

たとえば嫌気性生物のそれが生物本来の在り方（＝適応の本質部分）を示唆する貴重な事実になるとみていることがそれである。また前者から後者への進化過程を解明する上で重要な事実のいくつかを示してもいる。防御機構づくりがその中心にみられる。以下に証拠として採り上げられた事例を数点引用する。

第1：偏性嫌気性菌に対する障害効果は必須細胞成分の酸化に原因があるようにみえる。酸素はNAD(P)H、チオル類、鉄硫黄タンパク質、プテリジン類のような成分を酸化し、細胞内の生合成反応に必要な還元性物質を枯渇させる。嫌気性菌のある種の酵素は酸素によって不活性化される。たとえば Oostridium Pasteurianum のニトロゲナーゼは活性部位における必須成分の酸化が原因で不活性化される。しかし、全ての窒素固定細菌が偏性嫌気性菌というわけではない。この細菌が単純な解決法を採用したことをすでにわれわれは知っている。それが無酸素環境に退避することであった。また、嫌気性細菌では少数が例外的にカタラーゼをもつにすぎない。他方、好気性細胞のほとんどがカタラーゼをもっている。

第 2：好気性窒素固定細菌およびその他の細菌のいくつかは酸素の侵入を制限するために厚い莢膜によって自分自身を包み込んでいる。たとえばある種のシアノバクテリアのニトロゲナーゼは、異質細胞として知られる厚い壁をもつ特殊な酸素耐性細胞に局在する。

第 3：マメ科植物の根粒中には、遊離酸素濃度の調整用また根粒の窒素固定細菌の障害防御用に酸素結合タンパク質レグヘモグロビンをもっている。

第 4：好気性窒素固定菌 Azotobacter は微生物中最高呼吸速度をもつ一種で、それが細胞に入る全ての酸素を消費することによって酸素の作用がニトロゲナーゼに及ぶことを防いでいると推定される。

第 5：光合成を営むシアノバクテリア Gloeocapsa は同一細胞内に酸素を発生する光合成器官とニトロゲナーゼの両方をもっていて、光合成速度が低いときにのみニトロゲナーゼ活性を高水準に保つ。

以上は断片的事実の数点に過ぎないが貴重な示唆を含んでいる。とくに上記の第 3 例は典型的である。酸素捕捉と合わせて供給源の役割を果たすヘモグロビンタンパク質がそれである。すでに制御系の形を備えているとみられる。

2.5.2　細胞外抗酸化機構説

これはもう 1 つ別の酸素毒防御機構説に当たる。しかも鉄がそれに深く関与していることから鉄毒性防御機構の性格をも兼ねている。抗酸化機構研究領域に 1980 年代新出現の成果として細胞外抗酸化物質研究の新動向をいくつか考察している。

1つは血液リポタンパク質が溶けた状態のビタミンEを含んでいて、血液タンパク質の過酸化抑制に効果を挙げていること。

もう1つはStocks・Dormandyが過酸化に対する防御活性をもつトランスフェリンとセルロプラスミンを報告したことを紹介している。トランスフェリン・ラクトフェリンは生体内に微量含まれる遊離鉄を捕捉することで、鉄由来の過酸化障害を防ぎ得ていると分析している。トランスフェリンは鉄運搬体あるいは鉄中間貯蔵体として、従来の代謝機構説のなかで高く評価されてきた。そこにもう1つ重要な機能を追加したことになる。

2.5.3　光照射時の酸素毒性に対する防御機構説

さらに基礎的事実としてフリーラジカル障害を取り上げた。光によって常時誘起される葉緑体と眼球の障害問題である。そこではアスコルビン酸・グルタチオン・トコフェロールが大きな防御因子となっている。

葉緑体の障害と防御

障害：葉緑体は酸素毒性作用を特に受けやすい。それには次の理由が考えられている。

光のあたっている部分の内部酸素濃度が光化学系Ⅱにおける酸素生成により周囲の大気中よりも常に高い。

葉緑体包膜とチラコイドに存在する脂質が高濃度の高度不飽和脂肪酸を含み、過酸化反応を非常に受けやすい。

光照射されたクロロフィルは一重項酸素の生成を増感し、一重項酸素は特に膜脂質に損傷を与える。その分解からは光合成阻害が顕著になる。遂に脂質がリパーゼにより加水分解される。

葉緑体の電子伝達系が電子を酸素に供給する結果、スーパーオキシドが生成する。

防御：葉緑体内の代表的な防御物質を表64に示す。

チラコイド膜は、脂質過酸化反応を妨げ、直接一重項酸素を脱活・消去するα-トコフェロールを特に多く含んでいる。植物体内のトコフェロールは動物組織と異なり膜損傷防御以外の機能をもつとみられる。ホルモンの活性

表64　葉緑体内防御機構

防御物質	反応対象
スーパーオキシドジスムターゼ	スーパーオキシドの消去、ヒドロキシラジカル生成阻止
アスコルビン酸	スーパーオキシド・ヒドロキシラジカル・一重項酸素と反応 アスコルビン酸ペルオキシダーゼの反応によって過酸化水素を消去
還元型グルタチオン	ヒドロキシラジカル、一重項酸素と反応、酵素のSH基保護、デヒドロアスコルビン酸からアスコルビン酸を再生
α-トコフェロール	脂質過酸化連鎖反応を抑制、一重項酸素を脱活
カロテノイド	クロロフィルからの過剰な励起エネルギーを吸収し一重項酸素の生成を減少および脱活

調節を受けるトコフェロールオキシダーゼの存在がその証拠となるという。

葉緑体はカロテノイドをもつ。カロテノイドは一重項酸素を生成するクロロフィルの励起状態からエネルギーを吸収し、さらに生成した一重項酸素の除去という二重の仕事をする。また直接ペルオキシラジカルやアルコキシラジカルとも反応し、脂肪過酸化連鎖反応を妨害する。

葉緑体で生成したスーパーオキシドラジカルはスーパーオキシドジスムターゼによって処理される。藍藻では窒素固定が酸素発生光化学系Ⅱを欠く異質細胞のなかで行われている。異質細胞のスーパーオキシドジスムターゼの活性は光合成を行う細胞のそれよりも大変低い。ホウレンソウの葉緑体にはCuZnSODが存在する。そのうちのあるものはチラコイドと結合しており、残りはストロマ内で遊離している。

過酸化水素抑制：光照射された葉緑体にみられる過酸化水素はスーパーオキシドラジカルから作られること、そのスーパーオキシドラジカルは光化学系Ⅰとフェレドキシンから作られることが知られている。葉緑体のスーパーオキシドジスムターゼは過酸化水素に長い間さらされると不活性化される。もしもそうなると、過酸化水素とスーパーオキシドラジカルからヒドロキシラジカルが生成する。また、過酸化水素が還元型フェレドキシンと直接相互作用してヒドロキシラジカルをつくる。過酸化水素はCalvin回路を阻害するので、光照射された葉緑体はカタラーゼをもたないにもかかわらず過酸化水素を処理せねばならない。

なお、植物組織中にはグルタチオンペルオキシダーゼは見出されていない。しかし植物ではアスコルビン酸とグルタチオンの両者が過酸化水素の消去に関与している。アルコルビン酸およびグルタチオンはヒドロキシラジカルや一重項酸素を消去し、さらにアスコルビン酸はスーパーオキシドラジカルとも反応する。したがってアスコルビン酸とグルタチオンはそれらの防御に役立つとも考えられる。またアスコルビン酸はチラコイド膜の表面でトコフェロキシルラジカルを還元することでα-トコフェロールが再生し、脂質過酸化にも再び役立つことになる。

以上の知見から導かれる結論として次の内容が述べられている。スーパーオキシドラジカル・過酸化水素・一重項酸素・ヒドロキシラジカル・過酸化脂質が生成すると植物組織に障害を与えるので注意深く制御される必要がある。葉緑体内部は酸素濃度が高く、さらに還元型フェレドキシンのように酸素をスーパーオキシドラジカルに還元する分子や一重項酸素の生成を増感する色素が存在するために、特にこれらの影響を受けやすい。葉緑体としての機能を続けるためにこれらの障害因子に対処するための防御機構を多数保有している。

ヒト眼球の障害と防御

障害：以下のように多数の発生箇所をもつ。

高濃度酸素による未熟児網膜症：広く知られている。

白内障：水晶体には一重項酸素生成の増感物質が含まれており、一重項酸素が水晶体タンパク質障害や架橋の原因となる。紫外線による白内障はヒドロキシラジカルおよびスーパーオキシドラジカルの増加による。トリプトファンの紫外線分解からスーパーオキシドラジカルが生じる反応は水晶体のタンパク質で起こることが知られている。

硝子体液はヒアルロン酸を含んでいて、これがスーパーオキシドラジカルにさらされると脱重合を起こし、粘性を失う。この反応は微量の鉄塩の存在下で生じるスーパーオキシドラジカル依存性ヒドロキシラジカル生成による。事実、鉄塩が目に入ると深刻な問題となる。鉄の侵入や硝子体出血によっても起こる。

網膜桿状細胞の膜に存在する脂質には、高度不飽和脂肪酸が多く含まれ、脂質過酸化を受けやすい。この膜中の含有色素のロドプシンは一重項酸素の生成を増感する。ウサギの網膜で脂質ヒドロペルオキシドが増加する。そして網膜障害を起こす。

防御：それぞれの障害に対する以下の防御機構が知られている。

グルタチオン：水晶体内上皮細胞にグルタチオンが濃縮されており、水晶体タンパク質のSH基保護に当たっている。グルタチオンの還元型／酸化型の比は水晶体グルタチオンレダクターゼによって高く保たれている。この機能が障害されると緑内障を起こす。水晶体には他にグルタチオンペルオキシダーゼ、カタラーゼ、メチオニンスルホキシドレダクターゼが存在する。ウシの水晶体にはグルタチオンS-トランスフェラーゼがみつかっている。ただし過酸化脂質に作用しない。

他方、ウシの網膜は過酸化脂質に作用するグルタチオンS-トランスフェラーゼを含んでいる。硝子体液はトランスフェリンに似た鉄結合性タンパク質を多量に含んでいる。トランスフェリン結合鉄は脂質過酸化やヒドロキシラジカル生成の促進には余り有効ではない。ウサギは通常速度で生成した過酸化水素をグルタチオンペルオキシダーゼだけでは処理できないらしい。

アスコルビン酸：アスコルビン酸はヒト、サル、その他の動物の多くの水晶体、角膜、眼房水中に高濃度に含まれている。スーパーオキシドラジカル、ヒドロキシラジカル、一重項酸素の消去にアスコルビン酸が重要である。一方、眼房水中のアスコルビン酸塩の光分解からは、グルタチオンペルオキシダーゼ、カタラーゼによって消去を必要とする過酸化水素の発生源となる可能性もある。

スーパーオキシドジスムターゼ（SOD）は眼の全ての部分に存在する。ヒトの水晶体ではアスコルビン酸塩がスーパーオキシドラジカルの消去に重要な役割を果たしているかもしれない。眼組織のスーパーオキシドジスムターゼはCuZnSODと考えられている。それは過酸化水素により不活性化を受けやすい。

ビタミンＥ：桿状体外節は特にビタミンＥに富んでいる。ビタミンＥ欠乏時の動物は通常網膜が損傷を受ける。過剰量では白内障の増悪が防御される。

2.5.4　ヒト赤血球防御機構説

酸素運搬体としてのヘモグロビンに対して、次のような新しい評価が加えられた。「ヒト赤血球は過酸化反応によって傷ついた膜脂質を直ちに新しいものと取り替えるわけにはいかない。しかもヘモグロビンの鉄－酸素結合から絶えず生成するスーパーオキシドラジカルにさらされながら120日間も膜を正常に保たねばならない。したがってα-トコフェロール・スーパーオキシドジスムターゼ・グルタチオンオキシダーゼを中心とする防御機構を万全にせねばならない」。上記の文脈からは、防御機構によって保障された運搬機構という理解ができる。そして両機構から成る構造解明が次の段階の課題となる。

赤血球内防御機構の一因として働く酵素に関して次の記述もみられる。「哺乳類の赤血球には細胞小器官がないので、カタラーゼの一部は赤血球膜の内側に付着しているのかもしれない。これらの細胞では、SODにより処理されるため過酸化水素発生は通常ゆっくりした速度に抑えられている。それに対してさらにグルタチオンペルオキシダーゼの防御的働きが加えられる」。

2.6　日本の活性酸素説（新パラダイム）―壮大な防御機構説入門―

日本における活性酸素説の草分けとなった著作の１つに、八木・中野監修『活性酸素』（1987）がある。他に『酸素酸化反応』（松浦：1977）、『スーパーオキサイドの医学』（早石監修：1981）など、早い時期の優れた総説が存在するなかで、前書は際立った光を放っているように見受けられる。

各論文の冒頭に１頁にも満たない「まえがき」が置かれているのは通例と同様であるが、そのなかに著作全体を代表するような一大仮説を据える数論文の存在が抜群である。

筆者の概念によってその内容を表現すると、「生物の原初的進化段階における障害防御機能獲得先行仮説」と呼ぶことができる。障害因子として太陽光・各種放射線そして後の酸素があるが、ここでは酸素障害説に立脚した議論であるからそこに問題を限定するとして、そのユニークな点は酸素防御機能獲得という進化方式を先行させる歴史観にある。

これを自然進化の公理とみなせば、生物の危険予防は行動機能に先行する獲得形質であるとも一般化できる。さらに人間の場合に問題を移行させれば、新技術確立に先行する危険防御体制を合法的と肯定する見方が成り立つ。これを予防原則とも呼ぶことができる。

他方、嫌気性生物から好気性生物の出現を一段階的単純飛躍とみる進化説の根拠には、酸素利用による高エネルギー獲得説がある。このパラダイムは極めて強力で、単に生物学者ばかりでなく広く一般人をも取り込み、その思考を拘束しつつ、長期に及んでいる現状がみられる。それだけに科学論の独自の重い課題となる。前書が投じた新パラダイムの一石は、この問題の検討を進める上で貴重なエネルギー源となるであろう。

2.6.1　『活性酸素』（「まえがき」）

「活性酸素とはなにか」のなかで、二木が生体内酸素の本質を以下のように表現している。1. 地上の無酸素環境中に発生した原始生物（嫌気性生物）にとって酸素は有害であった。2. 後年の進化から光合成生物が出現して環境中の酸素濃度が高まると、酸素障害防御機能を備えた好気性生物が嫌気性生物に取って代わった。これは生物の一大変革である。好気性生物がどのようにして酸素の毒性に防御機能をもつようになったのか大変興味深い。ただし、数行の記述のため、著者の意を十分に汲むことが難しい。著者のその後の問題意識を追って２編の論考を後半に補充し、本格的に考察する予定である。

「酸素毒性」を担当した松尾は、独特の表現で酸素毒性防御機構進化説を述べている。それは次の３点から成る。1. 生命は酸素の少ない還元的環境において誕生したので本来酸素に対する防御機構を備えていなかったと思われる。2. 生物に大幅な酸素利用機能の向上をもたらした嫌気性生物から好気性生物への進化は、酸素毒性防御機構の進化なしには達成されなかったことに留意する必要がある。3. 好気性生物の組織や細胞において酸素濃度が低く保たれている事実は、酸素毒性の防御機構と関係があると考えられる。

「活性酸素の消去」において中野は、次の2点を指摘した。1. 生体組織には、狭義および広義の活性酸素種を直接的にまたは、それらの生成を間接的に阻害する化学物質や酵素が存在する。それらを「消去系」・「消去剤」という。2. 本文中でその内容について詳細に説明している。「消去剤」の大部分は生体細胞中に存在し、それらが何らかの原因で不足した場合にのみ障害が起こるとみなした。以上の2点は取りも直さず防御機構の実体を意味すると考えられる。

「活性酸素の生成」のなかで浅田は、酸素毒性防御機能の獲得とその進化について簡単に述べるなど、進化説に特別力を注いでいる。1. 地球上で最初の生物は当時の嫌気的環境を反映した嫌気性生物であり、遊離の酸素が存在しなかったため、細胞内での活性酸素生成は水の放射線分解による以外に方法がなかったと考えられる。2. 後に藍藻が現われ、光合成に伴い酸素を地球大気に供給し始めたとき、藍藻自身をも含めた当時の生物にとって酸素は有害作用を示したと考えられる。3. 藍藻が酸素を発生する機能を獲得したのと、活性酸素の消去系をはじめとする酸素障害防御機能を獲得したのとは、どちらが先であったかは、容易に決めがたい問題である。しかし、嫌気性光合成細菌にも活性酸素の消去酵素として主要なスーパーオキシドジスムターゼが含まれていることからみて、酸素障害防御機構は藍藻による酸素大気の蓄積以前に、水の紫外線分解によって生じた微量の酸素に対処するためすでに獲得されていたとする方が妥当であろう。4. 藍藻をはじめとする光合成生物によって地球大気中に蓄積した酸素を電子受容体として利用し、そのことによって一定量の基質に対して高いエネルギー生産能力を獲得した好気性生物であった。それ故生物進化のうえで有利な地位を占めてきたが、酸素のなかで生存する生物にとって細胞内での活性酸素の生成を避けることはできない。したがって、生物は酸素を電子受容体として呼吸に利用する機能を獲得する以前に、酸素障害を防御する機能を獲得していたはずである。

以上の引用記述から明らかなように、4編のまえがきのなかでは浅田の提起した仮説が最も画期的である。何故なら、そこには活性酸素が生物進化に与えた重要な契機を意欲的に究明した成果が含まれているからである。そこから防御機構獲得先行を予言しているとみることができる。しかし、いずれの論考においても、十分な証拠を提示した上での進化説にはなっていない。今後の重要な究明課題とみてよいであろう。

2.6.2　活性酸素種の消去機構説（中野）

中野は代表的な活性酸素種と生体内に存在する代表的な消去性物質・生成抑制物質との対応関係を詳しく述べている。内容は表65のとおりである。これが防御機構の一部分を成すことは言うまでもない。

このなかには抗酸化作用による予防機構の1つと考えられているものもある。またトランスフェリンは本来、三価鉄イオン運搬体とみなされている一方で、三価鉄イオンとの強い結合力がこの評価を生んでいる。ラクトフェリンも好中球から分泌され、同様の性質をもつことからこの評価を得ている。このように活性酸素毒性という新しい観点が複数の生体機能の認識を生んでいることは確かである。また、酸素毒性が鉄を触媒として発生する毒性、つまり鉄毒性と重複することも明白である。トランスフェリンと結合する前段

表65　活性酸素種と消去性物質・生成抑制物質

活性酸素種	消去性物質・生成抑制物質
スーパーオキシド	スーパーオキシドジスムターゼおよび関連化学種（オキシヘモグロビン・酵素）セルロプラスミン
過酸化水素・有機パーオキシド	カタラーゼ・グルタチオンペルオキシダーゼ・グルタチオンS-トランスフェラーゼ
ヒドロキシラジカル	カタラーゼ・グルタチオンペルオキシダーゼ・グルタチオンS-トランスフェラーゼ・セルロプラスミン
一重項酸素	β-カロチン・α-トコフェロールなど数種
鉄－酸素錯体	セルロプラスミン・トランスフェリン・ラクトフェリン・スーパーオキシドジスムターゼ
脂質過酸化ラジカル	α-トコフェロール・チロキシン

階の Fe^{2+} をセルロプラスミンが酸化して Fe^{3+} に変えるなどの反応を視野に入れると、この問題には阻止性物質間に複雑な相互関係が推定される。なおこの反応に対して中野は不活性化という性格を与えて消去と区別している。それであれば抑制作用とみることもできる。

さらに表中の鉄－酸素錯体について中野は以下の詳しい説明を行った。すなわち Gutteridge・Halliwell（1981）によれば、生体細胞内液・外液中には微量の非ヘム鉄が含まれていて、二価鉄イオンとしてリン酸化合物やアミノ酸などと錯体を作っていると推定される。アスコルビン酸やスーパーオキシドによって還元されると二価鉄イオンとなり、酸素が付加することでペルフェリルイオンとなって細胞脂質過酸化反応の開始剤になるか、過酸化水素との反応つまり Fenton 反応によってヒドロキシラジカルを生成する。

それに対して二価鉄錯体の酸化を触媒するセルロプラスミンおよび三価鉄イオン（またはその錯イオン）と強力に結合するトランスフェリン、さらに三価鉄錯イオンを二価鉄錯イオンに還元するスーパーオキシドを消去するスーパーオキシドジスムターゼなどは、ペルフェリルイオン・ヒドロキシラジカルの生成を阻害・抑制する役割を果たすと考えられる。

以上の記述から次の2つの特徴を読みとることができる。第1は表65から明らかのように、活性酸素種ラジカルと消去・抑制機構との対応関係には広い融通性が存在することである。セルロプラスミンはその典型と言えよう。第2は二価鉄－酸素錯イオンとの関係にみられるように、セルロプラスミン・トランスフェリンの組み合わせによって前者の酸化障害防御が鉄毒性抑制につながり、合わせて鉄の安全利用のための制御機構の役割をも有することである。ここには危険予防から有効利用へと進む進化機構の要点が推察される。無数の危険予防の複雑な機構が生み出した僅かな安定のなかに利用の細い道が在るともたとえられる。筆者はこの認識のなかに人間の鉄利用技術が依拠すべき自然の公理を想定する。

2.6.3　活性酸素生成抑制機構説（浅田）

好気性生物が進化の過程で獲得した制御機構として、活性酸素消去機構以外に活性酸素の生成自体を抑制する機構を挙げて、以下の5点を述べている。

1. 活性酸素を遊離しない水・酸素の利用法 ―水脱水素酵素シトクロムｃ―

水の酸化、酸素の還元過程で活性酸素の生成があれば、細胞内生成量は現在の100倍近くになり、細胞はたちまち障害を受ける。この道を避ける仕方を進化の過程で選択した。すなわち水－脱水素酵素とシトクロムｃ酸化酵素がともに反応過程で活性酸素を遊離しない方法である。この機能の獲得は生物にとって画期的といえる。

2. 細胞内酸素低濃度維持制御 ―ヘモグロビン・ミオグロビン―

細胞内酸素濃度は“嫌気的”とみられるほどの低さで維持されている。それにはヘモグロビン・ミオグロビンのような酸素担体、貯蔵体の酸素に対する高親和性が要因の１つと考えられる。血液はヘモグロビンによって10^{-3}モルの酸素を含むが、遊離酸素は10^{-6}モル以下に過ぎない。

3. 活性酸素を生成しにくい分子構造を選択―フェレドキシン・クロロフィル―

例1. 酸化還元電位が低い電子伝達体では電子供与性が高くなり、自動酸化性が高くなる。そのなかにあってフェレドキシンは桁違いに低い。タンパク質の分子進化の選択圧に、活性酸素生成を抑制する自動酸化しにくい分子構造が含まれていたと考えられる。

例2. 光合成生物は太陽光にさらされ、しかもクロロフィルは、遊離状態で活性酸素の一重項酸素を生成しやすい光増感物質である。これが実際にはその機能を発揮せずに光エネルギーを化学エネルギーへと変換している。これは驚くべきことである。クロロフィルがタンパク質に結合し、一重項酸素を生成しにくい形をとって葉のなかに存在しているためである。

またクロロフィル合成とクロロフィル・タンパク質の生合成が同調的に進行する仕組みをもっている。このタンパク質（実はチラコイド膜タンパク質）の特定位置に結合している。分子構造学的にみて、ここに重要性を探り当てることができる。光合成反応機構には、このほかにも活性酸素生成の抑制に働く多くの機構が知られている。

4. 活性酸素生成抑制型の細胞構造 ―膜内配置―

葉緑体チラコイド・ミトコンドリアなどの電子伝達系の生体膜での配置自体が酸素と反応しないように進化の過程で組み立てられてきたことを示唆している。このような機構は多くの所で酸化還元電位の低い電子伝達成分の自動酸化を防いでいるものと思われる。

5. ラジカル生成の抑制機構

種々のセミキノンラジカルは自動酸化性が高く、細胞内ではスーパーオキシドを生成させて細胞毒となることが多い。これに対して抑制方向に働く酵素がミクロゾーム内に存在する。ミトコンドリア葉緑体電子伝達系の“Q－サイクル”はセミキノン消去系として働く。細胞内でアスコルビン酸は1電子還元されてアスコルビン酸ラジカルを生成する。これが高濃度になると細胞を障害する。これをアスコルビン酸に還元してラジカル消去に働く酵素がある。活性酸素の消去と生成抑制とエネルギー利用などの諸機能が同調的かつ総合的に獲得されてきたことを以上の事実が示唆していると浅田は締めくくった（『生物の光障害とその防御機構』）。ここに活性酸素説の新しさがあると筆者は考える。

最後に浅田の論考全体から以下の成果を引き出しておく。第1に、生体内物質として低分子からタンパク質、ついで酵素の反応性と構造の選択、さらには生体膜の構造形成などの面に進化プロセスの影響が及んでいることを考察している。第2に、生物進化の経過を振り返ると、酸素的環境以前にも太陽光環境との関係という根源的問題が考察され、その領域においても光障害防御機構を発展させつつその利用を安定化させてきた経過をすでに指摘している。光の安定的利用は複雑高度な防御機構の別名に外ならないことも告げている。第3に、鉄と生体との関係を考察する場合にも、上記の障害防御機構説は顕著な有効性をもつことが考察のなかから推察されるだけでなく、現に光と鉄錯体、酸素と鉄錯体の関係として実態解明が進んでいることを教えられる。

2.6.4　酸化的障害防御機構説（二木）

ここで二木説の発展する様子に注目する。二木の活性酸素説は、1987年以降、急速に展開をみせている。特に『活性酸素種の化学』(1990) のなかでは「生体における酸素毒性に対する防御システム」を主題に当てただけに、好気性生物に特有の第1群：発生抑制（予防的抗酸化剤：preventive antioxidants)、第2群：消去・捕捉（連鎖切断型抗酸化剤：chain-breaking antioxidants)、第3群：修復の3種の予防機構を主な柱に定めて詳述している。英語表記を付記していることにより、外来語由来であることを示している。この予防機構とともに酸素利用が実現されているとみている。以下に追加補足しておく。

第1群としてグルタチオンペルオキシダーゼ・グルタチオンS-トランスフェラーゼ・カタラーゼ・ペルオキシダーゼなどが脂質ヒドロペルオキシド過酸化水素の分解に、トランスフェリン・フェリチン・ラクトフェリンが鉄イオンのキレート化に、セルロプラスミンが銅イオンのキレート化に、β-カロチンが一重項酸素の消去に、スーパーオキシドジスムターゼがスーパーオキシドの不均化に働く。

第2群としてビタミンE・ビタミンC・ユビキノール・尿酸・2-ヒドロキシエストランジオール・アルブミンに結合したビリルビンの6物質。ビタミンEとビタミンCは細胞膜にあって相補的に抗酸化作用を示す。ビタミンEに対してシステイン・ビリルビン・5-ヒドロキシトリプトファン・5-ヒドロキシインドール・グルタチオン依存還元酵素などがビタミンCと同様に働く。

第3群のホスホリパーゼA_2は細胞膜中にあって、障害を受けた部分の修復を行う。

以上の防御機能が基本的に構築されているばかりでなく、酸素ストレスに対してその機能が誘導促進されることも知られている。その好例にスーパーオキシドジスムターゼ・カタラーゼなどの抗酸化酵素が存在する。

さらにこの論考の結論を次のように導き出している。

1. 上記の種々の抗酸化剤のそれぞれが単独に作用するのでなく、互いに相補的に作用して生体という1つの個体を守っている。そこでは生体という極めて不均一で複雑な場にあって、抗酸化剤の全体的な濃度・反応性よりも特定の場における局所的な濃度・微小域の配置がより重要となる。

ここで筆者の考察をつけ加えておく。以上の成果に性格を与えるとすると、次の2点が適当と思われる。第1に、本文中の防御機構とは多種類の抗酸化物質を主体とした多因子反応系と同質の状態を指すものと理解される。生体内の微量元素が営む生理作用の場合にもすでに同様の認識が確立している。第2に、抗酸化物質を主題にした論考であって、防御機構の全体像究明は保留された課題であったと推定される。

2. ここにみられるもう1つの主題に生体機構（システム）説がある。現象面に顕著にみられる防御機構と利用機構を統合する実態として生体機構を考える思考方法がとられたものと類推される。それに該当する記述部分は以下のとおりである。「好気性生物の種々の防御システムが有効に機能することによって、それ自身毒物となりやすい酸素を抑え、有効なエネルギー源として利用することができる」。ここからは防御機構に守られた酸素利用機構という統合的構造仮説が容易に導き出される。言い換えれば、生体制御機構が呈する一種の動的安定状態（ホメオスタシス）に当たる。なおこの概念は証明済みではないことに注意が必要である。ただ、酸素利用仮説が確定をみるまでに要した年月に比べて、極めて早期の仮説提案であることに注目しておきたい。

2.6.5　活性酸素説が創り出す新生命観

好気性生物にとって酸素呼吸が必要不可欠な条件である事実を証明しようとして、19世紀以来、細胞内呼吸研究に一大努力が傾けられてきた。次いで、20世紀後半には酸素毒性研究がもう1つの主要領域として急成長を遂げて現在に至っている。これまでの経過をみると、主題の性格は酸素毒性そのものからその防御機能獲得の有無、さらに前記の酸素利用と酸素障害防御機能の構造的関係、進化過程における前後関係へと成長を遂げてきたことが分かる。

本書は活性酸素の表題の下に酸素の毒性解明を目指して編まれている。それだけに、多少の差はあれ執筆参加者は目的に沿った表現で上記の主題に触れている。これが第1の特徴であることは言うまでもない。さらに主題を発展させて酸素毒性防御機能の存在にまで言及する執筆者もいる。ここに本書の歴史的意義を認めることができる。

先に触れた4名の執筆者の全員が、防御機能または防御機構概念を堅固に獲得していることで、『活性酸素の内容』全体がその概念の上に成り立つとみることに間違いはない。なかでも浅田と中野、後には二木を加えてその論考は、防御および抑制機構として一括し、その具体的事実の詳しい解説を意図している。いずれもここには「予防」「防御」「抑制」などの概念がすでにみられる。外国文献中にも preventive、defense などの概念がすでに縦横に駆使されている。研究進展の急速であることを示す。何といっても Fridovich・McCord から数えて 30 年ほどのことであった。いかにしてこの成果にたどりついたかを明らかにするというテーマ自体、極めて魅力に満ちている。内部にどれほど未解明部分を残しているにしてもである。

「大幅な酸素利用機能向上は酸素毒性防御機構の進展なしには達成しえなかった」(松尾)、「好気性生物にとって酸素は両刃の剣である。活性酸素も両刃の剣であり、生体において功罪の作用をあわせもっている」(二木) などの認識が新たに登場した。これらを当面解明すべき問題像とみることができる。さらにこの問題について、二木の「非制御状態 (ランダムな状態)」、中野の「消去力不足によって」起こるとの仮説をそこに含めてもよいであろう。

他方、浅田は前述のように、好気性生物には「酸素利用機能の獲得以前に、障害防御機能がすでに備っていたとみるのが妥当」との考えから、防御機能獲得が藍藻による酸素発生以前に源泉を有するとする防御機能先行説を導いた。この仮説の特徴は防御機能の進化に一貫性と発展性を与えるところにあり、極めて魅力的である。ただし、後述するように、それに対する異論も強い。1 例として石川説を後に挙げておく。

2.6.6　生物進化の旧パラダイムは堅固

上記のように活性酸素研究が目覚ましい進展をみせる一方で、好気性生物の進化に関する実態認識が、この数十年間大きく変化していないことを示す領域が見受けられる。以下に代表例 2 件を挙げて今後の検討課題とする。

松浦説 (合成化学)

著者は『酸素酸化反応』(1977) の序文において活性酸素を次のように評価している。1.　一般に自動酸化と呼ばれる酸素を酸化剤とする酸化反応は大規模の工業的プロセスとして非常に重要であり、実験室においてもよく用いられてきた酸化方法である。2. 最近数年間に一重項酸素分子・スーパーオキシドイオンあるいは遷移金属－酸素錯体・酸素原子活性種など、酸素から導きうる多くの酸素反応種の化学が有機化学や生化学の先端問題の1つとして脚光を浴び、合成化学的にも価値ある酸化方法を提供しつつある。以上は問題を合成化学という特定領域に限定した上での化学合成法に関する積極面評価である。それだけに生命科学の視点がここには全くみられない。

次に著者が上記の視点を意図的に拡張して地球環境と生物の存在をも問題領域に取り込もうと努めた結果を第1章にまとめている。その試みは合成化学シリーズに属する類書のなかでは異例ともみられる強い意欲を感じさせる。それほどに重要と考えた進化説に関する論考であったが、主題を地上酸素の動向に的を絞り、酸素と生物との関係が形づくった進化については以下の2点を取り上げるだけにとどまった。

1. 生物がこの地球上に生まれたのは約30億年前と推定されているが、この時代の生物は生体に取り入れた有機化合物の嫌気性発酵によって生体エネルギーをまかなう嫌気性生物であって、現在の大多数の生物のように呼吸によってエネルギーを得る好気性生物とは違って酸素を必要とせず、むしろ酸素は強力な有害物質であった。
2. 酸素を用いる呼吸で得られるエネルギーはグルコース1モルにつき自由エネルギーとして686kcalであるのに対して、嫌気性の発酵で得られるエネルギーは約20kcalと数十分の一という悪い効率であった。生物の進化の過程で嫌気性から好気性へと進化したのは当然の帰結といえよう。

ここには生物にとって酸素が毒性を有するという事実を認めながら、生物の属性としての嫌気性と好気性という質の違いをもつ2種の生物群の間の問題として考慮外に置くという思考処理を行っている。生物の呼吸を単なる有機物質の酸化反応としてみるという還元主義の典型事例とみられても仕方がない。

石川説（細胞進化学）

『シリーズ進化学第3巻』(2004) に石川説の概要が納められている。そのなかに以下の酸素発生型光合成細菌の進化説がみられる。「原子細胞は水分子を分解する能力を得て、水素源を確保するとともにエネルギー獲得のめどもついた。ところが新たな難問が持ち上がった。それは光合成にともなって多量に発生する酸素分子が強い毒性をもつことだった。このため大気中の酸素が現在とほぼ同じ濃度に達する頃までに、それまでの無酸素ないし低酸素濃度の環境で繁栄していた細胞（嫌気性細菌類）は大量に絶滅した。現在でも嫌気性細菌の子孫は細々と生きのびてはいるが、それらの生活の場は地中など酸素濃度の極端に低い場所に限られている。これから類推できるのは酸素発生型光合成を行えるようになったシアノバクテリアの祖先は、活性酸素に対する何らかの解毒機構を開発したことである。はじめのうちそれはカタラーゼなどの酵素であり、活性酸素を細胞から除去するという消極的なものだったかもしれない。しかし、それだけでは急激に増加する酸素に早晩対応できなくなったに違いない。そこで登場したのがむしろ酸素を積極的に利用する、酸素呼吸という手段だったのではないだろうか」。

これはたいへん魅力的な仮説である。酸素呼吸は毒物である酸素を除去するだけでなく、その過程で有機物に含まれる化学エネルギーをとり出し、しかも水分子を再生するという一石三鳥の新機軸だからである。他面、ここでは生物進化機構についての踏み込んだ解析を行っていない。20世紀後半期に多様な見解がすでに提案されていることを上に述べてきた。進化学の専門的立場からそれらの諸説を精査し考察を加えることは最小限の義務であろう。

2.7　結び“原始生物の鉄利用進化学”の輪郭

原始生命は海水中の鉄を毒物と知った上で鉄に起因する障害対策として防御機構づくりを先行させ、その成功を重ねつつ鉄利用を推進したという仮説を提起するのが筆者の目的である。この仮説は単に鉄のみにとどまらず、それに先立つ太陽光（紫外線）や、後に続く酸素の利用についても広く適合する。ここからは、自然のなかに存在する危険を巧みに防ぎつつその内部に潜む有用性を顕在化させるという方法をとって進化してきたと一般化することができる。これが「生物の環境適応」の実質部分であると考える。この事実のなかに込められた「危険予防先行」を自然の公理とみなす。これらの諸説は20世紀を通じて確立された進化生物学の新概念の上に立てたものである。とりわけその土台を成す鉄生物学および酸素ラジカル説の著しい進展が創り出した諸概念を以下に整理しておく。

2.7.1　鉄毒性認識

鉄毒性の化学的認識は以下のように明らかになった。ここに Halliwell・Gutteridge の解説を引用する。すなわち元素周期表中で亜鉛を除く他の d 領域の第1列にある全ての不対電子をもつ元素は、皆ラジカルの資格を有するとして、生物学的重要性をもつ主な8元素を表記した。なかには過剰時に毒性をもつ元素のいくつかがすでに知られている。

その一群に属する鉄についてみると、二価、三価、四価の化学種が知られている。空気に触れている溶液中では三価鉄状態が最も安定で、二価鉄は弱い還元力をもち、四価鉄は強い酸化力をもつ。もし二価鉄が酸素にさらされると三価鉄へとゆっくり酸化される。これは1電子酸化であって、溶液中に溶けている酸素はスーパーオキシドラジカルに還元される。この種の酸素ラジカルが直接、間接に様々な生体障害をひき起こす。鉄毒性もそのなかに含まれる。

2.7.2　鉄毒性防御機構概念

20世紀の鉄必須性研究は、次の段階として生体の恒常性認識を導き出したと Beard が述べている。恒常性系の1つは「鉄の体内への取り込み、細胞内への取り込み、フェリチンとしての鉄の貯蔵、タンパク質への取り込み、そして他の細胞や器官への輸送のための細胞からの放出などの（鉄：筆者補足）制御により維持される」。

もう1つの恒常性系は「酸素輸送、酸素の保持、電子の運搬、基質の酸化・還元といった有益な生化学的反応への（鉄：筆者補足）参加の制御による」。

このような生体制御系概念は比較的早い段階に確立をみた後で、鉄毒性防御系概念の確立が訪れた。そのことを Beard は次のように述べている。

「鉄はごくわずかな例外を除いて全ての生命体の構成成分である。必須であると同時に細胞毒物でもある。それ故細胞の要求を満たしかつ毒性の発現を予防するために非常に洗練された複雑な制御機構を備えている」（LSI 第9版）。これは鉄生物学領域開拓の途上にある Beard の文章であるが、次のように書き改めることもできる。すなわち鉄の生物体内における有効性は洗練された複雑な毒性発現予防機構の存在の上に安定的に保障されている、と。

次に Yip による毒性防御機構説をみておこう。「生体中では鉄の有害な反応性や酸化ポテンシャルは、キャリアタンパク質への鉄の結合、あるいは抗酸化性を持った他の分子の存在によってきめ細かく制御されている。適切に制御されていない場合、鉄の酸化・還元反応は脂肪酸、タンパク質、核酸などの主な細胞構造成分に対して重大な損傷を与える。

鉄は Fenton 反応を触媒するが、この反応はスーパーオキシドや過酸化水素（など生体酸化反応中に産生される物質：筆者補足）をさらに反応性の高いフリーラジカルに変換する。このフリーラジカルは、膜脂質や細胞内成分の過酸化や架橋形成をきたし、細胞の老化や死を招く。これは細胞老化の正常な過程の一部でもあり、また酸化ストレスの増加による細胞の早期の老化を招く要因とも考えられている」。この記述にはさらに詳しい事例が付け加えられている（1LSI、第8版）。

研究初期段階にみられた鉄の二面性認識（必須性と毒性）という固定的かつ狭隘な思考枠組の拘束から自らを解き放ち、一段階上の統合された論理としての防御機構概念へと達したことを示す姿がここに現れている。

2.7.3　毒性防御機能獲得先行説

光合成過程に内在する障害防御機構を解明した Halliwell・Gutteridge および浅田の報告は、それ自体が貴重な知見であるばかりでなく、光合成機能獲得に先行する防御機構形成という事実についても旺盛な仮説提起とみなされる。以下にその1例を示す。参考までに酸素毒性に対する Halliwell・Gutteridge の主張を以下にみておく。「大気中の酸素含有量が上昇するにつれて、生体物質は酸素毒性にさらされることになった。細胞内における無秩序な酸化は生物に有害であり、ときには致死的である。酸素毒性に対する防御機構を進化させるか酸素が侵入できない環境に避難するか、生物はどちらかの選択を強いられることになった。今日の嫌気性生物の研究は、進化の過程で適応に失敗して滅亡した数多くの原始生物種に何が起こったかをわれわれに教えてくれる」(前出)。ここでは進化の過程で獲得した酸素への適応性を酸素毒性防御への多数の試行錯誤の蓄積と捉えようとしており、進化学としての適切な対応と強い関心とが感じられる（第1版：1985の訳本)。このなかで鉄利用と鉄毒性防御の両機構の関係についても有力な示唆を与えている(前述中野)。この考え方の先例を1970年という早い時期に見出すことができる。それはScientific American誌の“Biosphere”特集号に寄稿したカリフォルニア大学生物系の研究者Cloud・Giborによる論文中に出てくる。彼らは酸素サイクルを主題にした論考のなかで次のように述べている。「遊離酸素は、生物圏の進化とその現在の機能においてひとつの役割をもっているが、その及ぶ範囲は広く、また正負の両面がある。生命の起源とその後の進化にはふつうの酸素分子・オゾン・酸素原子などから保護する系、つまり化学的防御系が備わり発達しなければならなかった。それにもかかわらず高等生物のエネルギー獲得は、酸化的代謝（＝酸素の関与：筆者註）以外にないのである」(共立出版)。

両著者によると、この仮説はブルックヘヴン国立研究所のOlsonの提唱によるもので、次のように表現されたという。「酸素という反応力の大きな物質を無毒化するしかるべき酵素が出現するまで大規模な水の分解と酸素の遊離は行われなかったであろう」(同誌：p.137)。この種の酵素としてオキシダーゼ・カタラーゼの名を両著者は挙げている。

2.7.4　必要最少量認識

米国の例をみると、ヒトの平均的な全身鉄量は男性5.0g女性2.5gであるのに対して、栄養所要量1日平均値は男女ともに8mgと極めて少量である。その理由は小腸粘膜細胞による鉄吸収制御機構の働きに規制されていることによる。

この取り込み機構は細胞表面のトランスフェリン受容体を介するもので、その量は細胞内の鉄保有量に規定されている。究極的には鉄応答タンパク質がmRNA上の鉄応答因子に結合することによって制御されている。したがって、低分子量鉄の細胞内貯蔵量が低下すると、鉄の細胞内取り込み増加方向への制御力と貯蔵するタンパク質合成の抑制方向への制御力が働く。この現象は鉄調整タンパク質が遺伝子によって制御されていることを示す(Beard)。

この恒常性保持機能とともに先に述べた過剰摂取障害防御機能としての規制が合わさっての微量である。ここには生物としてのヒトと鉄との間に存在する必要量最小限原理の実体をみることができる。これを筆者の仮説として提起しておく。

2.7.5　過剰鉄排除

海中において光合成が活発になるとともに、旺盛な活動から排出された遊離酸素は、海水中の高濃度の二価鉄イオンと反応して三価鉄の沈殿をつくっていった。初期のシアノバクテリアにとって、それは必要程度を越える環境中の二価鉄による障害を防ぐ効果をもつものであった。直言すれば以上の障害防御を目的とした過剰鉄の排除はもう1つの有毒物質である過剰酸素の排除と合わせて進んだことになる。

この事実にはよく知られた以下の解説がふさわしい。すなわち酸素を遊離させるという形で排除した最初の光合成独立栄養生物は、排除酸素の受容体として海水中に溶けた状態で存在する豊富な二価鉄化合物を使った。その結果、三価鉄化合物（たとえばFe_2O_3）あるいは二価・三価鉄化合物（たとえばFe_3O_4）へと変換され、海底に沈積する形で海中から排除された。ここでいう過剰とは制御されない状態を指す。

この証拠が現在、世界各地で確認されている。たとえば18億年前の岩石のなかに酸素大気存在の痕跡が見出される。さらに時間をさかのぼると、それに先立って、長時間にわたって特徴をもった酸化鉄からなる海底堆積物の沈積がみられる。それらはほぼ20億年から25億年前に形成されたとみられている。この物質は帯状の含鉄層を形成している。鉄分の多い層と少ない層とが交互に重なり、広く海に堆積した跡をとどめている。このなかの鉄のほとんどが三価鉄であって、この堆積物の上部に位置する海水が酸素源であったことを物語っている。

おわりに

セーフティ・ネット論にとって極めて重要な論点を付け加えておく。それは人類進化の早い段階に類人猿と進化ルートを分ける新たな方向が誕生した事実である。「家族形成」がそれで、セーフティ・ネット効果の上で重要な意味をもった。その内容は調節制御機能が重なった多重フィードバック系（閉じないフィードバックループ）の存在で、1つの細胞のなかにも常に数千に及ぶ調節制御の働きを担っているとみられている（金子・児玉『逆システム学』)。「家族」という場は、この多重フィードバックシステムの典型例と考えられ、ここから立ち上がってくるセーフティ・ネット機能の大きさが容易に想像できる。このセーフティ・ネット効果の再評価問題が現代に突如として姿を現わし、高度文明圏に位置を占める国々に迫ってきている。通常の社会学が位置づける学問的枠組の範囲を大きくはみだす様相を呈してもいる。そこで霊長類学者の警告がひびく。「人類とは何か、と問おう」と。この問題については、後日稿を改めて論及する。

最後に、本書の出版を決意された文理閣の黒川美富子代表に感謝を申し上げる。論点が多くの分野に及んだこともあり、外国文献の利用がおびただしい量に達した。山下信編集長からは文章表現に多くの手を加えていただいた。厚く感謝したい。それでも、引用に誤りがあれば、筆者の非力によるものとしてお許しいただきたい。

2017年2月　　川又淳司

文　献

Anfinsen アンフィンゼン C. B. 著　長野敬訳　1960 『進化の分子的基礎』白水社

Bailes, K. E.　1990　*Science and Russian Culture in an Age of Revolutions.* Indiana University Press.

Bowen, H. J. M.　1966　*Trace Elements in Biochemistry.* Academic Press.

Dayhoff デイホフ M. O. 編著　成田耕造・加藤郁之進訳　1975 『進化の生化学的基礎』共立出版

Fruton フルートン J. S. 著　水上茂樹訳　1980 『生化学史』共立出版

Gerasimov ゲラシーモフ I. P. ／ Glazovskaya グラーゾフスカヤ M. A. 著　菅野一郎他訳　1963 『土壌地理学の基礎』築地書館

Gimmler ギムラー H. 編　田沢仁・松本友孝・増田芳雄訳　1992 『ユリウス・ザックス』学会出版センター

Goldschmidt, V. M.　1958　*Geochmistry.* Clarendon Press.

Halliwell, B. ／ Gutteridge, J. M. C. 著　松尾光芳・嵯峨井勝・吉川敬一訳　1990 『フリーラジカルと生体』学会出版センター

Hewitt ヒュイット E. J. ／ Smith スミス T. A. 著　鈴木米三・高橋英一訳　1979 『植物の無機栄養』理工学社

堀内利國　明 22 「脚気病予防の実験」『大日本私立衛生会雑誌』76 号

稲垣乙丙著　1903 『植物栄養論』東京博文館

石塚喜明編　1987 『植物栄養学論考』北海道大学図書刊行会

脚気病院著　1879 『脚気病院第 1 報』擴令社

――――　1881 『脚気病院第 2 報』擴令社

金子勝・児玉龍彦著　2011 『逆システム学』岩波書店

木村優著　1999 『微量元素の世界』裳華房

熊沢喜久雄著　2004 『植物栄養学大要』養賢堂

Liebig リービヒ von J. 著　吉田武彦訳　2007 『化学の農業および生理学への応用』北海道大学出版会

――――　田中豊助・大原睦子訳　1986 『動物化学』内田老鶴圃

増田芳雄著　1992 『植物学史』培風館

松浦輝男著　1977 『酸素酸化反応』丸善株式会社

McCollum, E. V.　1956　*A History of Nutrition.* Houghton Mifflin Co.

――――　1918－22　*The Newer Knowledge of Nutrition.* Vol.1, 2. The Macmillan Co.

――――, Simmonds, N.　1925－39　*ibid* Vol.3, 4, 5. ibid.

――――　1964　*From Kansas Farm Boy to Scientist.* Kansas University Press.

Merz, W., Cornatzer W. E.　1971　*Newer Trance Elements in Nutrition.* Marcel Dekker Inc.

森敏・前忠彦・米山忠克著　2007　『植物栄養学』文永堂
内務省衛生試所編　明 42　『飲食物編』東京丸善（註：三大栄養論の典型）
Needham, J. ed.,　1949　*Hopkins and Biochemistry*. W. Heffer & Sons Ltd.
日本土壌肥料学会監修　1991　『植物栄養実験法』博友社
日本医史学会編　昭 33　『長與專齋遺著・松香私志』　医歯薬出版
日本農学会編　2009　『日本農学八十年史』養賢堂
日本生物物理学会編　1987　『自己組織化』学会出版センター
二木鋭雄・島崎弘幸・美濃眞編　1996　『抗酸化物質』学会出版センター
荻田善一・大浦彦吉編　1987　『活性酸素―その臨床医学への応用』共立出版
小原哲二郎・木村修一監訳　1987－2007　『最新栄養学』5 ～ 9 巻　建帛社
岡崎桂一郎著　昭 5　『日本米食史―米食と脚気病との史的関係考』糧友会
大柳善彦編　1990　『スーパーオキサイドと医学』共立出版
Sachs ザックス von J. 著　渡辺仁訳　1997　『植物生理学講義』森北出版
Sauchell V.　1969　*Trace Elements in Agriculture*. van Nostrand Reinhold Co.
成城大学民俗学研究所編　1990　『日本の食文化』岩崎美術社
Sies H. 著　井上正康監訳　1993　『活性酸素と疾患』学会出版センター
Skolnik シュコーリニク M. Ja. 著　藤原彰夫監訳、原田竹治訳　1982　『植物の生命と微量元素』農山漁村文化協会
Stent, G. S., Calendar, R. 共著　長野敬訳　1983　『分子遺伝学』岩波書店
Stiles（1）スタイルズ W. 著　木村健二郎・田中元治・不破敬一郎訳　1953　『微量元素』朝倉書房
――――（2）　1961　*Trace Elements in Plants*. Cambridge University Press
鈴木梅太郎著　昭 18　『研究の回顧』　輝文堂書房
高木兼寛　明 23　「小田原の脚気病について」『大日本私立衛生会雑誌』77 号
東京慈恵会医科大学創立八十五年記念事業委員会編　昭 40　『高木兼寛伝』中央公論
Truog トルオーグ E. 編　谷田沢道彦訳　1959　『植物栄養新説』朝倉書房
内山充・松尾光芳・嵯峨井勝編　1987　『過酸化脂質と生体』学会出版センター
Underwood, E. J.　1956－87　*Trace Elements in Human and Animal Nutrition, I－V*.
Vinogradov ビノグラードフ A. P.　1953　*The Elementary Chemical Composition of Marine Organismus*. Sears Foundation for Marine Research, Tale University.
Vernadsky ベルナズスキー V. L.　2007　*Geochemistry & the Biospbere*. Synergatic Press.
八木國夫・中野稔監　1980　『活性酸素』医歯薬出版
山縣登著　1977　『微量元素』産業図書出版
山下政三著　1983　『脚気の歴史―ビタミン発見以前』東京大学出版会
――――　1988　『明治期における脚気の歴史』東京大学出版会
――――　1995　『脚気の歴史―ビタミンの発見』思文閣出版
――――　2008　『鷗外森林太郎と脚気紛争』日本評論社

人名索引

著者紹介

川又淳司（かわまた　じゅんし）

1931年生まれ
東京工業大学理学部卒業（東北大学学位）
新日本窒素肥料を経て、日本社会薬学会会長、立命館大学名誉教授
公害防止・有害物質監視の社会活動を続けている

主な著書
『現代の科学』（文理閣）
『乳業技術論』（文理閣）
『化学品開発の論理と安全の論理』（文理閣）
『進化人間学の技術論』（文理閣）
『大学の授業研究――一般教育・環境教育―』（水曜社）
『ゴミからの出発』（共著、かもがわ出版）
『物質文明から環境文明へ』（かもがわ出版）
『郷里の再資源化活動調査報』（学生との共同研究、自費出版）
『人間と自然の総合科学』（法律文化社）
『酪農・乳業・食生活』（学生との共同研究、自費出版）
『社会薬学入門』（分担執筆、南江堂）

セーフティ・ネットの栄養学
微量元素科学の誕生から生体制御科学の時代へ

2017年5月20日　第1刷発行

著　者　川又淳司
発行者　黒川美富子
発行所　図書出版　文理閣
京都市下京区七条河原町西南角　〒600-8146
TEL（075）351-7553　FAX（075）351-7560
http://www.bunrikaku.com
印刷所　亜細亜印刷株式会社

ISBN978-4-89259-799-2